建筑与市政工程施工现场专业人员职业标准培训教材

测量员岗位知识与专业技能

本书编委会 编

张胜良 主编

中国建筑工业出版社

图书在版编目（CIP）数据

测量员岗位知识与专业技能/《测量员岗位知识与专业技能》编委会编. —北京：中国建筑工业出版社，2017.4
建筑与市政工程施工现场专业人员职业标准培训教材
ISBN 978-7-112-20207-2

Ⅰ.①测… Ⅱ.①测… Ⅲ.①建筑测量-职业培训-教学参考资料 Ⅳ.①TU198-44

中国版本图书馆 CIP 数据核字（2017）第 004415 号

　　本教材是建筑与市政工程施工现场专业人员职业标准培训教材之一。全书分为上下两篇。上篇岗位知识包括：建筑工程施工测量概述，施工测量相关法规、安全知识和基本要求，水准测量，角度测量，距离测量，测量误差理论基本知识。下篇专业技能包括：施工测量准备工作，一般建筑施工测量，超高层建筑施工测量，工业建筑施工测量，钢结构施工测量，特殊工程施工测量，建筑物变形测量，建筑物竣工测量，建筑施工测量成果资料整理。

　　本教材既可作为测量员职业资格考核培训学习用书，也可供相关职业院校师生参考使用。

责任编辑：朱首明　李　明　李　阳　牟琳琳
责任校对：李欣慰　李美娜

建筑与市政工程施工现场专业人员职业标准培训教材
测量员岗位知识与专业技能
本书编委会　编

张胜良　主编

*

中国建筑工业出版社出版、发行（北京海淀三里河路 9 号）

各地新华书店、建筑书店经销

北京科地亚盟排版公司制版

廊坊市海涛印刷有限公司印刷

*

开本：787×1092 毫米　1/16　印张：12½　字数：307 千字

2017 年 5 月第一版　　2017 年 5 月第一次印刷

定价：**35.00** 元

ISBN 978 - 7 - 112 - 20207 - 2

（29667）

本书编委会

主　编：张胜良

副主编：陆静文

编　委：（按姓氏笔画排序）

卢德志　代保民　李志远　张志进　岳国辉

黄曙亮　焦俊娟

前　言

建筑施工测量在工程建设中有着广泛的应用，它服务于工程建设的每一个阶段，贯穿工程建设的始终。建筑企业中相关测量人员的数量、专业素质和专业技能，是企业实力的重要标志。本教材通过讲解建筑施工测量过程中测量员需要掌握的岗位知识和专业技能，为测量员开展日常工作奠定基础，对于各级培训、自学和教学有重要的参考价值，对加快培养具有扎实理论和熟练操作技能的技术工人队伍，提高企业的技术进步和产品质量有着积极的作用。

本教材的编写主要根据现行的国家、行业标准，并融入工程经验、方法和技术，内容满足施工现场对测量人员的要求。本教材内容分为岗位理论知识和专业技能，第1～6章为岗位知识，第7～15章为专业技能。岗位知识包括水准测量、角度测量、距离测量的测量原理、操作方法和使用，误差的基本知识和应用，这些知识是测量的基础。专业技能部分根据施工流程，主要包括一般建筑施工测量、超高层建筑施工测量、工业建筑施工测量、特殊工程施工测量、钢结构工程施工测量、建筑物的变形观测、竣工测量等内容，另外还包括水准仪、经纬仪等仪器在施工测量中应用。本教材力求理论联系实际，实用性和可操作性强。

本教材由张胜良担任主编，编者在编写过程中参阅了大量文献，在此谨向有关作者表示衷心的感谢！由于编者水平有限，书中难免存在疏漏及不妥之处，恳请读者及同行批评指正。

目　录

上篇　岗位知识

下篇　专业技能

一、建筑工程施工测量概述

（一）测量学的定义

1. 测量学概念

测量学是研究整个地球的形状和大小以及确定地面点位关系的一门学科。根据它的任务与作用，主要分两个方面：

测定：由地面到图形。指使用测量仪器，通过测量和计算得出一系列测量数据，或把地球表面的地形缩绘成地形图。

测设：由图形到地面。指把图纸上规划设计好的建筑物、构筑物的位置在地面上标定出来，作为施工的依据。

2. 测量学科的分类

测量学科按照研究范围和对象的不同，产生了许多分支科学。一般分为：大地测量、测绘航空摄影、摄影测量与遥感、地理信息系统工程、工程测量、不动产测绘、海洋测绘、地图编制、导航电子地图制作、互联网地图服务。随着测绘新技术的不断发展，新的测量分支学科将不断涌现。

3. 建筑工程测量的内容

建筑工程测量包括工程设计、施工和管理各阶段所进行的各种测量工作，它直接为建设工程的设计、施工、安装、竣工以及运营管理提供保障和服务。建筑工程测量主要包括设计测量、施工测量、变形测量、竣工测量等内容。

（1）设计测量

在工程勘察设计阶段，将拟建地区的地面现状（包括地物、地貌）测出，其成果用数字符号表示或按一定比例缩小后绘制成地形图，作为工程规划设计的依据。

（2）施工测量

在工程施工阶段，将设计图上规划、设计的建筑物、构筑物，按设计与施工的要求，测设到地面上预定的位置，作为工程施工的依据。

（3）变形测量

在工程施工和竣工后运营初期，为保障工程安全，需对在建建筑物以及工程周边道路、毗邻建筑的变形进行周期性监测，掌握变形量和变形趋势，为工程稳定性、安全性分析提供基础数据。

（4）竣工测量

工程竣工验收时，对建筑物、构筑物的主体工程及其附属设施等的实地平面位置与高程进行的测量工作。

4. 建筑工程测量工作的基本原则

在测量工作中无论采用何种方法、使用何种仪器进行测量或放样，都会给其成果带来误差。为了防止测量误差的逐渐传递和累积，要求测量工作必须遵循以下原则：

（1）在布局上遵循"从整体到局部"的原则，测量工作必须先进行总体布置，然后再分期、分区、分项实施局部测量工作，而任何局部的测量工作都必须服从全局的工作需要。

（2）在工作程序上遵循"先控制后碎部"的原则，就是先进行控制测量，测定测区内若干个控制点的平面位置和高程，作为后面测量工作的依据。

（3）在精度上遵循"从高级到低级"的原则。即先布设高精度的控制点，再逐级发展布设低一级控制点以及进行碎部测量。

（4）测量工作必须进行严格的检核，前一步工作未作检核不得进行下一步测量工作。

（5）"边工作边校核"，测量学中通常将现场测量、收集数据的作业过程称为测量外业，因为这部分工作大多是在室外完成的，而将整理数据和计算成果的工作称为测量内业。测量工作中只有外业和内业相结合，才能很好地完成测量任务。

测量工作是严谨的科学工作，必须认真对待。每一个观测数据，都要在现场认真检查，仔细核对，如观测数据有误或超过限差要求，必须立即重测，直到符合精度要求为止。观测完成后，应重新设站观测或采用其他方法，进行比对校核。

（二）地面点位的确定

1. 基准面与基准线

从整个地球来看，地球大致像一个椭球体，其表面极不规则，不便于用数学公式来表达。地球高低起伏，最高海拔 8844.43m（珠穆朗玛峰），最低海拔 11022m（太平洋西部的马里亚纳海沟），地球的半径大约是 6371km。海洋面积约占 71%，陆地面积约占 29%。

由于地球的自转运动，地球上任一点都受到地球引力与离心力的双重作用，这两个力的合力，称为重力。重力的方向线称为铅垂线，铅垂线是测量工作的基准线。静止的水面所形成的曲面称为水准面。过水准面上的任意一点所作的铅垂线，在该点均与水准面正交。与水准面相切的平面称为水平面。由于海水面有高有低，因此水准面有无穷多个，其中与平均海水面重合并向陆地延伸所形成的封闭曲面，称为大地水准面。大地水准面是测量工作的基准面。由大地水准面所包围的地球形体，称为大地体，它代表了地球的自然形状和大小，如图 1-1 所示。

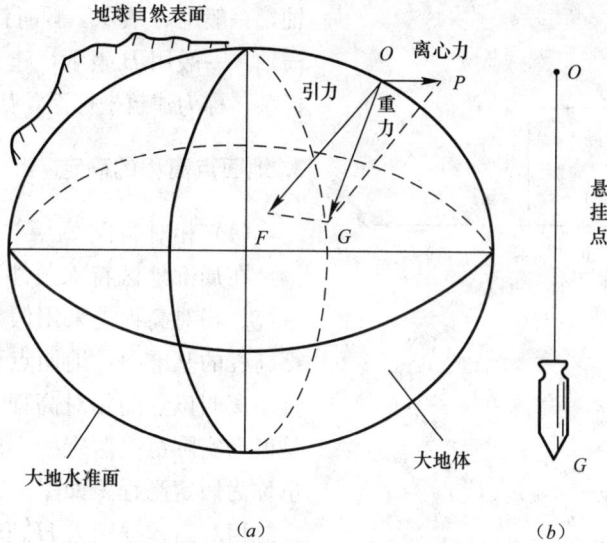

图 1-1 基准面与基准线

2. 地面点平面位置的确定

（1）大地坐标

地面点在参考椭球面上投影位置的坐标，可以
用大地坐标系统的经度和纬度表示。如图 1-2 所示，
O 为地球参考椭球面的中心，N、S 为北极和南极，
NS 为旋转轴，通过旋转轴的平面称为子午面，它与
参考椭球面的交线称为子午线，其中通过原英国格
林尼治天文台的子午线称为首子午线。通过 O 点并
且垂直于 NS 轴的平面称为赤道面，它与参考椭球
面的交线称为赤道。地面点 P 的经度，是指过该点

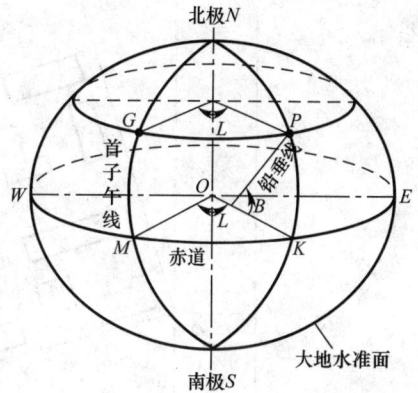

图 1-2 大地坐标

的子午面与首子午线之间的夹角，用 L 表示，经度从首子午线起算，往东自 $0°\sim180°$ 称为
东经。往西自 $0°\sim180°$ 称为西经。地面点 P 的纬度，是指过该点的法线与赤道面间的夹
角，用 B 表示，纬度从赤道面起算，往北自 $0°\sim90°$ 称为北纬，往南自 $0°\sim90°$ 称为南纬。

（2）平面直角坐标

当测量区域较小时，可直接用与测区中心点相切的平面来代替曲面，然后在此平面上
建立一个平面直角坐标系。因为它与大地坐标系没有联系，故称为独立平面直角坐标系，
也叫假定平面直角坐标系。

如图 1-3 所示，平面直角坐标系规定南北方向为纵轴 x，东西方向为横轴 y，x 轴向北
为正，向南为负，y 轴向东为正，向西为负。地面上某点 A 的位置可用 x_A 和 y_A 来表示。
平面直角坐标系的原点 O 一般选在测区的西南角以外，使测区内所有点的坐标均为正值。

（3）建筑施工坐标系

在建筑工程中，有时为了便于对建（构）筑物平面位置进行施工放样，将原点设在建
（构）筑物两条主轴线（或某平行线）的交点上，以其中一条主轴线（或某平行线）作为纵

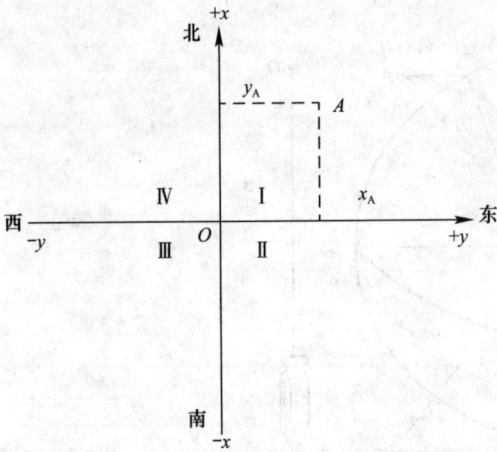

图 1-3 平面直角坐标

轴，一般用 A 表示，顺时针旋转 $90°$ 方向作为横轴，一般用 B 表示，建立一个平面直角坐标系，称为建筑坐标系，如图 1-4 所示。

3. 地面点高程的确定

（1）相对高程

在局部地区特殊条件下可采用相对高程系统。相对高程是采用假定的水准面作为起算高程的基准面。地面点到假定水准面的垂直距离叫该点的相对高程。由于高程基准面是根据实际情况假定的，所以相对高程有时也称为假定高程。如图 1-5 所示，地面点 A、B 的相对高程分别为 H'_A 和 H'_B。

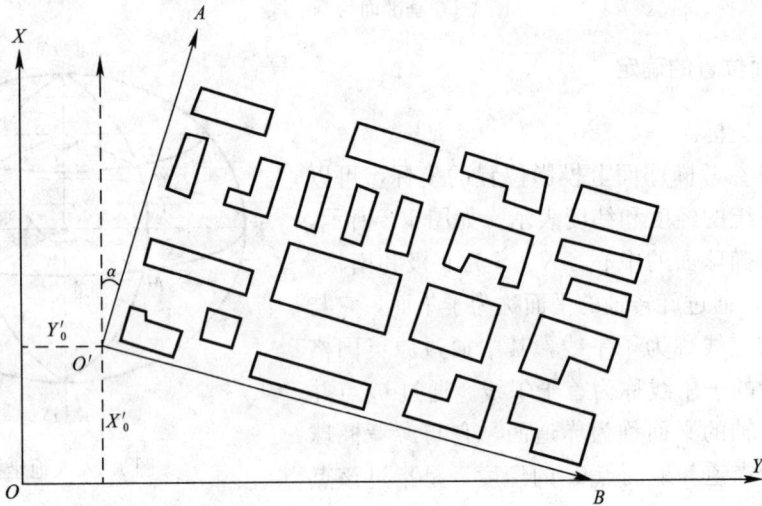

图 1-4 建筑坐标系

（2）绝对高程

地面点到大地水准面的铅垂距离，称为该点的绝对高程，简称高程，用 H 表示。如图 1-5 所示，地面点 A、B 的高程分别为 H_A 和 H_B。数值越大表示地面点越高，当地面点在大地水准面的上方时，高程为正；反之，当地面点在大地水准面的下方时，高程为负。

（3）高差

两点的高程之差称为高差，用 h 来表示。地面两点的高差与高程基准无关，与两点的位置有关。如图 1-5 所示，A 点至 B 点

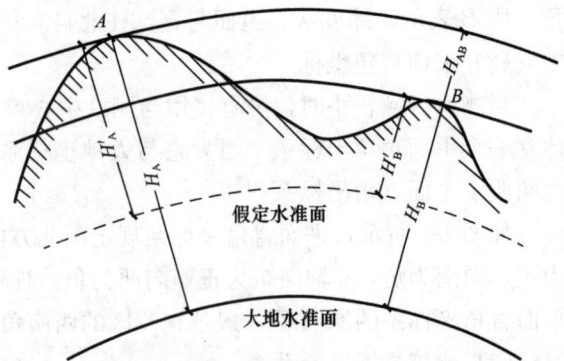

图 1-5 高程和高差

的高差为 H_{AB}。

$$H_{AB} = H_B - H_A = H'_B - H'_A \tag{1-1}$$

当 H_{AB} 为正时，B 点高于 A 点；当 H_{AB} 为负时，B 点低于 A 点。

4. 测量放样的三项基本工作

测量工作的根本任务是确定地面点的空间位置，地面点位通常用直角坐标和高程来表示。在实际测量工作中，这些量都是间接测定的。

如图 1-6 所示，设 A、B 两点的坐标已知，P 为待定点。只需测量出水平角 β 和水平距离 D_{BP}，即可计算出 P 点的坐标。这说明，确定地面点坐标的主要工作是测量水平距离和测量水平角。

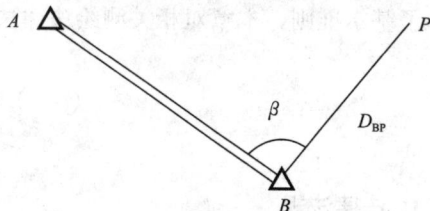

而对地面点高程的确定，则是根据已知点的高程和该点与待定高程点的高差实现的。

图 1-6　地面点的确定

地面点间的水平距离、水平角和高差是确定地面点位的三个基本要素。对应测量的三项基本工作为：水平距离测量、水平角测量和高差测量。

（三）建筑工程测量在施工技术中的发展

建筑工程测量是一门历史悠久的技术，是从人类生产实践中逐渐发展起来的。

建在公元前 27 世纪的埃及金字塔，其形状与方位都很准确，这说明当时就已有了测量放样的工具和方法。

我国早在夏商时代，就有了准绳和规矩等测量工具。准是可测平面的水准器，绳是丈量距离的工具，规是画圆的器具，矩则是一种可定平，可测长度、深度和画圆、画矩形的通用测量仪器。中华民族伟大象征的万里长城修建于秦汉时期，这一规模巨大的防御工程，从整体布局到修筑，都要进行详细的设计测量和施工测量工作。

现在的人类活动日趋活跃，随着社会的发展，国际化、全球化进展的加快，我国正在进行许多在世界建筑史的发展中具有开创性意义的建筑工程，并成为新的世界性地标。

随着中国经济的蓬勃发展，超高层建筑引领城市发展趋势，许多高大建筑物应运而生，各地 500m、600m 甚至 800m 的超高摩天建筑如雨后春笋般拔地而起。随着超高层建筑高度越来越高，施工控制技术难度越来越大。因此，现代精密与大型工程测量项目都有其自身的特点：有的需要毫米级或更高精度；有的由于其在空间变化的不规则性、多样性、复杂性、超规模而无先例，增加了施工测量难度和困难；有的超出传统工程测量范畴，介入应力、应变监测。这些对工程测量的方法、精度和实施都提出了挑战。结合工程特点不仅设计和制造一些专用的仪器和工具，并引进现代工程测量高新技术，将卫星定位、激光扫描和激光跟踪、摄影测量、电子测量技术及自动化技术等众多学科技术在施工测量中渗透与融合，并在施工测量中得到应用。许多工程实现了数据采集和数据处理自动化、实时化，数据管理趋向集成化、标准化、可视化，数据传输与应用网络化、多样化，这些技术势必会对将来的施工测量技术发展产生深远的影响。

二、施工测量相关法规、安全知识和基本要求

目前我国已初步建立了由法律、行政法规、地方性法规、部门规章、政府规章、重要规范文件等共同组成的测绘法律法规体系，为测绘管理提供了依据，为从事测绘作业提供了基本准则，本章对相关测绘法律法规进行了简要概述。

（一）施工测量相关法规

1. 法律法规

《中华人民共和国测绘法》于1993年7月1日起实施，2002年8月29日通过修订，2002年12月1日起实施。《中华人民共和国测绘法》是我国从事测绘活动和进行测绘管理的基本准则和依据。

《中华人民共和国计量法》于1985年9月6日第六届全国人民代表大会常务委员会第十二次会议通过，1985年9月6日中华人民共和国主席令第二十八号公布，1986年7月1日起施行。现行生效版本为2015年4月24日修正版。

国家测绘地理信息局2014年7月1日下发《关于印发测绘资质管理规定和测绘资质分级标准的通知》（国测管发〔2014〕31号），从事测绘活动的单位，应当依法取得测绘资质证书，并在测绘资质等级许可的范围内从事测绘活动。

行政法规是由国务院根据宪法和法律，并且按照行政法规制定程序制定。它的地位和效力仅次于法律，服从于宪法和法律。目前，施工测量经常用到的主要有：

1）《中华人民共和国地图编制出版管理条例》，1995年10月1日起施行。

2）《中华人民共和国测量标志保护条例》，1997年1月1日起施行。

3）《中华人民共和国测绘成果管理条例》，2006年9月1日起施行。

4）《基础测绘条例》，2009年8月1日起施行。

部门规章由国务院各部、各委员会、审计署和具有行政管理职能的直属机构，根据法律和国务院的行政法规、决定、命令，在本部门的权限范围内制定。部门规章经部分会议或者委员会会议决定，由部门首长签署予以公布。规范性文件是各级党政机关、团体、组织颁发的各类文件中最重要的一类，因其内容具有约束和规范人们行为的性质，故称为规范性文件。我们经常涉及的部门规章和规范性文件主要有：《测绘作业证管理规定》、《测绘计量管理暂行办法》、《测绘质量监督管理办法》、《测绘生产质量管理规定》。另外，省、自治区、直辖市的人民代表大会及其常务委员会根据本行政区域的具体情况和实际要求，在不与宪法、法律、行政法规相抵触的前提下，可以制定地方性法规。

2. 工程测量规范

《工程测量规范》GB 50026—2007的制定主要是为了统一工程测量的技术要求，做到

技术先进、经济合理，使工程测量产品满足质量可靠、安全适用的原则。规范适用于工程建设领域的通用性测量工作，以中误差作为衡量测量精度的标准，以 2 倍中误差作为极限误差。规范共有 10 章 7 个附录，本节只作简单概述。

(1) 平面控制测量

平面控制网的建立，可采用卫星定位测量、导线测量、三角形网测量等方法。平面控制网的精度按等级划分为：卫星定位测量控制网依次为二、三、四等和一、二级，导线及导线网依次为三、四等和一、二、三级，三角形网依次为二、三、四等和一、二级。其中卫星定位测量和导线测量的主要技术要求见表 2-1 和表 2-2。

卫星定位测量控制网的主要技术要求　　　　表 2-1

等级	平均边长（km）	固定误差 A（mm）	比例误差系数 B（mm/km）	约束点间的边长相对中误差	约束平差后最弱边相对中误差
二等	9	≤10	≤2	≤1/250000	≤1/120000
三等	4.5	≤10	≤5	≤1/150000	≤1/70000
四等	2	≤10	≤10	≤1/100000	≤1/40000
一级	1	≤10	≤20	≤1/40000	≤1/20000
二级	0.5	≤10	≤40	≤1/20000	≤1/10000

导线测量的主要技术要求　　　　表 2-2

等级	导线长度（km）	平均边长（km）	测角中误差（″）	测距中误差（mm）	测距相对中误差	测回数			方位角闭合差（″）	导线全长相对闭合差
						1″级仪器	2″级仪器	6″级仪器		
三等	14	3	1.8	20	1/150000	6	10	—	$3.6\sqrt{n}$	≤1/55000
四等	9	1.5	2.5	18	1/80000	4	6	—	$5\sqrt{n}$	≤1/35000
一级	4	0.5	5	15	1/30000	—	2	4	$10\sqrt{n}$	≤1/15000
二级	2.4	0.25	8	15	1/14000	—	1	3	$16\sqrt{n}$	≤1/10000
三级	1.2	0.1	12	15	1/7000	—	1	2	$24\sqrt{n}$	≤1/5000

注：1. 表中 n 为测站数。
　　2. 当测区测图的最大比例尺为 1：1000 时，一、二、三级导线的导线长度、平均边长可适当放长，但最大长度不应大于表中规定长度的 2 倍。
　　3. 测角的 1″、2″、6″级仪器分别包括全站仪、电子经纬仪和光学经纬仪。

(2) 高程控制测量

高程控制测量精度等级依次为二、三、四、五等，各等级高程控制宜采用水准测量，四等及以下等级可采用电磁波测距三角高程测量。高程系统宜采用 1985 国家高程基准。在已有高程控制网地区测量时，可沿用原有高程系统。高程控制点间的距离，一般地区应为 1~3km，工业厂区、城镇建筑区宜小于 1km，但一个测区及周围至少应有 3 个高程控制点。水准测量和电磁波测距三角高程的主要技术要求见表 2-3 和表 2-4。

水准测量的主要技术要求 表 2-3

等级	每千米高差全中误差（mm）	路线长度（km）	水准仪型号	水准尺	观测次数		往返较差、附合或环线闭合差	
					与已知点联测	附合或环线	平地（mm）	山地（mm）
二等	2	—	DS_1	因瓦	往返各一次	往返各一次	$4\sqrt{L}$	—
三等	6	≤50	DS_1	因瓦	往返各一次	往一次	$12\sqrt{L}$	$4\sqrt{n}$
			DS_3	双面		往返各一次		
四等	10	≤16	DS_3	双面	往返各一次	往一次	$20\sqrt{L}$	$6\sqrt{n}$
五等	15		DS_3	单面	往返各一次	往一次	$30\sqrt{L}$	

注：1. 结点之间或结点与高级点之间，其路线的长度，不应大于表中规定的 0.7 倍。
2. L 为往返测段、附合或环线的水准路线长度（km）；n 为测站数。
3. 数字水准仪测量的技术要求和同等级的光学水准仪相同。

电磁波测距三角高程观测的主要技术要求 表 2-4

等级	每千米高差全中误差（mm）	边长（km）	观测次数	对向观测高差较差（mm）	附合或环形闭合差（mm）
四等	10	≤1	对向观测	$40\sqrt{D}$	$20\sqrt{\sum D}$
五等	15	≤1	对向观测	$60\sqrt{D}$	$30\sqrt{\sum D}$

注：1. D 为电磁波测距边长度（km）；
2. 起讫点的精度等级，四等应起讫于不低于三等水准的高程点上，五等应起讫于不低于四等的高程点上；
3. 线路长度不应超过相应等级水准路线的总长度。

（3）地形测量

地形图测图比例尺，要根据工程设计、规模大小和运营管理的需要，灵活选用。地形测量的区域类型，可划分为一般地区、城镇建筑区、工矿区和水域。地形测量的基本精度要求，应符合下列规定：

1）地形图上地物点相对于邻近图根点的点位中误差，一般地区不超过 0.8mm，城镇建筑区、工矿区不超过 0.6mm，水域不超过 1.5mm。

2）地形图上高程点的注记，当基本等高距为 0.5m 时，应精确至 0.01m；当基本等高距大于 0.5m 时，应精确至 0.1m。

（4）线路测量

线路的平面控制宜采用导线或 GNSS 测量方法；线路的高程控制宜采用水准测量或电磁波测距三角高程测量方法，并靠近线路布设。平面和高程控制点宜选在土质坚实、便于观测、易于保存且在施工干扰区之外的地方。当线路与已有的道路或管线等交叉时，应根据需要测量交叉角、交叉点的平面位置和高程及净空高或负高。线路施工前应对定测线路进行复测，满足要求后方可放样。

（5）地下管线测量

地下管线测量包括给水、排水、燃气、热力管道，各类工业管道，电力、通信电缆。地下管线测量的坐标系统和高程基准应与原有基础资料相一致。地下管线测量成图比例尺一般选用 1∶500 或 1∶1000。地下管线的测量精度应满足实际线位与邻近地上建（构）筑物、道路中心线或相邻管线的间距中误差不超过图上 0.6mm。

（6）施工测量

施工测量前，应收集有关测量资料，熟悉施工图，明确施工要求，制订施工测量方案。

根据需要建立场区首级控制网或直接建立施工控制网。建筑物施工控制网，应根据场区控制网进行定位、定向和起算；控制网的坐标轴，应与工程设计所采用的主副轴线一致；建筑物的±0.000m高程面，应根据场区水准点测设。控制网点，应根据设计总平面图和施工总布置图布设，并满足建筑物施工测设的需要。建筑物施工放样的允许误差见表2-5。

建筑施工放样的允许误差　　　　　　　　　　　　表 2-5

项目	内容		允许误差（mm）
基础桩位放样	单排桩或群桩中的边桩		±10
	群桩		±20
各施工层上放线	外廓主轴线长度 L（m）	$L \leqslant 30$	±5
		$30 < L \leqslant 60$	±10
		$60 < L \leqslant 90$	±15
		$90 < L \leqslant 120$	±20
	细部轴线		±2
	承重墙、梁、柱边线		±3
	非承重墙边线		±3
	门窗洞口线		±3
轴线竖向投测	每层		3
	总高 H（m）	$H \leqslant 30$	5
		$30 < H \leqslant 60$	10
		$60 < H \leqslant 90$	15
		$90 < H \leqslant 120$	20
		$120 < H \leqslant 150$	25
		$150 < H$	30
标高竖向传递	每层		±3
	总高 H（m）	$H \leqslant 30$	±5
		$30 < H \leqslant 60$	±10
		$60 < H \leqslant 90$	±15
		$90 < H \leqslant 120$	±20
		$120 < H \leqslant 150$	±25
		$150 < H$	±30

（7）竣工总图的编绘与实测

建筑工程项目施工完成后，应根据工程需要编绘或实测竣工总图，宜采用数字竣工图。竣工总图的比例尺宜选用1∶500，坐标系统、高程基准、图幅大小、图上注记、线条规格，应与原设计图一致，图例符号应采用现行国家标准《总图制图标准》GB/T 50103—2010。竣工总图应根据设计和施工资料进行编绘，当资料不全无法编绘时，应进行实测。

（8）变形监测

重要的工程建（构）筑物，在工程设计时，应对变形监测的内容和范围作出统筹安排，并由监测单位制订详细的监测方案。变形监测网的网点，宜分为基准点、工作基点和变形观测点。其布设应符合下列要求：

基准点：应选在变形影响区域之外稳固可靠的位置，每个工程至少要有 3 个基准点。大型的工程项目，其水平位移基准点应采用带有强制归心装置的观测墩，垂直位移基准点宜采用双金属标或钢管标。

工作基点：应选在比较稳定且方便使用的位置。设立在大型工程施工区域内的水平位移监测工作基点宜采用带有强制归心装置的观测墩，垂直位移监测工作基点可采用钢管标。对通视条件较好的小型工程，可不设立工作基点。

变形观测点：应设立在能反映监测体变形特征的位置或监测断面上。监测断面一般分为：关键断面、重要断面和一般断面，有时还应埋设一定数量的应力、应变传感器。

监测基准网由基准点和部分工作基点构成，应每半年复测一次，当对变形监测成果产生怀疑时，要随时检核监测基准网。变形监测网由部分基准点、工作基点和变形观测点构成，监测周期应根据监测体的变形特征、变形速率、观测精度和工程地质条件等因素综合确定。

变形监测作业前，应收集相关水文地质、岩土工程资料和设计图样，并根据岩土工程地质条件、工程类型、工程规模、基础埋深、建筑结构和施工方法等因素，进行变形监测方案设计。方案设计包括监测的目的、精度等级、监测方法、监测基准网的精度估算和布设、观测周期、项目预警值、使用的仪器设备等内容。每期观测前，应对所使用的仪器和设备进行检查、校正，并做好记录。每期观测结束后，应及时处理观测数据，当数据处理结果出现变形量达到预警值或接近允许值、变形量出现异常变化、建（构）筑物的裂缝或地表的裂缝快速扩大等情况时，必须立即通知建设单位和施工单位采取相应措施。

（二）施工现场安全知识

1. 一般安全要求

必须严格执行国家地方相关的安全法律法规，规范安全作业。

进入施工现场的作业人员，必须首先参加安全教育培训，考试合格后方可上岗作业，未经培训或考试不合格者，不得上岗作业。

凡 2m 以上的高处作业无安全设施，必须系好安全带；安全带必须先挂牢后再作业。

高处作业材料和工具等物件不得上抛下掷。

不满 18 周岁的未成年工，不得从事工程测量工作。

作业人员服从领导和安全检查人员的指挥，工作时思想集中，坚守作业岗位，未经许可，不得从事非本工种作业，严禁酒后作业。

施工测量负责人每日上班前，必须集中本项目部全体人员，针对当天任务，结合安全技术措施内容和作业环境、设施、设备安全状况及本项目部人员技术素质、安全知识、自我保护意识及思想状态，有针对性地进行班前活动，提出具体注意事项，跟踪落实，并做好活动记录。

六级以上强风和下雨、下雪天气，应停止露天测量作业。

作业中出现不安全险情时，必须立即停止作业，组织撤离危险区域，报告领导解决，不准冒险作业。

在道路上进行导线测量、水准测量等作业时，要注意来往车辆，防止发生交通事故。

2. 施工测量安全管理

进入施工现场的人员必须戴好安全帽，系好帽带；按照作业要求正确穿戴个人防护用品，着装要整齐。

在高处（2m以上）陡坡施工时，必须系好安全带；高处作业不得穿易滑的鞋，不得向下投掷物体，严禁穿拖鞋、高跟鞋进入施工现场。

施工现场行走要注意安全，避让现场施工车辆，避免发生事故。

施工现场不得攀登脚手架、井字架、龙门架、外用电梯，禁止乘坐非乘人的垂直运输设备上下。

施工现场的各种安全设施、设备和警告、安全标志等未经领导同意不得任意拆除和随意挪动。确因测量通视要求等需要拆除安全网等安全设施的，要事先与总包方相关部门协商，并及时予以恢复。

在沟、槽、坑内作业必须经常检查沟、槽、坑壁的稳定情况，上下沟、槽，坑必须走坡遭或梯子，严禁攀登固壁支撑上下，严禁直接从沟、槽、坑壁上挖洞攀登上下或跳下，间歇时，不得在槽、坑坡脚下休息。

在基坑边沿进行架设仪器等作业时，必须系好安全带并挂在牢固可靠处。

配合机械挖土作业时，严禁进入铲斗回转半径范围。

进入现场作业面必须走人行梯道等安全通道，严禁利用模板支撑攀登上下，不得在墙顶、独立梁及其他高处狭窄而无防护的模板面上行走。

地上部分轴线投测采用内控法作业的，在内控点架设仪器时要注意上方洞口安全，防止洞口坠物发生人员和仪器事故。

施工现场发生伤亡事故，必须立即报告领导，抢救伤员，保护现场。

3. 变形测量安全管理

进入施工现场必须佩戴好安全用具，戴好安全帽并系好帽带；不得穿拖鞋、短裤及宽松衣物进入施工现场。

在场内、场外道路进行作业时，要注意来往车辆，防止发生交通事故。

作业人员处在建筑物边沿等可能坠落的区域应佩戴好安全带，并挂在牢固位置，未到达安全位置不得松开安全带。

在建筑物外侧区域立尺等作业时，要注意作业区域上方是否交叉作业，防止上方坠物伤人。

在进行基坑边坡位移观测作业时，必须佩戴安全带并挂在牢固位置，严禁在基坑边坡内侧行走。

在进行观测点埋设作业前，应检查所使用的电气工具，如电线橡皮套是否开裂、脱落等，检查合格后方可进行作业，操作时戴绝缘手套。

观测作业时拆除的安全网等安全设施应及时恢复。

（三）施工现场测量作业的基本要求

1. 测量放线工作的基本准则

（1）认真学习与执行国家法令、政策与规范，明确为工程服务，达到按图施工与对工程进度负责的工作目的。

（2）遵守先整体后局部、高精度控制低精度的工作程序。即先测设精度较高的场地整体控制网，再以控制网为依据进行各局部建筑物的定位、放线和测图。

（3）必须严格审核测量起始依据（设计图纸、文件、测量起始点位、数据等）的正确性，坚持测量作业与计算工作步步有校核的工作方法。

（4）遵循测法要科学、简捷，精度要合理、相称的工作原则。仪器选择要适当，使用要精细。在满足工程需要的前提下，力争做到省工、省时、省费用。

（5）定位、放线工作必须执行经自检、互检合格后，由有关主管部门验线的工作制度。此外，还应执行安全、保密等有关规定，用好、管好设计图纸与有关资料。实测时要当场做好原始记录，测后要及时保护好桩位。

（6）紧密配合施工，发扬团结协作、不畏艰难、实事求是，认真负责的工作作风。

2. 测量验线工作的基本准则

（1）验线工作应主动及时，验线工作要从审核施工测量方案开始，在施工的各主要阶段前，均应对施工测量工作提出预防性的要求，以做到防患于未然。

（2）验线的依据必须原始、正确、有效。主要是设计图纸、变更洽商记录与起始点位（如红线桩点、水准点等）及其已知数据（如坐标、高程等），要最后定案有效且是正确的原始资料。

（3）仪器与钢尺必须按计量法有关规定进行检验和校正。

（4）验线的精度应符合规范要求，主要包括：

1）仪器的精度应适应验线要求，并校正完好；

2）必须按规程作业，观测误差必须小于限差，观测中的系统误差应采取措施进行改正；

3）验线本身应进行附合（或闭合）校核。

（5）必须独立验线，验线工作应尽量与放线工作不相关，主要包括：观测人员、仪器、测法及观测路线等。

（6）验线的关键环节与最弱部位，主要包括：

1）定位依据桩位及定位条件；

2）场区平面控制网、主轴线及其控制桩（引桩）；

3）场区高程控制网及±0.000 高程线；

4）控制网及定位放线中的最弱部位。

（7）场区平面控制网与建筑物定位，应在平差计算中评定其最弱部位的精度，并实地验测，精度不符合要求时应重测。

（8）细部测量，可用不低于原测量放线的精度进行验测，验线成果与原放线成果之间的误差处理如下：

1）两者之差若小于 $1/\sqrt{2}$ 限差时，对放线工作评为优良；

2）两者之差略小于或等于 $\sqrt{2}$ 限差时，对放线工作评为合格（可不必改正放线成果，或取两者的平均值）；

3）两者之差超过 $\sqrt{2}$ 限差时，原则上不予验收，尤其是要害部位。若次要部位可令其局部返工。

3. 测量记录的基本要求

（1）测量记录的基本要求：原始真实、数字正确、内容完整、字体工整。

（2）测量记录应当场填写，不允许先写在草稿纸上再转抄，以免抄错。要保持记录的"原始性"和"追溯性"。

（3）采用电子记录手簿时，应打印出观测数据，记录数据必须符合法定计量单位。

（4）记录时记错的内容或算错的数字，不准涂改或擦去重写，应杠改，即将错误内容画一斜线，将正确内容写在其上方。

（5）记录中数字的取位应反映观测精度，如水准测量精度为 mm 时，若读数整为 1.33m，则应记作 1.330m，不应记作 1.33m。

（6）记录应填写在规定的表格中，首先应熟悉表中各项内容与相应的填写位置，然后将表头所列内容填好，并熟悉表中所列各项内容与相应的填写位置。

（7）记录过程中的简单计算，应现场及时进行如取平均值等，并做校核。

（8）记录人员应及时校对观测所得到的数据，根据所测数据与现场实况以目估法及时发现观测中的错误，如水准测量中读错整米数等。

（9）草图、点之记图等应当场勾绘，方向、位置和有关数据等应一并标注清楚。

（10）字迹要清晰、工整，相关数字及小数点应左右成列、上下成行、一一对齐。

4. 测量计算的基本要求

（1）测量计算工作的基本要求：依据正确、方法科学、计算有序、步步校核、结果可靠。

（2）外业观测成果是计算的依据，计算工作开始前，应对外业记录、草图等认真仔细逐项审阅，以便发现与处理记录中可能存在的遗漏、错误。

（3）在计算中抄写原始数据时，应换人校对，以免发生转抄错误，因为抄错原始数据，在以后的计算校核中很难发现，因此，必须特别注意。

（4）计算中，选择数学公式要正确，使用计算器运算时，要选择合理的计算模式，所用数字应与观测精度相应，在不影响成果精度的情况下，要及时合理地删除多余数字，以提高计算效率。删除多余数字时，宜保留到有效数字后一位，以使最终成果中有效数字不受影响。

（5）为确保最终成果正确，计算中，必须做到步步校核，各项计算前后联系时，前者经校核无误，后者方可开始。校核方法以独立、有效、科学、简捷的原则选定，常用的方法有 5 种：

1）复算校核：将计算重做一遍，条件许可时，最好换人校核，以免因习惯性错误而"重蹈覆辙"，使校核失去意义；

2）总和校核：例如水准测量中，终点对起点的高差，应满足如下条件：

$$\sum h = \sum a - \sum b = \sum_{终} - \sum_{始}$$

3）几何条件校核：例如闭合导线计算中，调整后的各内角之和应满足如下条件：

$$\sum \beta_理 = (n-2) \cdot 180°$$

4）变换计算方法校核：例如坐标反算中按公式计算和计算器程序计算两个方法。

5）概略估算校核：在计算之前，可按已知数据与计算公式，预估结果的符号与数值，此结果虽不可能与精确计算完全一致，但一般不会有很大差异，这对防止出现计算错误至关重要。

（6）删除数字应遵守"四舍、六入、五凑双（即单进、双舍）"的原则。

（7）计算过程中，应首先写出计算公式，然后代入相关的数据，再算出最终结果。结果为正负值时，要在数字前面写"±"；结果为负值时，要在数字前写"－"，数字后还要写明计算单位的名称符号。

（8）计算校核一般只能发现计算过程中的问题，不能发现原始依据是否有误。

三、水准测量

高程是确定地面点空间位置的基本要素之一，测量地面上各点高程的工作，称为高程测量。高程测量的目的是要获得地面点的高程，但一般只能直接测得两点间的高差，然后根据其中一点的已知高程推算出另一点的高程，所以高程测量是测量的基本工作之一。

按所使用的仪器和施测方法的不同，测定地面点高程的主要方法有水准测量、三角高程测量和气压高程测量等。现在用全球导航卫星系统 GNSS 也能直接测定出地面点的高程。由于水准测量快捷、精度高，地面点的高程通常采用水准测量的方法，也称几何水准测量。建筑施工中的高差测量主要是应用几何水准测量。

水准测量是利用水准仪建立的水平视线来测量两点间的高差，进而获得地面点的高程。通常由水准原点或任一已知高程点出发，沿选定的水准路线逐站测定各点的高程。由于不同高程的水准面不平行，沿不同路线测得的两点间高差将有差异，所以在整理国家水准测量成果时，须按所采用的正常高系统加以必要的改正，以求得正确的高程。

（一）水准测量原理

1. 水准测量的原理

水准测量是利用水准仪提供的一条水平视线来测得两点的高差，然后依据其中一个已知点的高程，计算出另一未知点的高程。例如图 3-1 中，为了求出 A、B 两点的高差 h_{AB}，在 A、B 两个点上竖立带有分划的标尺——水准尺，在 A、B 两点之间安置可提供水平视线的仪器——水准仪。当视线水平时，在 A、B 两个点的标尺上分别读得读数 a 和 b，则 A、B 两点的高差等于两个标尺读数之差。即：

$$h_{AB} = a - b \tag{3-1}$$

如果 A 为已知高程的点，B 为待求高程的点，则 B 点的高程为：

$$H_B = H_A + h_{AB} = H_A + (a - b) \tag{3-2}$$

读数 a 是立在已知高程点上的水准尺的中丝读数，称为"后视读数"；读数 b 是立在待求高程点上的水准尺的中丝读数，称为"前视读数"。两点的高差必须是用后视读数减去前视读数进行计算。高差 h_{AB} 的值可能是正也可能是负，正值表示待求点 B 高于已知点 A，负值表示待求点 B 低于已知点 A。此外，高差的正负号又与测量工作的前进方向有关，例如图 3-1 中测量由 A 向 B 行进，高差用 h_{AB} 表示，其值为正，反之由 B 向 A 行进，则高差用 h_{BA} 表示，其值为负。所以高差值必须标明高差的正、负号，同时要规定出测量的前进方向。

当两点相距较远或高差太大，安置一次仪器无法测得两点高差时，则可分成若干段连续安置仪器进行多站测量，最后计算出每站的高差并推求该两点的高差。从图 3-2 中可得：

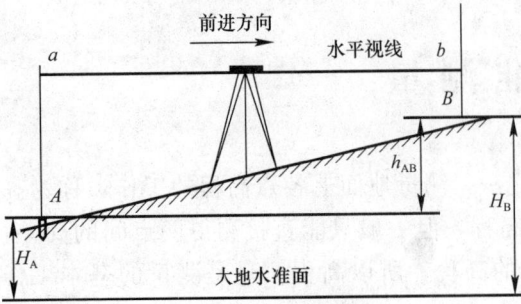

图 3-1　水准测量原理

$$h_1 = a_1 - b_1$$
$$h_2 = a_2 - b_2$$
$$\cdots\cdots$$
$$h_n = a_n - b_n$$
$$h_{AB} = \sum h = \sum a_n - \sum b_n \quad (3\text{-}3)$$

即两点的高差等于连续各站高差的代数和，也等于后视读数之和减去前视读数之和。通常要同时用 $\sum h$ 和 $(\sum a - \sum b)$ 进行计算，用来校核计算是否有误。

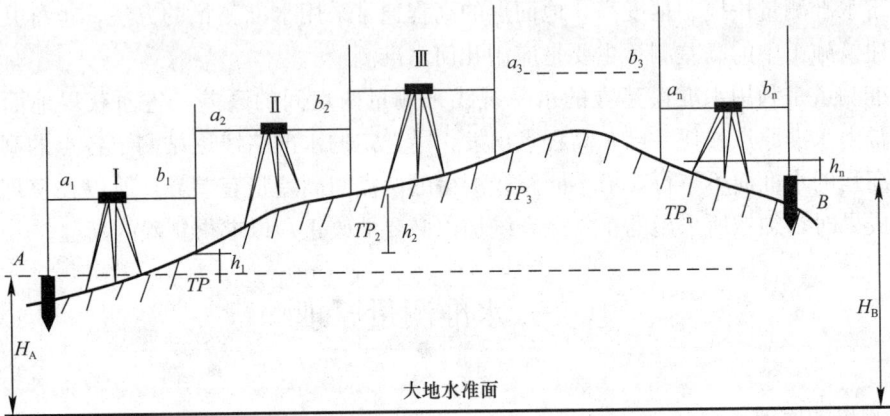

图 3-2　附合水准路线

在图 3-2 中，每安置一次仪器称为一个测站。在整个测段的测量中间立标尺的点 TP_1、TP_2、$\cdots$、TP_n 等称为转点，它们在前一测站是前视点，而在下一测站则是后视点；转点是一种起传递高程作用的临时过渡点，但非常重要，转点上产生的任何差错，都会影响到高差的计算，间接地影响到高程的推算。

水准测量的实质就是将高程从已知点经过转点传递到待求高程点，进而计算出其高程。

2. 水准测量分类及使用仪器

我国国家水准测量依精度要求不同分为一、二、三、四等。不属于国家规定等级的水准测量一般称为普通水准测量（也称等外水准测量）。等级水准测量和普通水准测量比较，基本原理相同，基本工作方法也有许多地方相同。但是等级水准测量比等外水准测量精度要求高，所以对所用仪器、工具以及观测、计算方法都有严格要求。

水准仪是水准测量的主要仪器。按水准仪所能达到的精度，它分为 DS_{05}、DS_1、DS_3 等几种等级（型号）。"D" 和 "S" 表示中文 "大地" 和 "水准仪" 中的 "大" 字和 "水" 字的汉语拼音的第一个字母，通常在书写时可省略字母 "D"；下标 "05"、"1"、"3" 等数字表示该类仪器的精度。其中 DS_{05} 和 DS_1 用于精密水准测量，配有相应的精密水准尺。精密水准仪用于国家一二等水准测量、大型工程建筑物施工及变形测量以及地下建筑测量、城镇与建（构）筑物垂直位移观测等。DS_3 用于一般普通水准测量。

（二）水准仪的基本构造和操作

本节以徕卡 NA 系列自动安平水准仪和 DiNi03 电子水准仪为例对水准仪基本构造和操作进行介绍。自动安平水准仪（automatic level）是指在望远镜的光学系统中安装了补偿器，能使水准仪望远镜在倾斜 ±15″ 的情况下，仍能自动提供一条水平视线。同时经过十几年时间的发展，随着微电子技术和传感器工艺的发展，出现了电子水准仪，电子水准仪以其精度高、速度快、性能稳定被当前普遍应用。

1. 水准仪的结构原理

水准仪是由望远镜、补偿器、制微动机构及基座等部分组成。光学系统如图 3-3 所示：望远镜为内调焦式的正像望远镜，大物镜采用单片加双胶透镜形式，具有良好的成像质量，结构简单。调焦机构采用齿轮齿条形式，操作方便，望远镜上有光学粗瞄器。

视线自动安平原理：如图 3-4 所示，当圆水准器气泡居中后，视准轴仍存在一个微小倾角 α，在望远镜的光路上安置一补偿器，使通过物镜光心的水

图 3-3　水准仪光学系统
1—物镜；2—物镜调焦透镜；3—补偿器棱镜组；
4—十字丝分划板；5—目镜

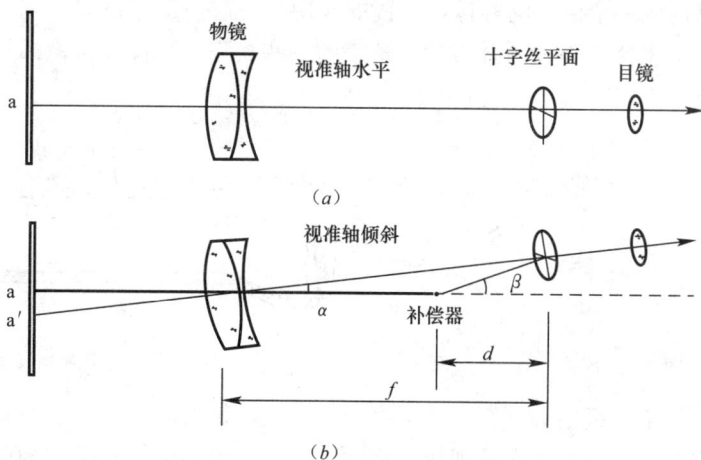

平光线经过补偿器后偏转一个 β 角，仍能通过十字丝交点，这样十字丝交点上读出的水准尺读数，即为视线水平时应该读出的水准尺读数。

这样不仅可以缩短水准测量的观测时间，而且对于场地地面的微小振动以及风等原因，引起的视线微小倾斜，能迅速自动安平仪器，从而提高了水准测量的观测精度。

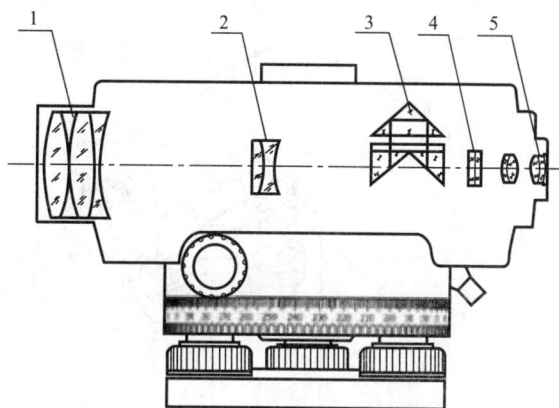

图 3-4　视线自动安平原理

2. 水准仪及工具

（1）水准仪的构造

图 3-5 为水准仪的结构图，主要由下列三个主要部分组成：

望远镜：它可以提供视线，并可读出远处水准尺上的读数；

补偿器：用于指示仪器或视线是否处于水平位置；

基座：用于安置仪器，它支撑仪器的上部并能使仪器的上部在水平方向转动。

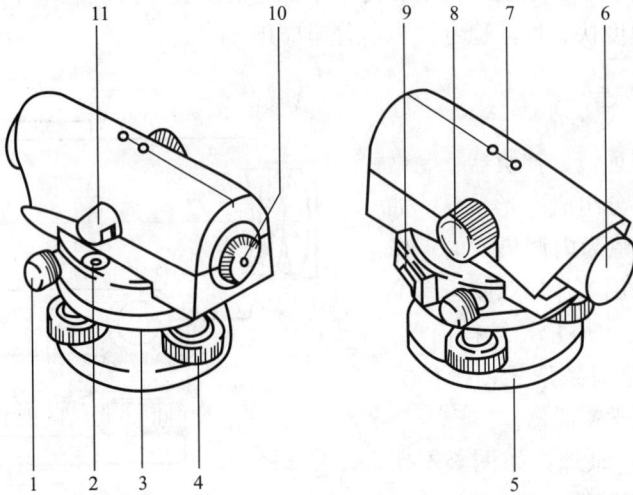

图 3-5　水准仪结构图

1—无级微动螺旋；2—圆水准气泡；3—水平圆环；4—脚螺旋；5—底盘；6—物镜；

7—粗瞄器；8—调焦螺旋；9—水平度盘读数窗；10—目镜；11—圆水准气泡反射镜

水准仪主要部件的构造和性能具体介绍如下：

1）望远镜

望远镜一般是由物镜、物镜调焦镜、目镜和十字丝分划板组成。物镜的作用是使物体在物镜的另一侧构成一个倒立的实像，目镜的作用是使这一实像在同一侧形成一个放大的虚像（图 3-6）。为了使物像清晰并消除单透镜的一些缺陷，物镜和目镜都是用两种不同材料的复合透镜组合而成（图 3-7）。

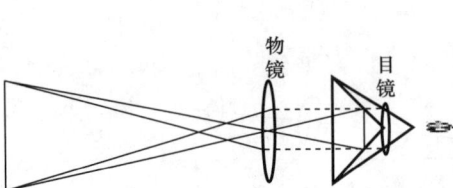

图 3-6　虚像

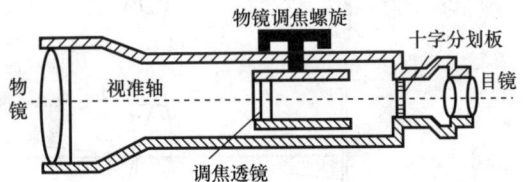

图 3-7　物镜和目镜

测量仪器上的望远镜还必须有一个十字丝分划板，是安装在物镜与目镜之间的一块平板玻璃，上面刻有两条相互垂直的细线，称为十字丝，中间横的一条称为中丝（或横丝），水准测量中其中丝所对应的水准尺读数是用来计算测站两观测点的高差的。与中丝平行的上、下两短丝称为视距丝，其在同一把尺上所对应读数则用来计算仪器与观测点间的水平距离。水准仪十字丝的示意图如图3-8所示。

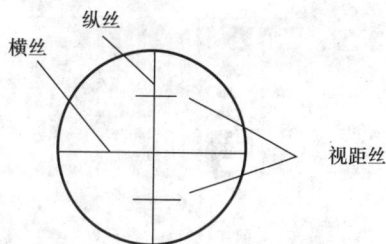

图3-8　望远镜十字丝

十字丝交点和物镜光心的连线称为视准轴，也就是视线方向，它是水准测量中用来读取中丝读数的视线。视准轴是水准仪的主要轴线之一。

为了能准确地照准目标且读出读数，在望远镜内必须同时能看到清晰的物像和十字丝刻划。为此必须使物像成像在十字丝分划板平面上。为了使离仪器不同距离的目标都能成像于十字丝分划板平面上，望远镜内还必须安装一个调焦透镜。观测不同距离的目标时，可旋转调焦螺旋改变调焦透镜的位置，从而能在望远镜内清晰地看到十字丝和所要观测的目标。

2）补偿器

水准仪依靠补偿器来使视线轴处于水平。补偿器（图3-9）是利用地球引力进行工作的，它将一组透镜用掉丝悬挂，在地球引力的作用下，悬挂的透镜始终垂直于地面，当仪器没有完全整平时，也就是望远镜轴与水平线有一夹角（i角），则相应的补偿器会始终垂直于地面，其也将与望远镜轴产生夹角（$i+90°$），经过悬挂的透镜改正视线，最终得到正确的水平视线。

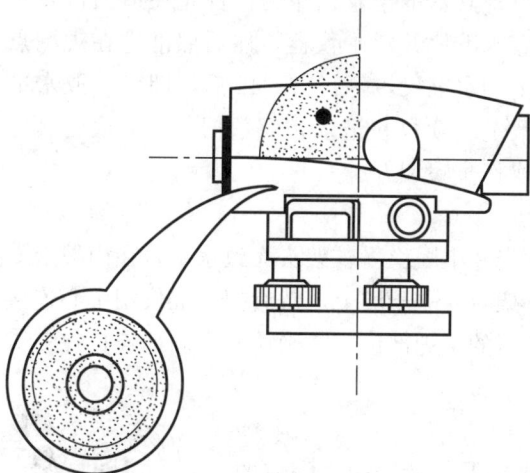

图3-9　补偿器按钮示意

3）基座

基座起支撑仪器上部的作用，通过连接螺旋与三脚架相连接。基座由轴座、脚螺旋、底板和三角压板构成。转动脚螺旋，可使圆水准器气泡居中，使仪器竖轴竖直。

（2）水准尺和尺垫

水准尺用优质木材制成，最常用的一般有塔尺和双面水准尺两种（图3-10）。塔尺能伸缩，故携带方便，但接合处容易产生误差，其长度一般为3m或5m。塔尺上标有1cm或5mm黑白相间的分格，在米和分米处注有数字，尺底端起点为零。双面水准尺比较坚固可靠，其长度为3m。双面水准尺在两面标注刻划，尺的分划线宽为1cm，其中，尺的一面为黑白相间刻划，称为黑面，尺底端起点为零；另一面为红白相间刻划，称为红面，尺底端起点不为零，而是一常数K。每两根配为一对，其中一把尺常数为4.687m，与之相配的另一把尺常数为4.787m。利用黑红面尺零点差可对水准测量读数进行校核。为了方便扶尺竖直，在水准尺的两侧装有把手和圆水准器，双面水准尺多用在三、四等水准测量中。

尺垫是一种用在转点上的辅助测量工具，用钢板或铸铁制成（图3-11）。使用时把三个尖脚踩入土中，把水准尺立在突出的圆顶上。依据尺垫可保证转点稳固，提高精度。

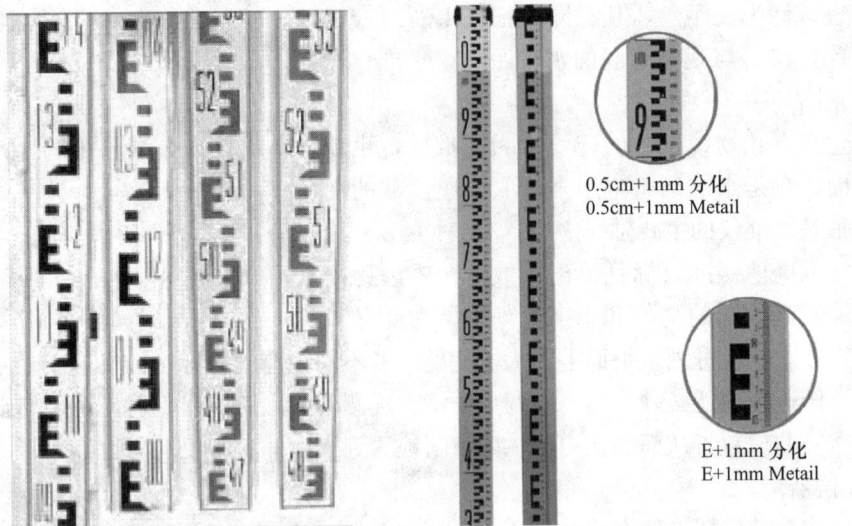

图 3-10　水准尺

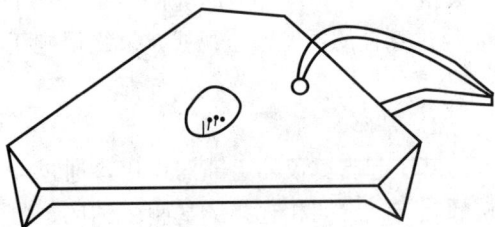

图 3-11　尺垫

3. 水准仪操作步骤

其基本作业程序为：首先在适当位置安置水准仪并粗平仪器，然后照准立在观测点上的水准尺，等待 2～4s 后，即可读取水准尺上的读数并记录相应数据。水准仪的具体操作步骤和方法如下：

（1）安置水准仪

首先打开三脚架，安置三脚架要求高度适当并牢固稳妥、架头大致水平，在山坡上安置仪器应使三脚架的两架腿支立在坡下，另一架腿支立于坡上。然后把水准仪用中心连接螺旋连接到三脚架上，取水准仪时必须握住仪器的坚固部位，并确认已牢固地连接在三脚架上之后才可放手，如图 3-12 所示。

（2）整平

仪器的粗略整平是通过旋转脚螺旋使圆水准器气泡居中来完成的。首先旋转仪器上部，使水准管面与任意两脚螺旋连线平行，然后同时旋转此两个脚螺旋使气泡移到通过圆水准器零点并垂直于这两个脚螺旋连线的方向上，图 3-13 中气泡自 a 移到 b，如此可使仪器在这两个脚螺旋连线的方向处于水平位置。然后单独旋转第三个脚螺旋使气泡居中，则使原两个脚螺旋连线的垂线方向亦处于水平位置，从而完成仪器粗平操作。若仍有偏差，可重复进行。操作时必须记住以下三条要领：

图 3-12　安置仪器示意

1）先旋转两个脚螺旋，然后旋转第三个脚螺旋；

2）旋转两个脚螺旋时必须作相对的转动，即旋转方向应相反；

3）气泡移动的方向和左手大拇指旋动螺旋的旋动方向一致，与右手旋动方向相反。

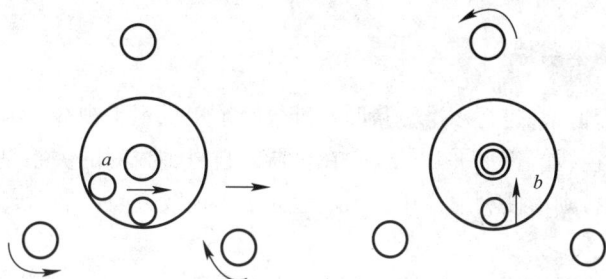

图 3-13 仪器整平

（3）调焦

旋转仪器照准目标，首先应调节目镜使十字丝清晰，然后利用望远镜上的准星从外部瞄准水准尺，再转动物镜调焦螺旋至尺像清晰，也就是使尺像成像于十字丝平面上。在视窗中观看水准尺的上下端，不应有视差晃动，否则应重调。

照准目标时应注意要消除视差。在观测时眼睛稍作上下移动，若发现尺像与十字丝有相对的移动，即读数有改变，则表示仪器存在视差。其产生的原因是物像没有成像在十字丝板上，如图 3-14（a）、图 3-14（b）所示。清除视差的方法是对仪器进行重新调焦，先对目镜调焦直至可清晰地看见板上的刻划丝，然后再对物镜调焦，直至十字丝板上的尺像清晰稳定，最后进行仔细观察，直到不再出现尺像和十字丝有相对移动为止，如图 3-14（c）所示。

（4）读数

用十字丝板上的三横丝读取水准尺的读数。从尺上可直接读出米、分米和厘米数，并估读出毫米数，所以每个读数必须有四位数。如果某一位数是零，也必须读出并记录，不可省略，如 1.002m、0.007m、2.100m 等。若仪器的望远镜为倒像，则读数时应由上向下读，若为正像仪器，则由下向上读数，即

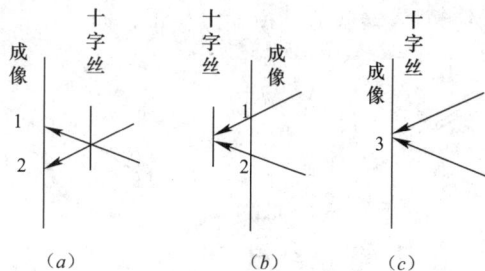

图 3-14 视差检查

总是保证由小数向大数方向进行数据的读取，读数前应先认清水准尺的分划特点，特别应注意与注字相对应的分米分划线的起始位置，如图 3-15（a）所示，中丝对应的正确读数为 6.295m；图 3-15（b）为施工常用的塔尺，其中丝读数为 1.416m。

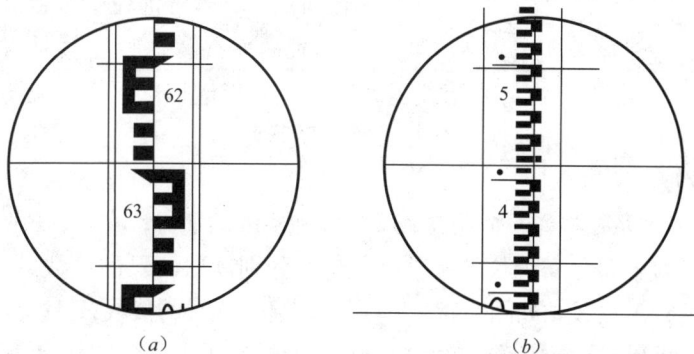

图 3-15 读数

4. 水准仪应满足的基本条件

依据水准测量原理，在进行水准测量时水准仪必须提供水平视线，方可测出地面两点之间的高差。而仪器的视线能否水平，是建立在仪器的自身轴线间的关系是否满足理论要求的基础上，若满足要求，则可便利地操作仪器，建立水平视线方向，来完成高差测量工作。

（1）水准仪的轴线

根据仪器的结构，水准仪有三条轴线。仪器包括视准轴、仪器竖轴和圆水准器轴这三条轴线。

（2）水准仪轴线之间应满足的几何关系

① 圆水准器轴应平行于仪器竖轴

水准仪是依靠调节脚螺旋使水准气泡居中，再加上它的补偿器，使圆水准器轴平行于仪器竖轴。

② 十字丝横丝应垂直仪器竖轴

若十字丝横丝垂直仪器竖轴，当望远镜观测远处目标时，则横丝水平，可以较方便地利用横丝读数；否则，若横丝倾斜，只能利用十字丝中心点来读数。

由于仪器长期在野外使用，其轴线关系可能被破坏，从而产生测量误差。因此，为了确保观测成果的可靠，满足测量规范要求，在正式作业前必须对使用的水准仪进行检验。必要时需对调节部位加以校正，使其满足以上条件。

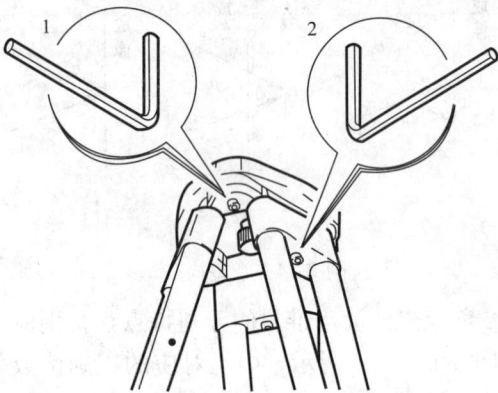

图 3-16　三脚架的校正

（3）水准仪的检验与校正

1）三脚架的检查和校正

为保证观测中仪器的安全稳固，脚架中的木质部分与金属部分的连接必须牢固可靠。如发现脚架松动，可用内六角扳手拧紧如图 3-16 所示的螺丝 2；调整脚架的压紧螺丝 1，使松紧度适中，以保证当脚架腿离开地面时仍能保持张开状态。

2）圆水准器泡的检定

如图 3-17 所示，先将仪器整平，将仪器转动 180°；若气泡位于圆圈外或不居中，应适当进行调整；调整时需要使用内六角扳手，如果向左调整，则气泡向调整螺丝方向移动；向右则反之。反复 2～3 次，直至仪器转动 180°，气泡依然居中，说明调整完毕；应当注意调整完圆水准气泡后，要将所有的螺丝都要上紧。

3）视准轴校正

如图 3-18（a）所示，选择一个地势平坦，长约 30m 的地方；在 A、B 两端点架置水准尺；在 A、B 两点的中间点安置仪器并整平仪器，分别读取两尺的读数 $A=1.832\text{m}$，$B=1.616\text{m}$。在 A 尺约 1m 处设站如图 3-18（b）所示；读取 A 尺的读数 $A'=1.604\text{m}$，并根据 A 尺的读数和 A、B 间高差 $\Delta H=A-B=0.216\text{m}$，推断出 B 尺的理论读数 $B'=A'-\Delta H=1.604\text{m}-0.216\text{m}=1.388\text{m}$；再读取 B 尺的实际读数，将理论读数和实际读数进行比较。如

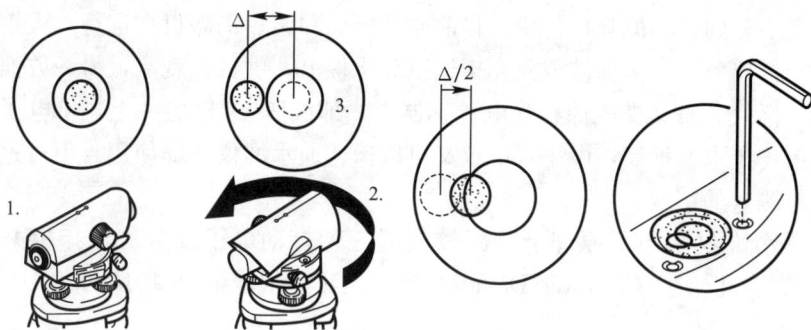

图 3-17 水准气泡的检定与校正

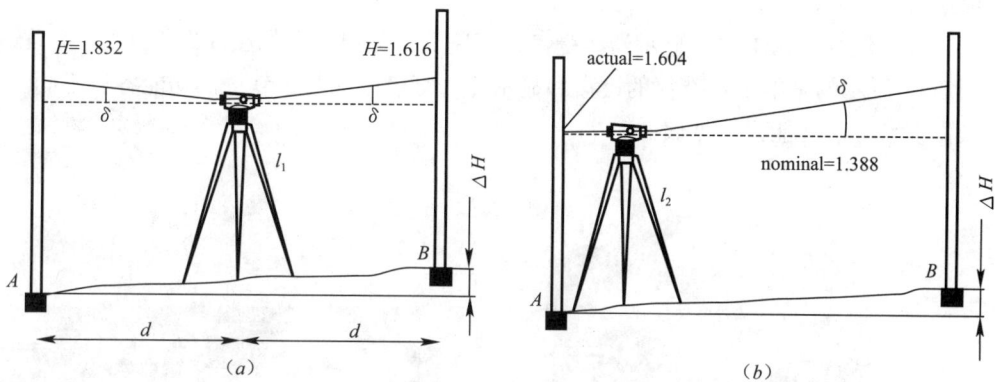

图 3-18 视准轴检查

理论读数与之差超过 3mm，视准轴必须校正。调整方法：用矫正锥调整直至中丝读数（图 3-19）达到要求，再对视准轴进行检查。使圆气泡居中，视准轴线水平。

5. 电子水准仪工作原理

（1）主要特点

1）精度高：水平视线读数和视距读数都是采用大量条码分划图像经处理后取平均得出来的，因此削弱了标尺分划误差的影响。多数仪器都有进行多次读数取平均的功能，可以削弱外界条件影响。

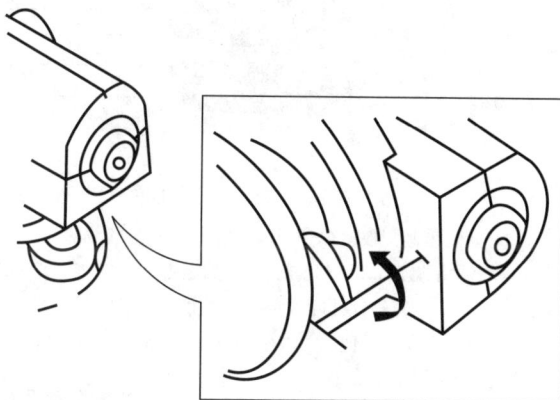

图 3-19 视准轴校正

2）速度快：由于省去了人工读数、报数、听记和现场计算的时间，测量时间与传统仪器相比可以节省一半左右。

3）效率高：只需调焦和按键就可以自动读数，减轻了劳动强度。数据能自动记录、检核和处理，并能输入电子计算机进行后处理，可实现内外业一体化。

（2）电子水准仪测量系统基本原理

电子水准仪是在自动安平水准仪的基础上发展起来的。它采用条码尺，各厂家标尺编码的条码图案不相同，不能互换使用。目前照准标尺和调焦仍需目视进行。人工完成照准和调焦之后，标尺条码一方面被成像在望远镜分化板上，供目视观测，另一方面通过望远镜的分光镜，标尺条码又被成像在光电传感器上，即线阵CCD器件上，供电子读数。因此，如果使用传统水准标尺，电子水准仪又可以像普通水准仪一样使用。不过这时的测量精度低于电子测量的精度。

当前电子水准仪采用了原理上相距较大的三种自动电子读数方法：相关法（徕卡NA3002/3003）、几何法（Trimble DiNi03）和相位法（拓普康DL101C/102C）。

6. DiNi03 电子水准仪

（1）仪器的部件和名称

电子水准仪的结构主要有显示器、键盘、底座等部分组成，如图3-20所示。

图3-21所示的是电子水准仪的键盘和显示器，键盘中的每个软键的功能各有不同。操作键名称及功能说明见表3-1。

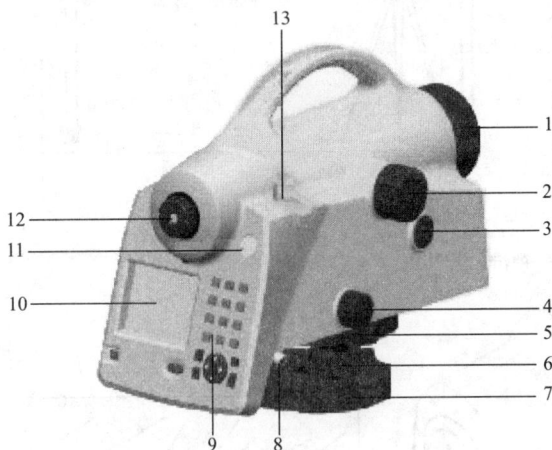

图 3-20　Trimble DiNi 电子水准仪

1—望远镜遮阳板；2—望远镜调焦旋钮；3—触发键；
4—水平微调；5—刻度盘；6—脚螺旋；7—底座；
8—电源/通信口；9—键盘；10—显示器；
11—圆水准气泡；12—十字丝；13—圆水准气泡调节器

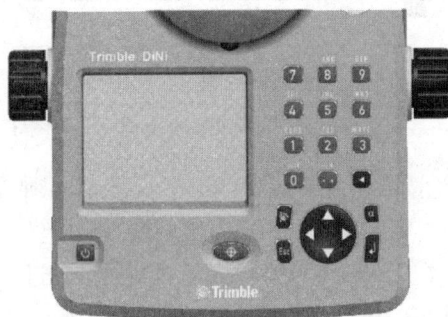

图 3-21　键盘和显示器

操作键名称及功能说明　　　　　　　　　　表 3-1

按键	名称	功能
	开关键	仪器开关
	测量键	开始测量
	导航键	通过菜单导航/上下翻页/改变复选框
	回车键	确认输入
	退出键	回到上一页

按键	名称	功能
α	Alpha 键	按键切换、按键情况在显示器上端显示
	Trimble 键	显示 Trimble 功能菜单
◀	后退键	输入前面的输入内容
• •	逗号/句号	第一功能　输入逗号句号 第二功能　加减
0	0 或空格	第一功能　0 第二功能　空格
1	1 或 PQRS	第一功能　1 第二功能　PQRS
2	2 或 TUV	第一功能　2 第二功能　TUV
3	3 或 WXYZ	第一功能　3 第二功能　WXYZ
4	4 或 GH	第一功能　4 第二功能　GH
5	5 或 JKL	第一功能　5 第二功能　JKL
6	6 或 MNO	第一功能　6 第二功能　MNO
7	7	第一功能　7
8	8 或 ABC	第一功能　8 第二功能　ABC
9	9 或 DEF	第一功能　9 第二功能　DEF

（2）仪器光路

仪器光路如图 3-22 所示。

（3）标尺

其标尺编码采用双相位码，标尺条码片段如图 3-23 所示。

DiNi03 电子水准仪是目前精度较高的电子水准仪之一，每千米往返测量中误差最高为 ±0.3mm；它有先进的激光读数系统，感应可见白光即可测量，测量仅需读取条码尺 30cm 范围；有宽大图形液晶显示屏和输入键盘，可输入字母和数字，标配 2M 内存的 PCMCIA 数据存储卡；具有多种水准导线测量模式及平差和高程放样功能，可进行角度、面积和坐标等测量。

7. 电子水准仪的使用

（1）仪器观测

1）建立新的文件名称

如图 3-24 所示，先按开关键将仪器打开，进入开机界面主菜单，选择"1"文件，重新建立一个新的文件名称。名称可以用数字和字母表示，用"α"键进行切换，屏幕右上方将会显示输入状态。如果没有重新建立新的文件名称，仪器开机后将自动默认上一次测量时的文件名称。

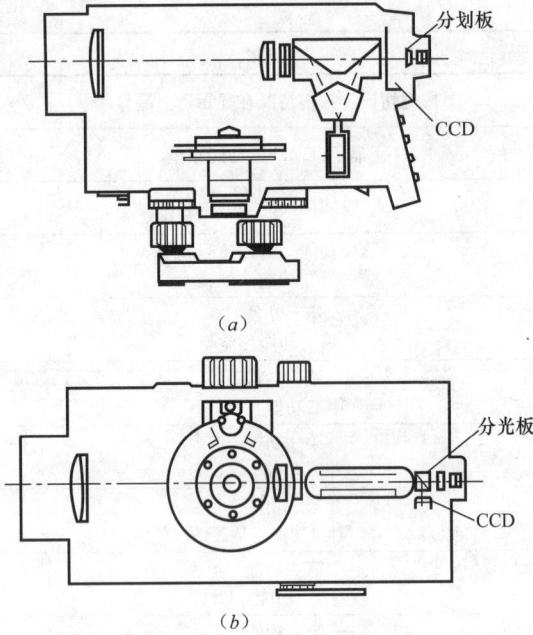

(a)

(b)

图 3-22　DiNi 水准仪光路图

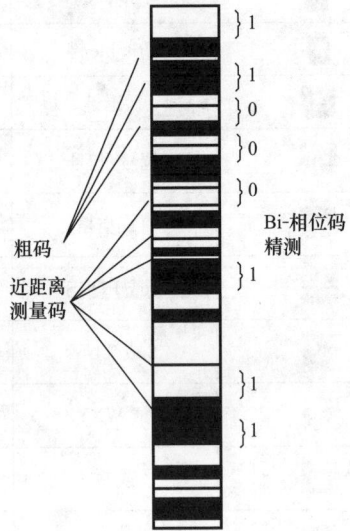

图 3-23　标尺条码片段

2）测量设置

如图 3-25 所示，新建文件名称后返回主菜单，进入"3"测量菜单，用导航键选择将要进行的测量工作。并根据仪器提示选择并输入线路名、观测模式、点号、基准点高程等测量信息。在选择测量模式时，如在水准观测中需要进行奇偶站交替时，则在复选框"奇偶站交替？"后面划"√"。

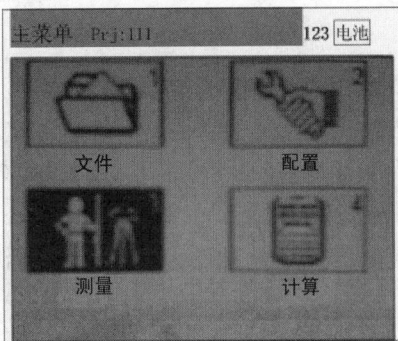

图 3-24

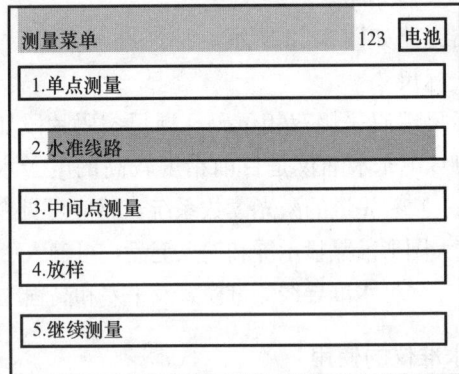

图 3-25　测量设置

按回车键可进入水准测量观测界面，可按照仪器右上方的观测模式提示进行观测，按下键盘上的"⬬"键和仪器右侧的"●"键可以开始测量。注意：如果为高精度测量，DiNi03 电子水准仪建议使用右侧的"●"键进行测量，此按键可以减少由于按键造成仪器振动所带来的误差。

3）参数设置

如图 3-26 所示，选择开机界面主菜单中"2"键后，可以配置限差/测试、仪器校正、仪器设置、记录设置等信息。其中限差/测试仅限于水准线路测量。

4）TRIMBLE 功能

如图 3-27 所示，按"▣"键可以进入 TRIMBLE 功能，并不是一次可以获得所有的功能，所获得的功能与选择的程序有关。其中倒尺测量模式一旦被选择，在进行测量时即进入此模式。如再次开机时需要正尺观测，需要重新键入此功能选择退出倒尺测量，才可以进行正尺测量。

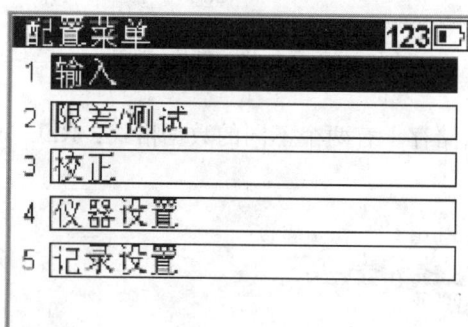

图 3-26　参数设置

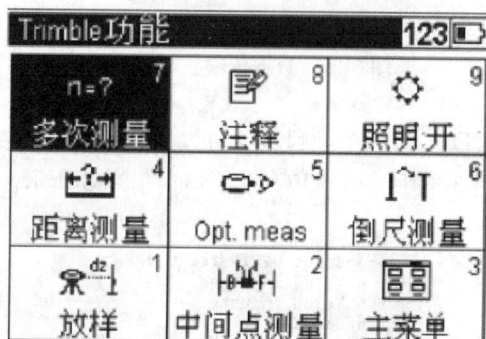

图 3-27　TRIMBLE 功能

（2）线路平差

在水准路线中，由于起点和终点高程已知，将测量高差和理论高差做比较得到一个差值。"线路平差"程序可以根据视距按比例将该差值分配到每一个站上，得到平差后的高程即为结果。

1）线路平差操作

如图 3-28 所示，进入开机界面主菜单，用导航键选择"4"计算，进入计算菜单界面，选择线路平差。根据仪器提示键入需要平差的工程名称、线路名、高程值等信息。需要注意的是：如果两条观测线路名称输入重复，则不能在仪器内直接进行平差。需要先将仪器内的观测数据传输到计算机上，再分别传输回电子水准仪内，对两次观测数据逐一进行平差。

2）线路平差必要条件

整条水准线路需要记录在 PC 记忆卡上一个工程文件下面；无论何种情况使仪器处于 RMC 模式。否则线路平差不能进行，因为在该工程中没有空间存储平差后的高程数据；在一站测量中，水准路线不能中断。

（3）数据管理

在计算机内安装一个电子水准仪数据传输软件，将电子水准仪通过 USB 线缆连接至计算机

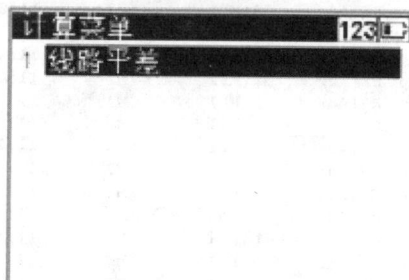

图 3-28　数据平差

（图 3-29），运行数据转换器，点击"添加"，选取原始数据文件，"打开"后全部传输至计算机。界面如图 3-30 所示。

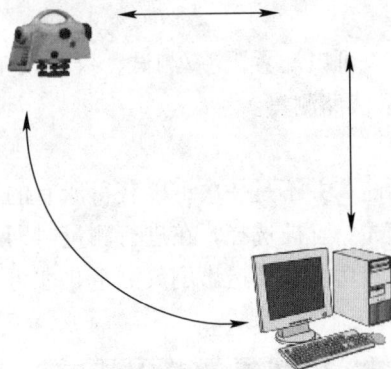

图 3-29 数据传输

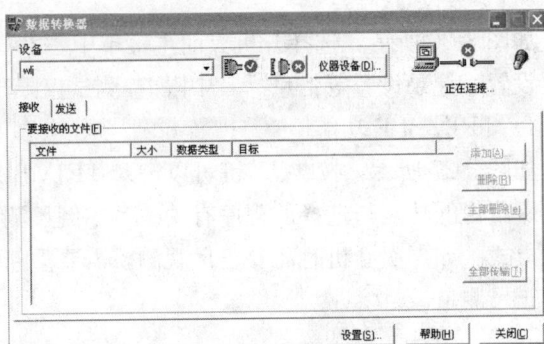

图 3-30 数据格式转换

DIN 为一个项目（文件）提供针对性的数据储存。有两个不同的数据格式：REC 500 如图 3-31 所示，REC E 500 如图 3-32 所示。

```
 2 Adjustment            c_       -0.00010
 3 Curva OFF/Refract OFF
 4 Value inputted        rk        0.130
 5 Value inputted        0f     0.00000
 6 Start-Line      BF  TEST                              Z  100.0000
 7        1   BM      TEST
 8        1   BM      2TEST Rb     1.7928 HD    19.70
 9        2   BM      2TEST Rf     1.8737 HD    29.08
10        2   BM      TEST                                Z   99.9191
11        2   BM      2TEST Rb     1.7859 HD    28.75
12        3   BM      2TEST Rf     1.7089 HD    20.39
13        3   BM      TEST                                Z   99.9961
14        3   BM      TEST               dz   0.0039 Z  100.0000
15        3   BM   2  TEST Db    48.45 Df    49.47 Z   99.9961
16 End-Line            TEST
```

图 3-31 REC 500 数据文件

```
?or M5|Adr    1|T0  LOOP1.DAT                 |               |               |
?or M5|Adr    2|T0  Start-Line      BBFF    1||               |              |Z
?or M5|Adr    3|KD1  BM581Z                   ||              |
?or M5|Adr    4|KD1  BM581Z     11:23:52Z  1|Rb    5.0098 ft  |HD    47.96 ft |
?or M5|Adr    5|KD1  BM581Z     11:24:06Z  1|Db    5.0099 ft  |HD    47.95 ft |
?or M5|Adr    6|KD1     1       11:25:39Z  1|Rf    4.5889 ft  |HD    45.51 ft |
?or M5|Adr    7|KD1     1       11:25:52Z  1|Rf    4.5892 ft  |HD    45.50 ft |
?or M5|Adr    8|KD1     1       11:25:52    1|               |              |Z
?or M5|Adr    9|KD1     1       11:28:44Z  1|Db    4.3972 ft  |HD    52.74 ft |
?or M5|Adr   10|KD1     1       11:28:54Z  1|Db    4.3968 ft  |HD    52.77 ft |
?or M5|Adr   11|KD1   SM1       11:3Z:13Z  1|Rf    4.3515 ft  |HD    54.02 ft |
?or M5|Adr   12|KD1   SM1       11:33:34Z  1|Rf    4.3516 ft  |HD    53.98 ft |
?or M5|Adr   13|KD1   SM1       11:33:34   1|               |              |Z
?or M5|Adr   14|KD1   SM1       11:36:33Z  1|Db    4.0619 ft  |HD    59.12 ft |
?or M5|Adr   15|KD1   SM1       11:36:46Z  1|Db    4.0620 ft  |HD    59.12 ft |
?or M5|Adr   16|KD1   SMZ       11:40:10Z  1|Rf    4.8313 ft  |HD    60.26 ft |
?or M5|Adr   17|KD1   SMZ       11:40:19Z  1|Rf    4.8313 ft  |HD    60.25 ft |
?or M5|Adr   18|KD1   SM2       11:40:20   1|               |              |Z
?or M5|Adr   19|KD1   SMZ       11:44:33Z  1|Db    4.6748 ft  |HD    52.59 ft |
?or M5|Adr   20|KD1   SMZ       11:44:43Z  1|Db    4.6747 ft  |HD    52.60 ft |
?or M5|Adr   21|KD1  BM561Z     11:45:44Z  1|Rf    4.3699 ft  |HD    52.53 ft |
?or M5|Adr   22|KD1  BM561Z     11:45:53Z  1|Rf    4.3698 ft  |HD    52.55 ft |
?or M5|Adr   23|KD1  BM561Z     11:45:53   1|               |              |Z
?or M5|Adr   24|KD1  BM561Z                 1|              |dz  -0.0018 ft |Z
?or M5|Adr   25|KDZ  BM561Z        4         1|Db  212.42 ft  |Df  212.29 ft |Z
?or M5|Adr   26|T0  End-Line                 |               |              |
```

图 3-32 REC E 500 数据文件

8. 使用电子水准仪注意事项

（1）每开始一条测段或同一测段的往测和返测都要分别建立新项目，并且要保证新建项目名称在仪器中没有同名的项目存在，具体项目名字自己定义。

（2）线路测量要注意测量模式的选择，往测为 aBFFB，返测为 aFBBF。往返测都要在偶数站上才能结束测量。

（3）测段开始的点号和结束的点号都要实名输入，这将有利于内业分析和管理数据；同时在测量过程中要每隔三四个测站检查一下前后视距累计差是否过大以便及时逐渐将其缩小。

（4）电子水准仪测量对扶尺人员责任心要求较高，在测量过程中始终保持气泡居中；在软地面作业时要将尺垫踩实，防止尺垫移位，并协助仪器观测人员适当控制视线长度。

（三）水准测量和记录

1. 观测与记录

水准测量外业观测方法如图 3-33 所示。图中 A 为已知高程的点，B 为待求高程的点。首先在已知高程的起始点 A 上竖立水准尺，在测量前进方向离起点不超过 100m 处设立第一个转点 TP_1，必要时可放置尺垫，并竖立水准尺。在距离这两点等距离处 I 安置水准仪。仪器整平后，先照准起始点 A 上的水准尺，读取 A 点的后视读数。然后照准转点 TP_1 上的水准尺，读取转点 TP_1 的前视读数。把读数记入手簿，并计算出这两点间的高差。

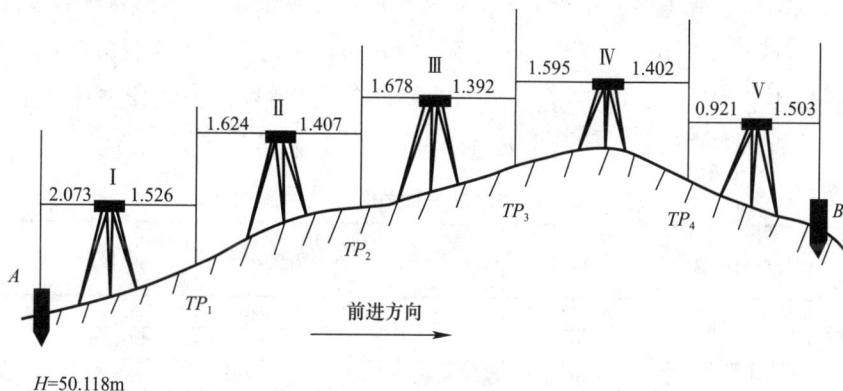

图 3-33　水准路线测量

然后在转点 TP_1 处的水准尺不动，仅把尺面转向前进方向。在 A 点的水准尺和 I 点的水准仪则须向前转移，水准尺安置在转点 TP_2，而水准仪则安置在离 TP_1、TP_2 两转点等距离处的测站 II，按与第 I 站相同的步骤和方法，测量后视读数和前视读数，填入表格并计算出高差。

如此继续进行直到求得待求高程点 B。观测所得每一读数应立即记入手簿，水准测量手簿格式见表 3-2。填写时应注意把各个读数正确地填写在相应的栏内。例如仪器在测站 I 时，起点 A 上所得水准尺读数 2.073 应记入该点的后视读数栏内，照准转点 TP_1 所得读数 1.526 应记入 TP_1 点的前视读数栏内。后视读数减前视读数得 A、TP_1 两点的高差＋0.547，并记入高差栏内。以后各测站观测所得均按同样方法记录。

水准测量手簿　　　　　　　　　　　　　　　　　　　　表 3-2

测站	测点	后视读数 (m)	前视读数 (m)	高差（m）		高程 (m)	备注
				＋	－		
Ⅰ	A TP_1	2.073	1.526	0.547			
Ⅱ	TP_1 TP_2	1.624	1.407	0.217			
Ⅲ	TP_2 TP_3	1.678	1.392	0.286			
Ⅳ	TP_3 TP_4	1.595	1.402	0.193			
Ⅴ	TP_4 B	0.921	1.503		0.582		
Σ		7.891	7.230	1.243	0.582		
计算校核	$\sum a - \sum b = (7.891-7.230)\text{m} = +0.661\text{m}$ $\sum h = (1.243-0.582)\text{m} = +0.661\text{m}$						

因为测量的目的是求 B 点的高程，所以各转点的高程也可不必计算。

为了节省手簿的篇幅，在实际工作中常把水准手簿格式简化成表 3-3。这种格式是把同一转点的后视读数和前视读数合并填在同一行内，两点间的高差则一律填写在测站前视读数的同一行内，其他计算和校核均相同。

在每测段结束后或手簿上每一页之末，必须进行计算校核。检查后视读数之和减去前视读数之和，$\sum a - \sum b$ 是否等于各站高差之和 $\sum h$，并等于终点高程减起点高程，如不相等，则计算中必有错误，应进行检查。但应注意，这种校核只能检查计算工作有无错误，而不能检查出测量过程中所产生的错误，如读错、记错等。

水准测量手簿　　　　　　　　　　　　　　　　　　　　表 3-3

测点	后视读数	前视读数	高差		高程	备注
			＋	－		
A	2.073				50.118	
TP_1	1.624	1.526	0.547		50.665	
TP_2	1.678	1.407	0.217		50.882	
TP_3	1.595	1.392	0.286		51.168	
TP_4	0.921	1.402	0.193		51.361	
B		1.503		0.582	50.779	
Σ	7.891	7.230	1.243	0.582		

$$\sum a - \sum b = (7.891 - 7.230)\text{m} = +0.661\text{m}$$
$$\sum h = (1.243 - 0.582)\text{m} = +0.661\text{m}$$
$$H_B - H_A = (50.779 - 50.118)\text{m} = +0.661\text{m}（计算正确）$$

2. 注意事项

由于测量误差的产生与测量工作中的观测者、仪器和外界条件等三个方面有关，所以整个测量过程应注意这三个方面对测量成果的影响，从而最大限度降低对测量结果的影响程度。

为减少水准测量误差，提高测量的精度，在整个测量过程中应注意以下内容：

（1）在测量工作之前，应对水准仪、水准尺进行检验，符合要求方可使用。

（2）每次读数之前和之后均应检查水准气泡是否居中。

（3）读数之前检查是否存在视差，读数要估读至 mm。

（4）前后视距尽量相等，同一测站前后视距读数时尽量避免调焦。

（5）固定观测线路、人员、仪器、时段及数据处理方法。

（6）为防止水准尺竖立不直和大气折光对测量结果产生的影响，要求在水准尺上读取的中丝读数的最小读数应大于 0.3m，最大读数应小于 2.5m。

（7）为防止仪器和尺垫下沉对测量的影响，应选择坚固稳定的地方作转点，使用尺垫时要用力踏实，在观测过程中保护好转点位置，精度要求高时也可用往返观测取平均值的方法以减少其误差的影响。

（8）读数时，记录员要复述，以便核对；记录要整齐、清楚；记录有误不准擦去及涂改，应划掉重写。

测量人员总是希望在进行水准测量时能够得到准确的观测数据，但由于使用的水准仪不可能完美无缺，观测人员的感官也有一定的局限，再加上野外观测必定要受到外界环境的影响，使水准测量中不可避免地存在着误差。为了保证应有的观测精度，测量人员应对水准测量误差产生的原因及控制误差在最小程度的方法有所了解。尤其是要避免误读尺上读数、错记读数、碰动脚架或尺垫等观测错误。

（四）水准测量的成果校核

为了保证水准测量成果的正确可靠，对水准测量的外业成果必须进行校核。校核方法有测站校核和水准路线校核两种。

1. 测站校核

为防止在一个测站上发生错误而导致整个水准路线结果的错误，可在每个测站上对观测结果进行校核，其方法如下：

（1）两次仪器高法：是指在每个测站上一次测得两观测点间的高差后，改变一下水准仪的高度，再次测量两点间的高差的方法。当两次所得高差之差符合规范要求时可认为合格，取其平均值作为该测站所得高差，否则应进行检查或重测。

（2）双面尺法：此法利用双面水准尺分别由黑面和红面读数得出的高差，扣除一对水准尺的常数差后，两个高差之差符合规范要求时可认为合格，否则应进行检查或重测。

2. 水准路线的校核

（1）附合水准路线

为使测量成果得到可靠的校核，最好把水准路线布设成附合水准路线。对于附合水准路线，理论上在两个已知高程水准点间所测得的各站高差之和应等于起讫两水准点间的高程之差，即：

$$\sum h = \sum_{终} - \sum_{始} \tag{3-4}$$

如果它们不能相等，其差值称为高差闭合差，用 f_h 表示，所以附合水准路线的高差闭合差为：

$$f_h = \sum h - (H_终 - H_始) \tag{3-5}$$

高差闭合差的大小在一定程度上反映了测量成果的质量。

（2）闭合水准路线

在闭合水准路线上亦可对测量成果进行校核。对于闭合水准路线，因为它起始于同一个水准点，所以理论上全线各站高差之和应等于零，即：

$$\sum h = 0 \tag{3-6}$$

如果高差之和不等于零，则其差值即 $\sum h$ 就是闭合水准路线的高差闭合差，即：

$$f_h = \sum h \tag{3-7}$$

（3）支水准线路

支水准线路必须在起点、终点间用往返测进行校核。理论上往返测所得高差的绝对值应相等，但符号相反，或者是往返测高差的代数和应等于零，即：

$$\sum h_往 = - \sum h_返$$

或

$$\sum h_往 + \sum h_返 = 0 \tag{3-8}$$

如果往返测高差的代数和不等于零，其值即为支水准线路的高差闭合差，即：

$$f_h = \sum h_往 + \sum h_返 \tag{3-9}$$

有时也可以用两组并测来代替一组的往返测以加快工作进度。两组所得高差应相等，若不等，其差值即为支水准线路的高差闭合差。故：

$$f_h = \sum h_1 - \sum h_2 \tag{3-10}$$

闭合差的大小反映了测量成果的精度。在各种不同性质的水准测量中，都规定了高差闭合差的限值即容许高差闭合差，用 $f_{h容}$ 表示。一般四等水准测量的容许高差闭合差为：

$$平地：f_{h容} = \pm 20 \sqrt{L}$$
$$山地：f_{h容} = \pm 6 \sqrt{n} \tag{3-11}$$

式中　L——附合水准路线或闭合水准路线的总长，对支水准线路，L 为测段的长，均以 km 为单位；

　　　　n——整个线路的总测站数。一般规定平坦场地水准线路的长度每 1000m 的测站数不应超过 16 站。

当实际测量高差闭合差小于容许闭合差时，表示观测精度满足要求，否则应对外业资料进行检查或返工重测。

3. 水准路线测量成果的计算步骤

（1）高差闭合差的计算

当外业观测手簿检查无误后，便可进行内业计算，最后求得各待定点的高程。

水准路线的高差闭合差，根据其布设形式的不同而采用上述不同的计算公式进行，具体计算过程和步骤详见后面的示例。

（2）高差闭合差的调整

当实际的高差闭合差在容许值以内时，可把闭合差分配到各测段的高差上。显然，高差测量的误差是依水准路线的长度（或测站数）的增加而增加，所以分配的原则是把闭合差以相反的符号根据各测段路线的长度（或测站数）按正比例分配到各测段的高差上。故各测段高差的改正数为：

$$v_i = -\frac{l_i}{L} \times f_h \quad \text{或} \quad v_i = -\frac{n_i}{n} \times f_h \qquad (3-12)$$

式中　l_i、n_i——分别为各测段路线之长和测站数；

　　　L、n——分别为水准路线总长和测站总数。

求得各水准测段的高差改正数后，即可计算出各测段改正后的高差，它等于每段实测高差与本段高差的改正数之和。

（3）计算各待定点的高程

根据已知高程点的高程和各测段改正后的高差，便可依次推算出各待定点的高程。各点的高程为其前一点的高程加上该测段改正后的高差。

通常，在计算完水准路线各段高差之后，应再次计算路线闭合差。闭合差应为零，否则就应检查各项计算是否有误。

（4）应用示例

1）附合水准路线的内业计算

表3-4为一附合水准路线的闭合差校核和分配，以及高程计算的实例，已知水准点 A、B 和待定点1、2、3将整个路线分为四个测段，如图3-34所示。

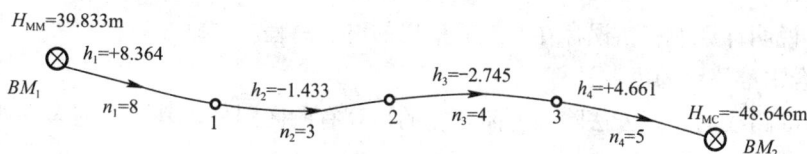

图 3-34　水准路线

附合水准测量高程的计算　　　表 3-4

测段号	点名	测站数	观测高差（m）	改正数（m）	改正后高程（m）	高程（m）
1	BM_1	8	+8.364	-0.014	+8.350	39.833
2	1	3	-1.433	-0.005	-1.438	48.183
3	2	4	-2.745	-0.007	-2.752	46.745
4	3	5	+4.661	-0.008	+4.653	43.993
Σ	BM_2	20	+8.847	-0.034	+8.813	48.646
辅助计算	$f_h = +0.034\text{m}$ $f_{h容} = \pm12\sqrt{20} = \pm54\text{mm}$ （本例题以 $f_{h容} = \pm12\sqrt{n}$ 举例计算）					

① 将点名、各测段测站数、各测段的观测高差 h_i、已知高程数填入相应栏目；

② 进行高差闭合差计算：

$$f_h = \sum h_测 - (H_终 - H_始) = 8.847 - (48.646 - 39.833) = +0.034\text{m}$$

③ 由于图中标注了测段的测站数，说明是山地观测，因此依据总测站数 n 计算高差闭合差的容许值为：

$$f_{h容} = \pm 12 \sqrt{n} = \pm 12 \sqrt{20} = \pm 54\text{mm}$$

计算的高差闭合差及其容许值填于表辅助计算栏。

④ 高差闭合差的调整：

$$f_h \leqslant f_{h容}$$

故其精度符合要求。

本例中，将高差闭合差反符号，按下式依次计算各测段的高差改正数：

$$\Delta h_i = -f_h / \sum n \times n_i = -34/20 \times 8 = -14\text{mm}(\sum n \ 测站总数，n_i \ 第 i \ 测段测站数)$$

同法算得其余各测段的高差改正数分别为 -5mm、-7mm、-8mm，依次列入表中。

注：所算得的高差改正数总和应与高差闭合差的数值相等，符号相反，以此对计算进行校核，如因取整误差造成二者出现小的较差可对个别测段高差改正数尾数适当取舍 1mm，以满足改正数总和与闭合差数值相等的要求。

⑤ 计算待定点的高程

将高差观测值加上改正数即得各测段改正后高差：

$$h_改 = h_i + \Delta h_i (i = 1,2,3,4) \tag{3-13}$$

据此，即可依次推算各待定点的高程。

注：改正后的高差代数和，应等于高差的理论值 $(H_B - H_A)$，即：$\sum h_改 = H_B - H_A$，如不相等，说明计算中有错误存在。最后推出的终点高程应与已知高程相等。

2）闭合水准路线的内业计算

闭合水准路线的计算方法除高差闭合差的计算有所区别外，其余与附合路线的计算完全相同。计算时应当注意高差闭合差的公式为：$f_h = \sum h_测$。

表 3-5 为一闭合水准路线的闭合差校核和分配以及高程计算的实例。

闭合水准测量高程的计算   表 3-5

点号	测站数	实测高差（m）	改正数（mm）	改正后高差（m）	高程（m）
BM_1	3	+0.255	-5	+0.250	26.262
1	3	-1.632	-5	-1.637	26.512
2	4	+1.823	-6	+1.817	24.875
3	1	+0.302	-2	+0.300	26.692
4	5	-0.722	-8	-0.730	26.992
BM_1					26.262
$\sum$	16	+8.127	-26	0	

续表

$$f_{\mathrm{h}} = \sum h = +0.026\mathrm{m}$$
$$f_{\mathrm{h容}} = \pm 12\sqrt{n}\mathrm{mm} = \pm 12\sqrt{16}\mathrm{mm} = \pm 48\mathrm{mm}$$
$$f_{\mathrm{h}} < f_{\mathrm{h容}}（合格）$$

闭合水准路线上共设置了 4 个待求水准点，各水准点间的距离和实测高差均列于表中。已知水准点的高程为已知，实际高程闭合差为 +0.026m 小于容许高程闭合差 ±0.048m。表中高差的改正数是依测站数相应计算的，改正数总和必须等于实际闭合差，但符号相反。实测高差加上高差改正数得各测段改正后的高差。由起点 BM_1 的高程累计加上各测段改正后的高差，就得出相应各点的高程。

3）支水准路线测量

对于支水准线路，应将高差闭合差按相反的符号平均分配在往测和返测所得的高差值上。具体计算举例如下：

在 A、B 两点间进行往返水准测量，已知 $H_A = 8.475\mathrm{m}$，$\sum h_{往} = 0.028\mathrm{m}$，$\sum h_{返} = -0.018\mathrm{m}$，$A$、$B$ 间线路长 L 为 3km，求改正后的 B 点高程。

实际高差闭合差：$f_{\mathrm{h}} = \sum h_{往} + \sum h_{返} = 0.028 + (-0.018) = 0.010\mathrm{m}$

容许高差闭合差：$f_{\mathrm{h容}} = \pm 40\sqrt{L} = \pm 40\sqrt{3} = \pm 69\mathrm{mm}$，因 $f_{\mathrm{h}} < f_{\mathrm{h容}}$，故精度符合要求。

改正后往测高差：

$$\sum h'_{往} = \sum h_{往} + 1/2 \times (-f_{\mathrm{h}}) = 0.028 - 0.005 = 0.023\mathrm{m}$$

改正后返测高差：

$$\sum h'_{返} = \sum h_{返} + 1/2 \times (-f_{\mathrm{h}}) = -0.018 - 0.005 = -0.023\mathrm{m}$$

故 B 点高程为：

$$H_B = H_A + \sum h'_{往} = 8.475 + 0.023 = 8.498\mathrm{m}。$$

（五）水准路线布设及水准测量的方法

1. 水准点

首先根据需要，在地面上选定点位并埋设测量标志，然后用水准测量方法来测定其高程，以作为后期确定其他地面点高程的依据，这样建立的一些高程控制点称为水准点（一般用 BM 表示）。水准点应按照水准路线等级，根据不同性质的土壤并结合现场实际情况和需要而设立。根据使用时间的长短，一般分为永久点和临时点。

（1）永久性水准点

永久性水准点由石料或混凝土制成，顶面设置半球状标志，其顶点表示水准点的高程和位置，如图 3-35 所示。在城镇也可在稳固建筑物墙上设置墙上水准点，如图 3-36 所示。

（2）临时性水准点

临时性的水准点可以选在地面突出的坚硬岩石上，也可用大木桩打入地下，再在桩顶

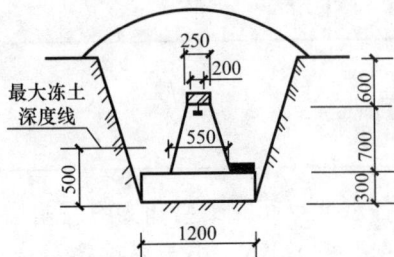

图 3-35　石料或混凝土水准点

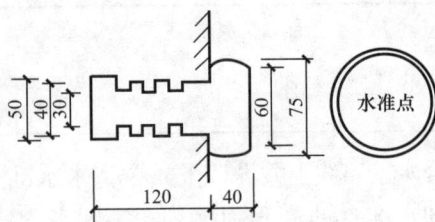

图 3-36　墙上水准点

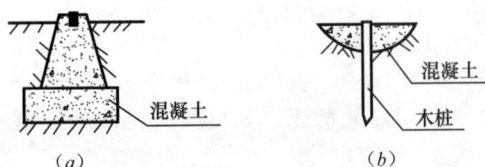

图 3-37　临时性水准点标志

上钉一圆头钉。建筑施工场地上的临时水准点一般是将木桩打入土中，为避免桩位移动，应在桩四周填上混凝土加以保护，桩顶上钉半球形状铁钉，作为水准点的标志点，如图 3-37 所示。

为方便以后的寻找和使用，埋设水准点后，应绘出能标记水准点位置的草图（称点之记），在图上要注明水准点的编号以及与周围地物的相对位置。

2. 水准路线的形式

从一个水准点到另一个水准点所经过的水准测量线路称为水准路线。水准路线的布设形式一般有闭合水准路线、附合水准路线、支水准路线等。

（1）闭合水准路线

如图 3-38（a）所示。BM_1 为已知高程的水准点，1、2、3、4 是待定高程的水准点。这样由一个已知高程的水准点出发，经过各待定高程水准点又回到原已知点上的水准测量路线，称为闭合水准路线。

（2）附合水准路线

如图 3-38（b）所示，BM_2 和 BM_3 为已知高程的水准点，1、2、3 为待测高程的水准点。这种由一个已知高程的水准点出发，经过各待定高程水准点后附合到另一个已知高程点上的水准路线，称为附合水准路线。

（3）支水准路线

如图 3-38（c）所示，BM_4 为已知高程的水准点，1、2、3 为待测高程的水准点。这种既不连测到另一已知点，也未形成闭合的水准路线称为支水准路线。

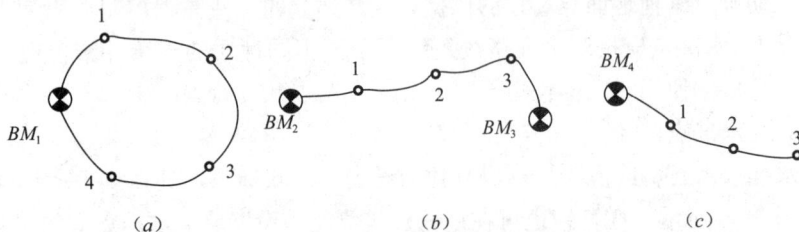

图 3-38　水准测量路线的布设形式

（a）闭合水准路线；（b）附合水准路线；（c）支水准路线

3. 水准测量方法

将水准尺立于已知高程的水准点上作为后视，水准仪置于施测路线附近合适的位置，在施测路线的前进方向取大致与仪器至后视点距离相等处放置尺垫，在尺垫上竖立水准尺作为前视。观测者分别读取前后水准尺读数。第一站结束之后，记录员招呼后标尺员向前转移，并将水准仪迁至第二测站。此时，第一测站的前视点便成为第二测站的后视点。依第一站相同的操作程序进行第二站的测量。依次沿水准路线方向施测，直至全部路线观测完为止。

（六）水准仪在施工中的应用

在建筑施工测量中，水准仪主要是担负各施工阶段中竖向高度的水准测量工作，称为标高测量，若将同一标高测出并标在不同的位置，这种水准测量工作称为抄平。在具体的建筑施工测量中，建筑各个部位的施工高度控制与测设，必须依据施工总平面图与建筑施工图上设计的数据进行，在测设前应弄清楚施工场地上各水准控制点的位置，以及各建筑标高的相互关系，同时掌握建筑施工进度，提前做好测量的各项准备工作。水准测量的测设数据来源于建筑施工图，应对照建筑施工图反复检查核对有关测设数据，若发现施工图存在问题，应及时反映，得到设计方的设计变更通知后，才能按照制定的测设方案进行施测。

1. 建筑标高与绝对高程的关系

在建筑工程的总平面图和底层平面图中，均有±0.000 的标注。同时在建筑设计说明中也会注明该建筑物的±0.000 与绝对标高或与周围建筑物的高程关系。±0.000 是指建筑第一层室内主要使用房间地面的高度，以它为基准，向上量的垂直高度为"＋"标高，向下量的垂直高度为"－"标高，例如，在设计说明中注明该建筑物的±0.000 相对于大地水准面的高程为 53.120m（或该建筑±0.000 相等于绝对高程××.×××），这就是指该建筑物的室内第一层地面的绝对标高为 53.120m。或者注明该建筑物的±0.000 相对于临近已有建筑物的高度关系，如新建建筑物的一层地面标高比邻近建筑物的一层地面标高高 0.300m，此时便为施工测量的高程测设提供了依据。

除此之外，在建筑物的立面图、剖面图和断面图上均标注有各部位与本建筑物±0.000 的相对位置，在建筑物±0.000 确定之后，各层均以该高度位置作为依据进行高程测设。

在施工图中，标高采用制图专用符号，如图 3-39 (a) 所示。而施工现场的标高标志，为了醒目、易找，则采用红色油漆绘制边长约 60mm 的等边三角形，如图 3-39 (b) 所示，上注数字，标高的单位是 m，小数点后三位表示精确至 mm。

2. 施工场地上水准控制点位置的确定及高程测量

（1）水准点的设立

对施工场地高程控制的要求是：水准点的密度应尽可能使得在施工放样时，安置一次仪器即可测设出建筑物的各标高点；在施工期间，水准高程点的位置应保持稳定。由此可

图 3-39　建筑施工中标高的标示方法

见，在测绘地形图时测设的水准点并不一定适用，并且密度也不够，必须重新建立高程控制点。当场地面积较大时，高程控制点可分为两级布设，一级为首级网，另一级为在首级网上加密的加密网。相应的水准点称为基本水准点和施工水准点。

（2）基本水准点

基本水准点是施工场地上高程的首级控制点，可用来校核其他水准点高程是否有变动，其位置应设在不受施工影响、无振动、便于施测和能永久保存的地方，并埋设永久性标志。在一般建筑场地上，通常埋设三个基本水准点，将其布设成闭合水准路线，并按城市三、四等水准测量要求进行施测。对于为满足连续性生产车间、地下管道测设的需要所设立的基本水准点，则应采用三等水准测量要求进行施测。

（3）施工水准点

施工水准点用来直接测设建（构）筑物的标高。为了测设方便和减少误差，水准点应靠近建（构）筑物，通常在建筑方格网的标志上加设圆头钉作为施工水准点。对于中、小型建筑场地，施工水准点应布设成闭合路线或附合路线，并根据基本水准点按城市四等水准或图根水准要求进行测量。

为了测设的方便，在每栋较大建（构）筑物附近还要测设±0.000 的水准点。其位置多选在较稳定的建筑物墙、柱的侧面。用红油漆绘成上顶线为水平线的三角形。

由于施工场地情况变化大，有可能使施工水准点的位置发生变化。因此，必须经常进行检查。即将施工水准点与基本水准点进行联测，以校核其高程值有无变动。

（4）水准点的高程测量

水准点的高程测量采用附合水准线路的测量方法进行，其精度要求应满足测量规范的有关规定。

一般工业与民用建筑在高程测设精度方面要求并不高，通常采用四等水准测量方法测定基本水准点及施工水准点所组成的环形水准路线即可，甚至有时用图根水准测量（即等外水准）也可以满足要求。但是，对于连续性生产车间，各构筑物之间有专门设备要求互相紧密联系，对高程测设精度要求高，应根据具体需要敷设较高精度的高程控制点，以满足测设的精度要求。

3. 已知高程的测设及建筑物±0.000 的测设方法

高程测设就是根据施工场地上的临近水准点，将已知设计高程测设到现场作业面上。在建筑施工测量中，利用±0.000 进行各施工阶段的标高测设工作十分简便，±0.000 的确定实质上就是在施工现场测设出第一层室内地坪±0.000 相等于的绝对高程 H 设的位置，并标注在已有的建筑物上或标注在木桩上。

已知施工现场的水准点 A 的高程为 H_A。在设计图纸上查得某建筑物第一层室内地坪 $\pm$ 0.000 的高程相等于绝对高程 $H_设$，现要求在木桩 B 上确定 $H_设$ 的位置，如图 3-40 所示，在 A、B 两点的中间位置安置水准仪，照准 A 点上的水准尺，精平后读出 a，利用 $b=H_A+a-H_设$ 算出 b 值，将 A 点水准尺移至 B 点位置，水准尺立直，并紧靠在桩的侧面，水准仪精平后指挥扶尺者上、下移动水准尺，当视线方向上的读数刚好等于 b 时，指挥立尺者沿水准尺的底部在 B 点木桩的侧面画一道线，此线即是 $\pm$0.000 测设的位置，也就是 $H_设$ 的高程。最后作好 $\pm$0.000 的标记。

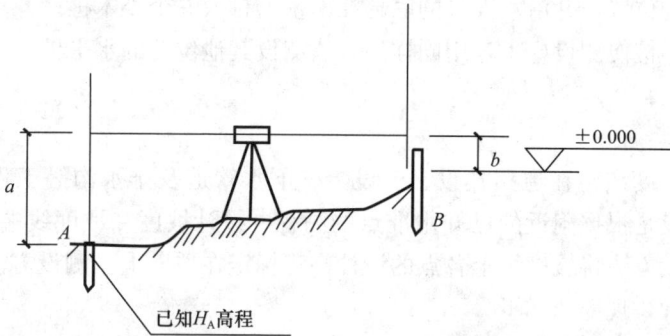

图 3-40　建筑物 $\pm$0.000 的测设

4. 基础施工中基槽（坑）的抄平测量

建筑施工中的标高测量是依据施工进度，按照施工图的要求，测设并标出建筑的标高位置来指导施工的，标高测量工作总是走在施工的前面，否则影响施工，所以掌握施工进度，熟悉工种环节，是很重要的。

建筑物轴线放样完毕后，按照基础平面图上的设计尺寸，在地面放出灰线的位置上进行开挖。为了控制基槽（坑）开挖深度，当快挖到基底设计标高时，可用水准仪根据地面上 $\pm$0.000 的桩点在槽壁上测设一些水平小木桩，如图 3-41 所示，使木桩的表面离槽底的设计标高为一固定值（一般为 0.500m），用以控制挖槽深度。为了施工时使用方便，一般在槽壁各拐角处，深度变化处和基槽壁上每隔 3～4m 测设一水平桩，并沿桩顶面拉直线绳作为清理基底和浇筑基础垫层时控制标高的依据。

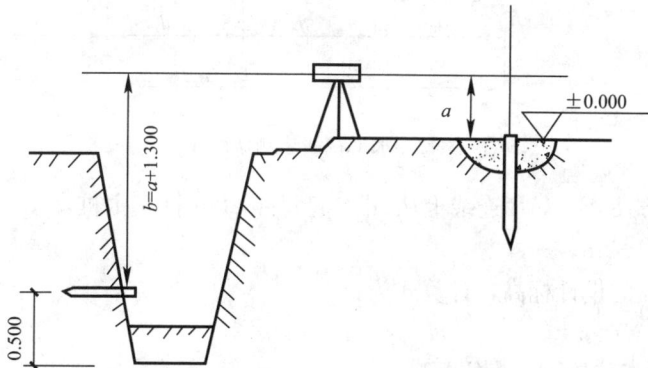

图 3-41　水平桩的测设

如图 3-41 所示，槽底设计标高为 −1.800m，欲测设比槽底设计标高高 0.500m 的水平桩，方法如下：

1）在适当的位置安置水准仪，在 ±0.000 的位置上立上水准尺，精平后读出后视读数 a，a 等于 1.324m。

2）计算出测设水平桩时，应读的前视读数为：

$$b = 1.324 + (1.800 − 0.500) = 2.624m$$

3）在槽内一侧立水准尺，水准仪精平后，指挥扶尺者上、下移动水准尺，使之对准读数值为 2.624 的位置，并沿水准尺的底部在槽壁上打入一个小木桩。

则该处的水平桩便测设好了，用同样的方法测设其他位置的水平桩。

5. 坡度线的测设

测设指定的坡度线，在道路建设、敷设上、下水管道及排水沟等工程施工中应用广泛。坡度线的测设是根据附近的已知水准点的高程、设计坡度和坡度线端点的设计高程，用已知高程的测设方法将坡度线上各点的设计高程标定在地面上。测设方法有水平视线法和倾斜视线法两种，现介绍如下。

（1）水平视线法

如图 3-42 所示，A、B 为设计坡度线的两端点，已知起始点 A 的设计高程 $H_A = 30.000m$，A、B 两点水平距离 $D_{AB} = 72.000m$，坡度 $i = 1/100$，为使施工方便，要在直线方向上，每隔距离 d 钉一木桩，要求在木桩上标定出坡度为 i 的坡度线。测设直线 AB 的坡度步骤如下：

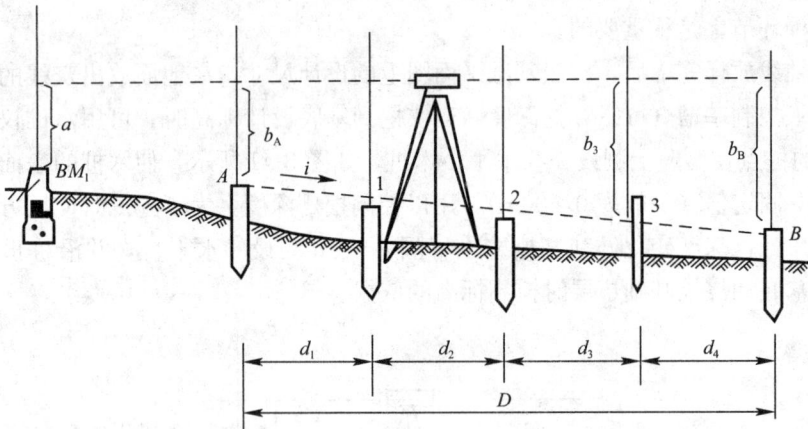

图 3-42　水平视线法测坡度线

1）考虑施工方便，在 AB 连线上从 A 点起每隔 20m 打一木桩，依次为 1、2、3，则 3、B 两点的距离为 12m。

2）计算各桩点的设计标高，计算式为：

$$H_{设} = H_A + D_j × i \tag{3-14}$$

式中　D_j——起始点位置到 j 点的距离；

　　　i——设计坡度。

则地面各点的设计高程为：

$$H_1 = H_A + D_1 \times i = 30.000 + 20 \times (-0.01) = 29.800\text{m}$$

$$H_2 = H_A + D_2 \times i = 30.000 + 40 \times (-0.01) = 29.600\text{m}$$

$$H_3 = H_A + D_3 \times i = 30.000 + 60 \times (-0.01) = 29.400\text{m}$$

$$H_4 = H_A + D_4 \times i = 30.000 + 80 \times (-0.01) = 29.200\text{m}$$

3）安置水准仪于已知水准点 BM_1（高程为 30.500m）附近，后视其上的水准尺，得中丝读数 $a=1.456$m，计算仪器的视线高：$H_i = H_1 + a = 30.500 + 1.456 = 31.956$m，再根据各点的设计高程计算出测设各点时的测设数据：$b_{应} = H_i - H_{设}$。具体为：

$$b_A = H_i - H_A = 31.956 - 30.000 = 1.956\text{m}$$

$$b_1 = H_i - H_1 = 31.956 - 29.800 = 2.156\text{m}$$

$$b_2 = H_i - H_2 = 31.956 - 29.600 = 2.356\text{m}$$

$$b_3 = H_i - H_3 = 31.956 - 29.400 = 2.556\text{m}$$

$$b_B = H_i - H_B = 31.956 - 29.280 = 2.676\text{m}$$

将水准尺分别贴靠在各木桩的侧面，上、下移动尺子，直至尺读数为 $b_{应}$ 时，在尺底部紧靠木桩侧壁处画一横线，即得各点的测设位置，该坡度线 AB 便标定在地面上了。

（2）倾斜视线法

如图 3-43 所示，设地面上 A 点高程已知为 $H_A = 53.121$m，现要从 A 点沿 AB 方向敷设一条为 -1% 的坡度线。具体做法如下：

首先，根据设计的坡度按 AB 的水平距离 D 计算 B 点的设计高程。

$$H_B = H_A + D_{AB} \times i \tag{3-15}$$

设 AB 的水平距离 D 为 80m，则：

$$H_B = H_A + D_{AB} \times i = 53.121 + 80 \times (-0.01) = 52.321\text{m}$$

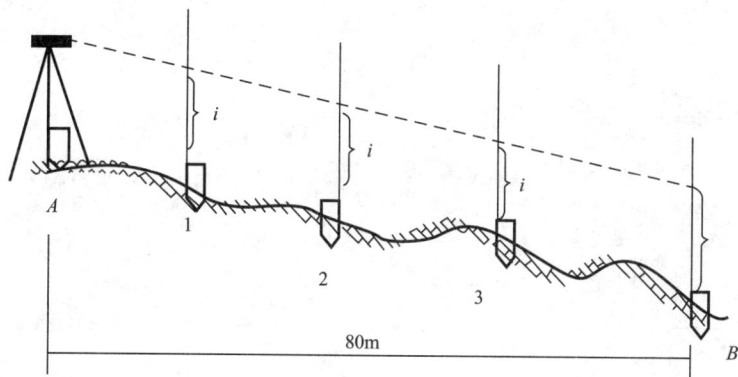

图 3-43　倾斜视线法

用水准仪按照测设已知高程点的方法，在 B 点处将设计高程测设于 B 桩顶上，然后将经纬仪安置在 A 桩上，使经纬仪的一个脚螺旋位于 AB 方向线上，其余两脚螺旋的连线垂直于 AB 线。量取仪高 $i=1.510$m。使望远镜对准立于 B 桩点上的水准尺，调整望远镜的仰角使 B 尺上的中丝读数为 $i=1.510$m，形成一固定方向线。此时仪器的视线方向即平行于设计坡度线。在 AB 线之间打下 1、2、3 木桩，称为中间点，使其桩顶上水准尺的读数都是 1.510m，即读数等于仪器高 i。这样各桩顶的连线就是要测设的设计坡度线了。

当坡度较大时，若测设时使桩顶高程正好等于设计高程有困难，可以使桩顶高程与设计高程差一整 d 值，并将其差值标注在桩上。例如，某中间点尺上读数是 1.810m，比 i 值（1.510m）多了 0.3m，则在其桩顶上注"向上 0.3m"即可，表示桩顶比设计高程低了 0.3m。

四、角度测量

（一）角度测量原理及方法

测量地面点连线的水平夹角及视线方向与水平面的竖直角，称角度测量，角度测量是确定地面点位的三大基本测量工作之一，包括水平角测量和竖直角测量。

1. 水平角测量原理

水平角是指地面上一点到两个目标的方向线在同一水平面上的垂直投影间的夹角，或是过两条方向线的竖直面所夹的两面角。如图 4-1 所示，A、B、C 为地面三点，过 AB、AC 直线的竖直面，在水平面 P 上的交线 ab、ac 所夹的角 β，就是直线 AB 和 AC 之间的水平角。

依据水平角的概念，欲直接观测水平角，其观测的设备必须具备以下条件：

1）能安置成水平位置的且全圆顺时针注记的刻度盘（称水平度盘，简称平盘），并且圆盘的中心一定要位于所测角顶点 A 的铅垂线上。

2）有一个不仅能在水平位置转动，而且能在竖直方向转动的照准设备，使之能在过 AB、AC 的竖直面内照准目标。

3）能有读取读数的指标线。观测时，只要通过对中操作将仪器安置于欲测角的顶点 A，且整平水平度盘，则可利用望远镜观测目标 B、C，并在水平度盘上产生投影 ob、oc，读取各自对应的水平读数 b、c，即测得 $\angle boc$ 为 A、B、C 三点的平角。一般水平度盘为顺时针注记，故：

$$\angle boc = c - b = \beta \tag{4-1}$$

水平角值为 $0° \sim 360°$。

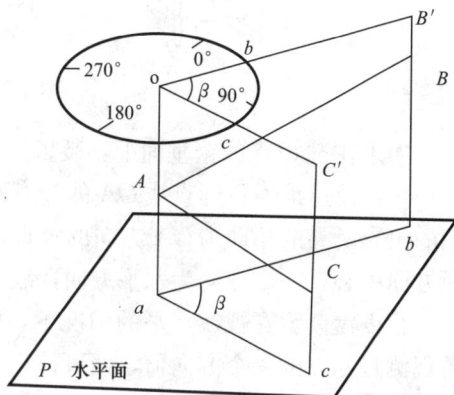

图 4-1 水平角测量原理

2. 竖直角测量原理

竖直角是指在同一竖直面内，一点到目标的方向线与水平线的夹角，又称倾斜角或竖角，用 α 表示。如图 4-2 所示，竖直角有仰角和俯角之分，夹角在水平线之上为"正"，称为仰角，如 α_A 为 $48°30'36''$；夹角在水平线之下为"负"，称为俯角，如 α_B 为 $-29°16'24''$。竖直角值为 $-90° \sim +90°$。

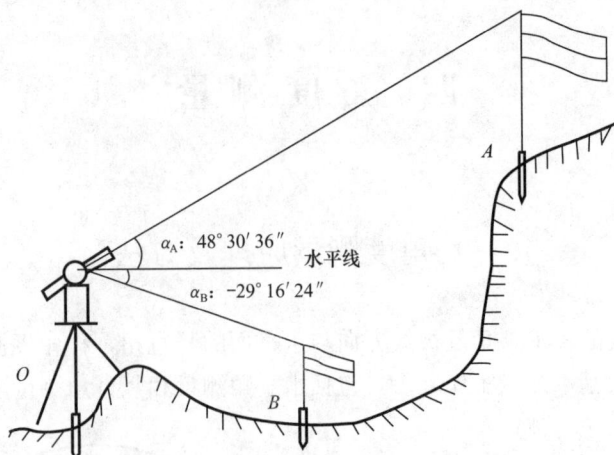

图 4-2　竖直角测量原理

如果在过 O 点的铅垂面上，装置一个垂直圆盘，使其中心过 O 点，这个盘称为竖盘。操作仪器使过地面目标直线 OA 的竖直面与竖盘平行，则直线 OA 方向与水平方向在竖盘上的投影所夹的角即为 OA 方向的竖直角，其角值用该两方向的度盘读数之差计算。因此两方向中必有一个方向为水平方向，故设计经纬仪时，提供了此水平方向为固定方向，将其竖直度盘读数在视线水平的情况下，固定为 $90°$ 的整数倍，因而在实际测竖直角时，只需观测目标点的一个方向值，便可计算出目标方向的竖角。

根据此测角原理，设计生产出的能进行水平角及竖直角测量的仪器称为经纬仪。现在工程中常用的为 $2''$ 型经纬仪，不同厂家生产的经纬仪在构造上略有差异，但是基本原理一样，以下重点介绍 DJ_2 型经纬仪的构造、使用和读数方法。

（二）经纬仪的构造及使用

1. DJ_2 光学经纬仪

DJ_2 经纬仪适用于进行角度测量和建筑工程施工放样测量。

（1）仪器结构

光学经纬仪主要由照准部、水平度盘、基座三部分组成。图 4-3 为某品牌 DJ_2 型经纬仪。

1）照准部

照准部是指经纬仪上部的可转动部分，主要由望远镜、光学读数装置、竖直度盘、水准管、竖轴、水平横轴、支架及水平和竖直制动和微动装置等组成。其望远镜及水准管构造及作用同水准仪，只是在望远镜的十字丝分划板上其刻画线与水准仪有所不同。

竖直度盘是由光学玻璃刻制而成的，用来度量竖直角。它固定在水平轴的一端，与水平轴垂直，要求水平轴中心与竖直度盘中心重合，并设有竖盘指标水准管或自动补偿装置。

光学读数装置一般由读数显微镜、测微器以及光路中一系列光学棱镜和透镜组成，用来读取水平度盘和竖直度盘所测方向的读数。

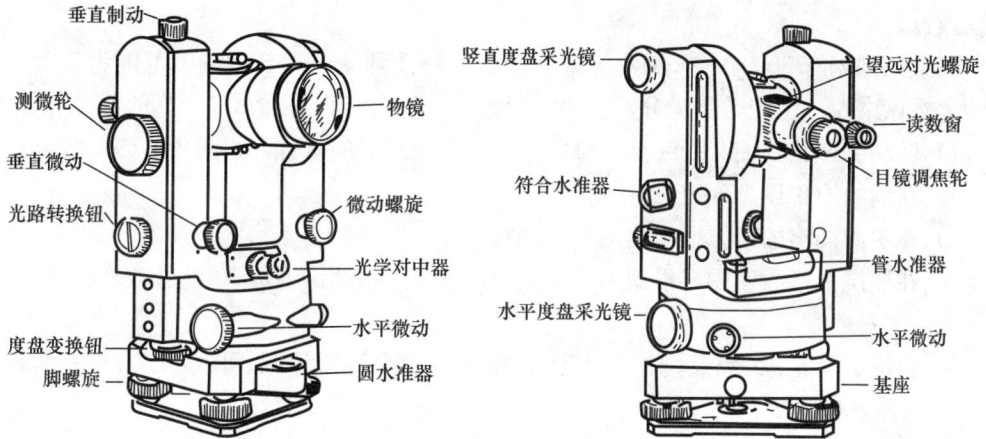

图 4-3　DJ₂ 型经纬仪

　　照准部下部有个旋转轴，其插在水平度盘空心轴内，而水平度盘空心轴插在基座竖轴轴套内。旋转轴几何中心线称为竖轴。望远镜与水平横轴固连，安置于支架上，可以绕横轴在竖直面内上、下转动，又能随着支架绕竖轴做 360°旋转。利用水平和竖直制动和微动螺旋，可以使望远镜固定在任一位置，以照准不同的观测目标。

　　光学对点器用来调节仪器，进行仪器的对中操作，使水平度盘中心与地面点处于同一铅垂线上。

　　2）水平度盘

　　水平度盘部主要由水平度盘、度盘变换手轮等组成。水平度盘由光学玻璃刻制而成，度盘全圆周顺时针刻划 0°～360°，最小分划值有 60′、40′、20′三种，其中前两种用于 DJ₆ 级仪器，而 20′的度盘则装配在 DJ₂ 型经纬仪上。

　　在水平角测角过程中，水平度盘固定不动，不随照准部转动。为了能改变水平度盘的初始读数即改变其位置，仪器设有水平度盘变换装置，一般多采用水平度盘位置变换手轮，或称转盘手轮。使用时，扳下金属卡，并将手轮推压进去，转动手轮，此时水平度盘随着转动，待转到所需位置时，将手松开，手轮退出，水平度盘即设置好了。该操作在测角中称为"度盘配置"，是测回法测量水平角中很重要的步骤。

　　3）基座

　　基座用于支撑整个仪器，利用中心螺旋将仪器紧固在三脚架上。其上有三个脚螺旋，用于整平仪器，使水平度盘成水平状态。基座上有一基座固定螺旋，用于控制照准部和基座间的衔接，正常情况下，基座固定螺旋必须拧紧，以免照准部与基座分离而坠落。

　　经纬仪中心连接螺旋必须内空能透视，且有吊挂垂球装置，以便利用光学对中器或垂球进行仪器的对中。

　　（2）读数设备及读数方法

　　在 DJ₂ 光学经纬仪中，一般都采用对径分划线影像符合的读数（通常称为双指标读数）设备。通过一系列棱镜和透镜的作用，将度盘相对 180°的分划线，同时反映到读数显微镜中，并分别位于一条横线的上、下方，如图 4-4 所示，右下方为分划线重合窗，右上方读数窗中上面的数字为整度值，中间凸出的小方框中的数字为整 10′数，左下方为测微尺读数窗。

测微尺刻划有 600 小格，最小分划为 $1''$，可估读到 $0.1''$，全程测微范围为 $10'$。测微尺的读数窗中左边注记数字为分，右边注记数字为整 $10''$ 数。读数方法如下：

1）转动测微轮，使分划线重合窗中上、下分划线精确重合，如图 4-4（b）所示。

2）在读数窗中读出度数。

3）在中间凸出的小方框中读出整 $10'$ 数。

4）在测微尺读数窗中，根据单指标线的位置，直接读出不足 $10'$ 的分数和秒数，并估读到 $0.1''$。

5）将度数、整 $10'$ 数及测微尺上读数相加，即为度盘读数。图 4-4（b）中读数为：$65°+5\times10'+4'08.2''=65°54'08.2''$。

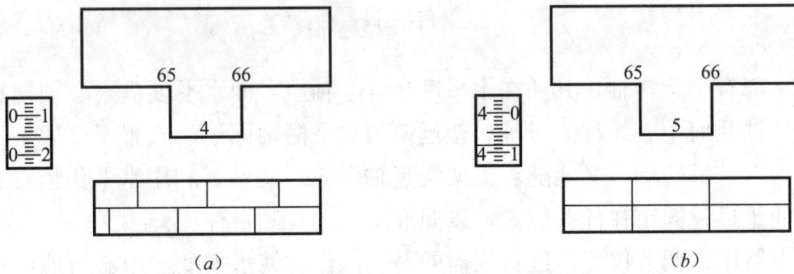

（a）　　　　　　　　　　　　　（b）

图 4-4　DJ_2 光学经纬仪读数

2. 电子经纬仪

随着电子技术的发展，出现了能自动显示、自动记录和自动传输数据的电子经纬仪。这种仪器的出现标志着测角工作向自动化迈出了新的一步。

电子经纬仪与光学经纬仪相比，外形结构相似，但测角和读数系统有很大的区别。电子经纬仪测角系统主要有以下三种：

编码度盘测角系统：是采用编码度盘及编码测微器的绝对式测角系统；

光栅度盘测角系统：是采用光栅度盘及莫尔干涉条纹技术的增量式读数系统；

动态测角系统：是采用计时测角度盘及光电动态扫描绝对式测角系统。

（1）电子经纬仪测角原理

由于目前电子经纬仪大部分是采用光栅度盘测角系统和动态测角系统，现介绍这两种测角原理。

1）光栅度盘测角原理

在光学玻璃上均匀地刻划出许多等间隔细线，即构成光栅。刻在直尺上用于直线测量，称为直线光栅。刻在圆盘上由圆心向外辐射的等角距光栅，称为经向光栅，用于角度测量，也称光栅度盘，如图 4-5 所示。

光栅的基本参数是刻划线的密度和栅距。密度为一毫米内刻划线的条数。栅距为相邻两栅的间距。光栅宽度为 a，缝隙宽度为 b，栅距为 $d=a+b$。

电子经纬仪是在光栅度盘的上、下对称位置分别安装光源和光电接收机。由于栅线不

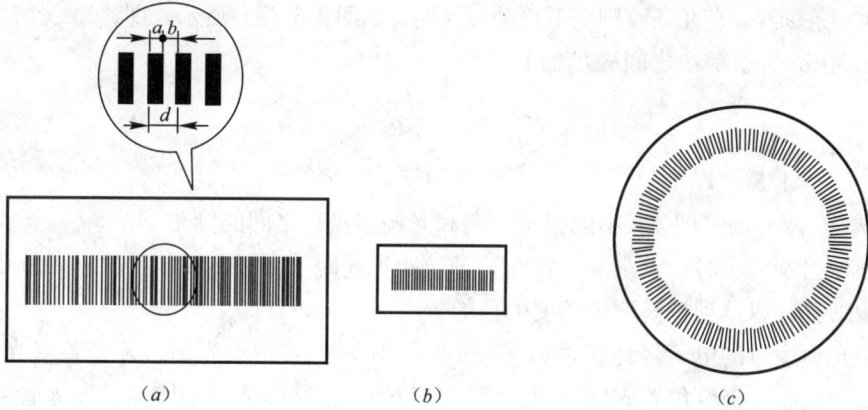

图 4-5　光栅

(a) 直线光栅；(b) 指示光栅；(c) 径向光栅

透光，而缝隙透光，则可将光栅盘是否透光的信号变为电信号。当光栅度盘移动时，光电接收管就可对通过的光栅数进行计数，从而得到角度值。这种靠累计计数而无绝对刻度数的读数系统称为增量式读数系统。

由此可见，光栅度盘的栅距就相当于光学度盘的分划，栅距越小，则角度分划值越小，即测角精度越高。例如在 80mm 直径的光栅度盘上，刻划有 12500 条细线（刻线密度为 50 条/mm），栅距分划值为 $1'44''$。要想再提高测角精度，必须对其作进一步的细分。然而，这样小的栅距，再细分实属不易。所以，在光栅度盘测角系统中，采用了莫尔条纹技术进行测微。

所谓莫尔条纹，就是将两块密度相同的光栅重叠，并使它们的刻划线相互倾斜一个很小的角度，此时便会出现明暗相间的条纹，如图 4-6（a）所示，该条纹称为莫尔条纹。

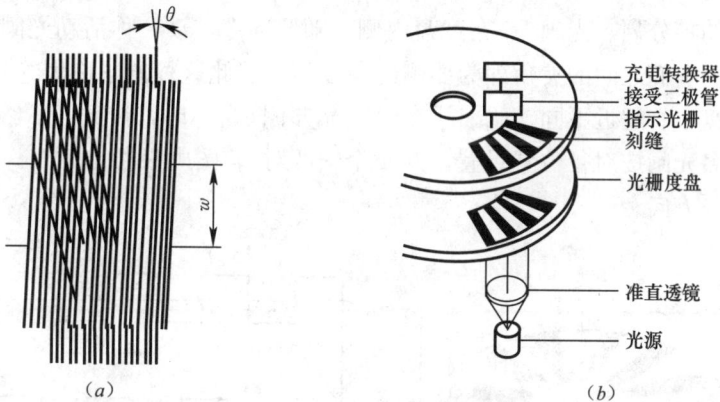

图 4-6　光栅度盘测角原理

根据光学原理，莫尔条纹有如下特点：

① 两光栅之间的倾角越小，条纹间距 w 越宽，则相邻明条纹或暗条纹之间的距离越大。

② 在垂直于光栅构成的平面方向上，条纹亮度按正弦规律周期性变化。

③ 当光栅在垂直于刻线的方向上移动时，条纹顺着刻线方向移动。光栅在水平方向上

相对移动一条刻线，莫尔条纹则上下移动一周期，如图 4-6（a）所示，即移动一个纹距 w。

④ 纹距 w 与栅距 d 之间满足如下关系：

$$w = \frac{d}{\theta}\rho' \tag{4-2}$$

式中　ρ'——3438'；

　　　θ——两光栅（图 4-6 中的指示光栅和光栅度盘）之间的倾角。

例如，当 $\theta=20'$ 时，纹距 $w=172d$，即纹距比栅距放大了 172 倍。这样，就可以对纹距进一步细分，以达到提高测角精度的目的。

使用光栅度盘的电子经纬仪，如图 4-6（b）所示，其指示光栅、发光管（光源）、光电转换器和接收二极管位置固定，而光栅度盘与经纬仪照准部一起转动。发光管发出的光信号通过莫尔条纹落到光电接收管上，度盘每转动一栅距（d），莫尔条纹就移动一个周期（w）。所以，当望远镜从一个方向转动到另一个方向时，流过光电管光信号的周期数，就是两方向间的光栅数。由于仪器中两光栅之间的夹角是已知的，所以通过自动数据处理，即可算得并显示两方向间的夹角。为了提高测角精度和角度分辨率，仪器工作时，在每个周期内再均匀地填充 n 个脉冲信号，计数器对脉冲计数，则相当于光栅刻划线的条数又增加了 n 倍，即角度分辨率就提高了 n 倍。

为了判别测角时照准部旋转的方向，采用光栅度盘的电子经纬仪其电子线路中还必须有判向电路和可逆计数器。判向电路用于判别照准时旋转的方向，当顺时针旋转时，则计数器累加；当逆时针旋转时，则计数器累减。

2）动态测角原理

动态测角原理的仪器的度盘为玻璃圆环，测角时，由微型电机带动而旋转。度盘分成 1024 个分划，每一分划由一对黑白条纹组成，白的透光，黑的不透光，相当于栅线和缝隙，其栅距设为 ϕ_0，如图 4-7 所示。光阑 L_S 固定在基座上，称固定光阑（也称光闸），相当于光学度盘的零分划。光阑 L_R 在度盘内侧，随照准部转动，称活动光阑，相当于光学度盘的指标线。它们之间的夹角即为要测的角度值。因此这种方法称为绝对式测角系统。两种光阑距盘中心远近不同，照准部旋转以瞄准不同目标时，彼此互不影响。为消除度盘偏心差，同名光阑按对径位置设置，共 4 个（两对），图中只绘出两个。竖直度盘的固定光阑指向天顶方向。

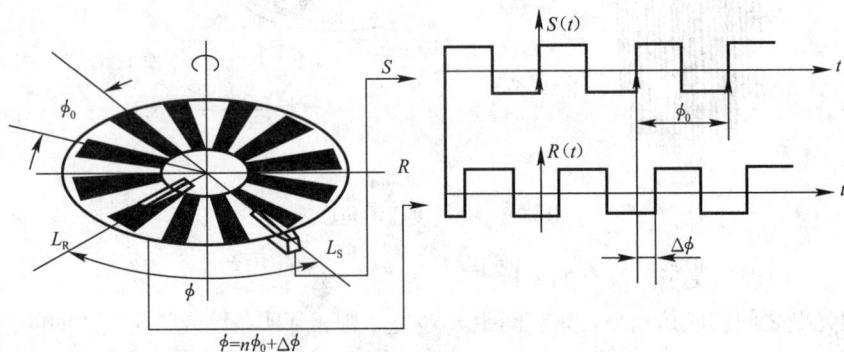

图 4-7　动态测角原理

　　光阑上装有发光二极管和光电二极管，分别处于度盘上、下侧。发光二极管发射红外光线，通过光阑孔隙照到度盘上。当微型电机带动度盘旋转时，因度盘上明暗条纹而形成透光亮的不断变化，这些光信号被设置在度盘另一侧的光电二极管接收，转换成正弦波的电信号输出，用以测角。

　　（2）电子经纬仪使用

　　下面以国内应用较广泛的南方 ET-02 电子经纬仪为例进行介绍。

　　1）ET-02 电子经纬仪构造

　　ET-02 电子经纬仪结构如图 4-8 所示。

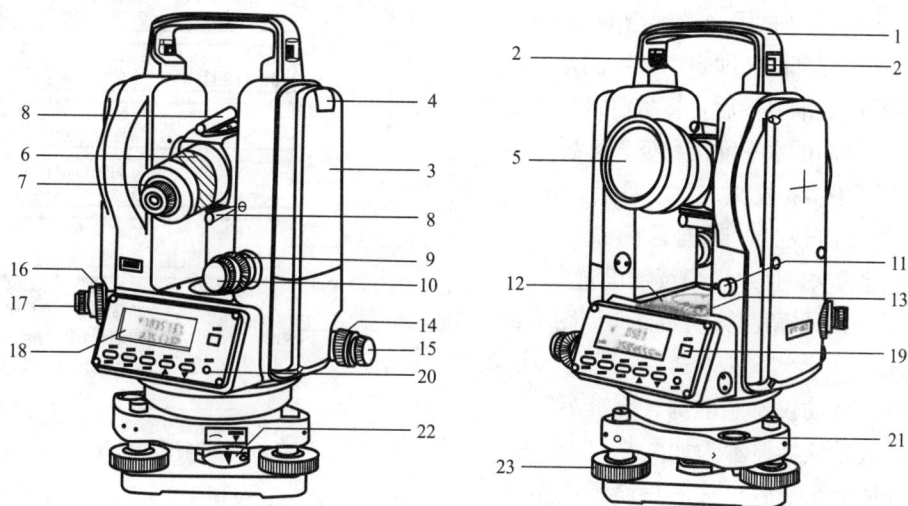

图 4-8　ET-02 电子经纬仪结构

1—手柄；2—手柄固定螺丝；3—电池盒；4—电池盒按钮；5—物镜；6—物镜调焦螺旋；
7—目镜调焦螺旋；8—光学粗瞄器；9—望远镜制动螺旋；10—望远镜微动螺旋；
11—光电测距仪数据接口；12—管水准轴；13—管水准器校正螺丝；14—水平制动螺旋；
15—水平微动螺旋；16—光学对中器物镜调焦螺旋；17—光学对中器调焦螺旋；18—显示窗；
19—电源开关键；20—显示窗照明开关键；21—圆水准器；22—轴套锁定钮；23—脚螺旋

　　2）设置项目

　　① 角度测量单位：360°、400gon、6400mil。

　　② 竖直角 0°方向的位置：水平为 0°或天顶为 0°。

　　③ 自动断电关机时间为：30min 或 10min。

　　④ 角度最小显示单位：1″或 5″。

　　⑤ 竖盘指标零点补偿选择：自动补偿或不补偿。

　　⑥ 水平角读数经过 0°、90°、180°、270°象限时蜂鸣或不蜂鸣。

　　⑦ 选择不同类型的测距仪连接。

　　3）设置方法

　　① 按住［CONS］键打开电源开关，至三声蜂鸣后松开［CONS］键。仪器进入初始设置模式状态，显示器显示，如图 4-9 所示；

　　② 按［MEAS］或［TRK］键使闪烁的光标向左或向右移动到要改变的数字位；

③ 按▲或▼键改变数字，该数字所代表的设置内容在显示器上行以字符代码的形式予以提示；

④ 重复②和③操作进行其他项目的初始设置直至全部完成；

⑤ 设置完成后按［CONS］键予以确认，仪器返回测量模式。

4）角度测量

由于 ET-02 是采用光栅读盘测角系统，当转动仪器照准部时，即自动开始测角，所以观测员精确照准目标后，显示窗将自动显示当前视线方向的水平度盘和竖盘读数。

将电子经纬仪对中整平后，按住［PWR］键开启仪器，瞄准目标 A 后，按［0 SET］键两次，使水平角读数设置为"0°00′00″"。作为水平角起算的零方向如图 4-10 所示。

顺时针转动仪器照准部，瞄准另一个目标 B，这时仪器显示为如图 4-11 所示。

按［R/L］键后，水平角设置成左旋测量方式。逆时针方向转动仪器照准部，瞄准目标 A，对水平角度置零。然后逆时针方向转动仪器照准部，照准目标 B 时显示如图 4-12 所示。

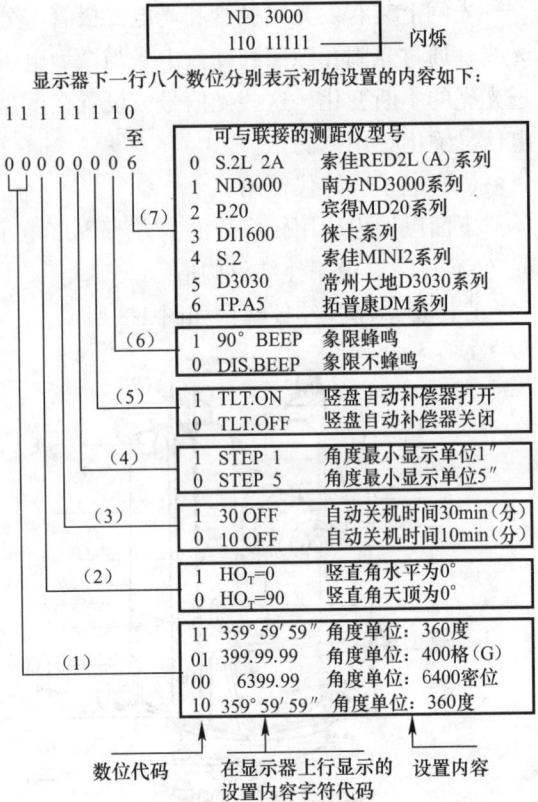

图 4-9　ET-02 电子经纬仪设置内容

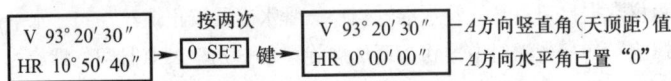

图 4-10　水平角置零设置

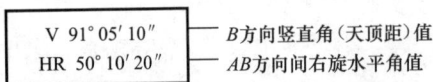

图 4-11　AB 方向间右旋读数

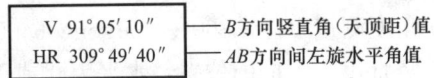

图 4-12　AB 方向间左旋读数

（三）全站仪的构造及使用

1. 全站仪的基本结构及功能

随着我国经济和技术水平的飞速发展，国产普通型全站仪以其价格低、性能稳定、操作简便的优势，在建筑施工测量中得到广泛应用，下面以国产某型号全站仪为例介绍普通型全站仪。

（1）仪器部件的名称

图 4-13 标示出了仪器各个部件的名称。

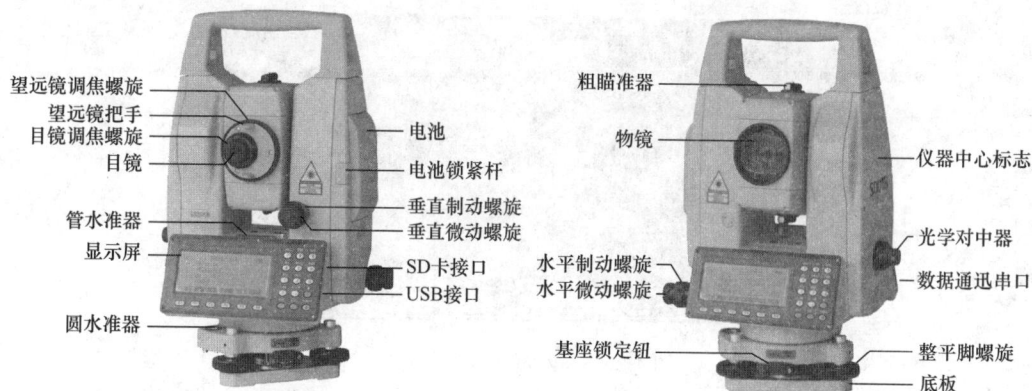

望远镜调焦螺旋
望远镜把手
目镜调焦螺旋
目镜
电池
电池锁紧杆
管水准器
垂直制动螺旋
垂直微动螺旋
显示屏
SD卡接口
USB接口
圆水准器

粗瞄准器
物镜
仪器中心标志
光学对中器
数据通讯串口
水平制动螺旋
水平微动螺旋
基座锁定钮
整平脚螺旋
底板

图 4-13　NTS-660 结构图

（2）显示

1）显示屏

一般上面几行显示观测数据，底行显示软键功能，它随测量模式的不同而变化，如图 4-14 所示，可调整显示屏的对比度和亮度。

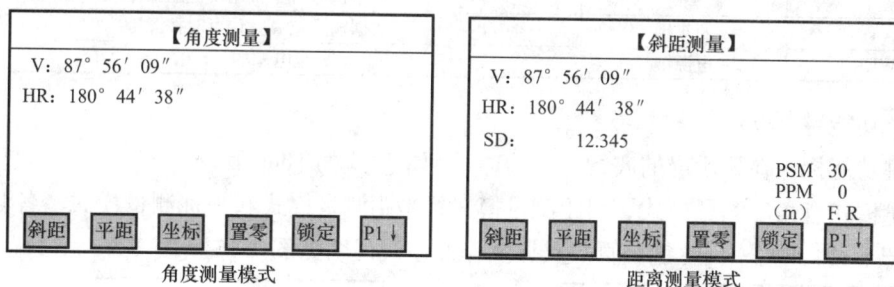

【角度测量】

V：87° 56′ 09″
HR：180° 44′ 38″

斜距　平距　坐标　置零　锁定　P1↓

角度测量模式

【斜距测量】

V：87° 56′ 09″
HR：180° 44′ 38″
SD：　　12.345

PSM　30
PPM　0
（m）　F.R

斜距　平距　坐标　置零　锁定　P1↓

距离测量模式

图 4-14　显示屏

2）显示符号

在显示屏中显示的符号及含义见表 4-1。

显示符号及其含义　　　　表 4-1

符号	含义	符号	含义
V	垂直角	*	电子测距正在进行
V%	百分度	m	以米为单位
HR	水平角（右角）	ft	以英尺为单位
HL	水平角（左角）	F	精测模式
HD	平距	T	跟踪模式（10mm）
VD	高差	R	重复测量
SD	斜距	S	单次测量
N	北向坐标	N	N次测量
E	东向坐标	ppm	大气改正值
Z	天顶方向坐标	ism	棱镜常数值

3）操作键

显示屏上的各操作键如图 4-15 所示，具体名称及功能说明见表 4-2。

图 4-15 显示屏操作键示意图

操作键名称及功能说明 表 4-2

按键	名称	功能
F1～F6	软键	功能参见所显示的信息
0～9	数字键	输入数字，用于欲置数值
A～/	字母键	输入字母
ESC	退出键	退回到前一个显示屏或前一个模式
★	星键	用于仪器若干常用功能的操作
ENT	回车键	数据输入结束并认时按此键
POWER	电源键	控制电源的开/关

（3）功能键（软键）

软键功能标记在显示屏的底行。该功能随测量模式的不同而改变。

测量模式有角度测量模式、斜距测量模式、平距测量模式和坐标测量模式。各测量模式又有若干页，可以用 F6 键翻页。具体操作及模式说明见图 4-16 及表 4-3～表 4-6。

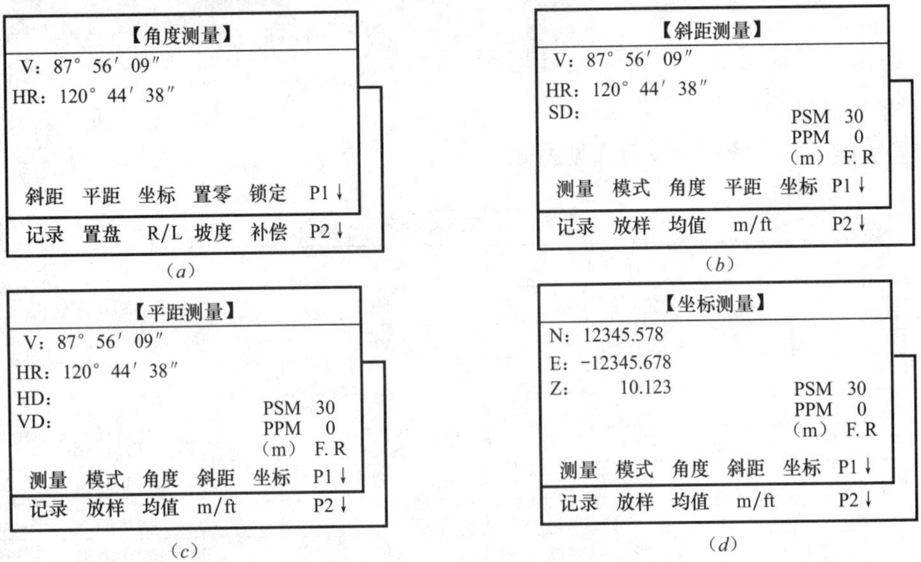

图 4-16 测量模式
（a）角度测量；（b）斜距测量；（c）平距测量；（d）坐标测量

角度测量模式　　　　　　　　　　　　　　　表 4-3

模式	显示	软键	功能
角度测量	斜距	F1	倾斜距离测量
	平距	F2	水平距离测量
	坐标	F3	坐标测量
	置零	F4	水平角置零
	锁定	F5	水平角锁定
	记录	F1	将测量数据传输到数据采集器
	置盘	F2	预置一个水平角
	R/L	F3	水平角右角/左角变换
	坡度	F4	垂直角/百分度的变换
	补偿	F5	设置倾斜改正
	斜距	F1	若打开补偿功能，则显示倾斜改正值

斜距测量模式　　　　　　　　　　　　　　　表 4-4

模式	显示	软键	功能
斜距测量	测量	F1	启动斜距测量。 选择连续测量/N 次（单次）测量模式
	模式	F2	设置单次精测/N 次精测/重复精测/跟踪测量模式
	角度	F3	角度测量模式
	平距	F4	平距测量模式，显示 N 次或单次测量后的水平距离
	坐标	F5	坐标测量模式，显示 N 次或单次测量后的坐标
	记录	F1	将测量数据传输到数据采集器
	放样	F2	放样测量模式
	均值	F3	设置 N 次测量的次数
	m/ft	F4	距离单位米或英尺的变换

平距测量模式　　　　　　　　　　　　　　　表 4-5

模式	显示	软键	功能
平距测量	测量	F1	启动平距测量。 选择连续测量/N 次（单次）测量模式
	模式	F2	设置单次精测/N 次精测/重复精测/跟踪测量模式
	角度	F3	角度测量模式
	斜距	F4	斜距测量模式，显示 N 次或单次测量后的倾斜距离
	坐标	F5	坐标测量模式，显示 N 次或单次测量后的坐标
	记录	F1	将测量数据传输到数据采集器
	放样	F2	放样测量模式
	均值	F3	设置 N 次测量的次数
	m/ft	F4	米或英尺的变换

坐标测量模式

表 4-6

模式	显示	软键	功能
坐标测量	测量	F1	启动坐标测量。 选择连续测量/N 次（单次）测量模式
	模式	F2	设置单次精测/N 次精测/重复精测/跟踪测量模式
	角度	F3	角度测量模式
	斜距	F4	斜距测量模式，显示 N 次或单次测量后的倾斜距离
	平距	F5	平距测量模式，显示 N 次或单次测量后的水平距离
	记录	F1	将测量数据传输到数据采集器
	高程	F2	输入仪器高/棱镜高
	均值	F3	设置 N 次测量的次数
	m/ft	F4	米或英尺的变换
	设置	F5	预置仪器测站点坐标

（4）星键模式

按下星键（★）即可看到仪器的若干操作选项，如图 4-17 所示。这些选项分两页屏幕显示。按 [F5]（P1↓）键查看第 2 页屏幕，如图 4-18 所示，再按 [F5]（P2↓）可返回第 1 页屏幕。

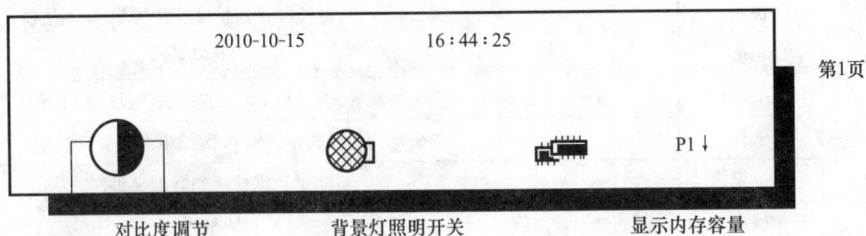

图 4-17　星键（★）第 1 页屏幕

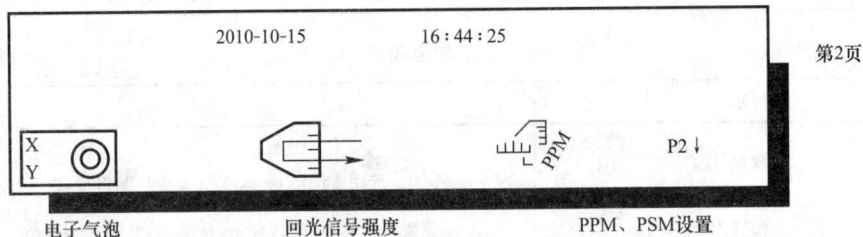

图 4-18　星键（★）第 2 页屏幕

2. 反射棱镜

可根据需要选用各种棱镜框、棱镜、标杆连接器、三角基座连接器以及基座等系统组件，并可根据测量的需要进行组合，形成满足各种距离测量所需的棱镜组合。

棱镜有单棱镜、三棱镜、测杆棱镜等不同种类，如图 4-19 所示。

不同的棱镜数量、测程不同，棱镜数量越多，测程越大。但全站仪的测程是有限的，所以棱镜数量应根据全站仪的测程和所测距离来选择。

单棱镜、三棱镜等在使用时一般安置在三脚架上，用于控制测量。在放样测量和精度要求不高的测量中，采用测杆棱镜是十分便利的。

一般依据棱镜常数设置棱镜改正数。

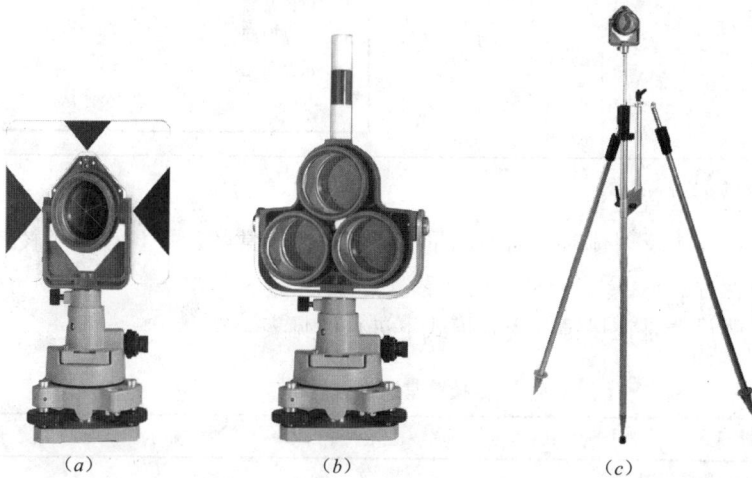

图 4-19　反射棱镜

(*a*) 单棱镜；(*b*) 三棱镜；(*c*) 测杆棱镜

3. 全站仪的操作

（1）全站仪的安置

将仪器安置在三脚架上，精确对中和整平。其具体操作方法同经纬仪的安置相同。一般采用光学对中器完成对中；利用长管水准器精平仪器；仪器开机，对中整平后，打开电源开关，进入主菜单，如图 4-20 所示。

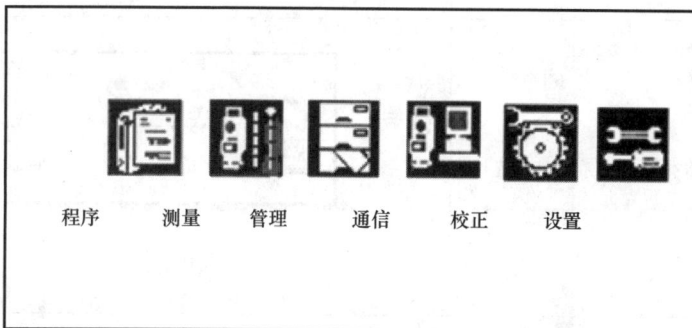

程序　　测量　　管理　　通信　　校正　　设置

图 4-20　主菜单界面

（2）仪器常数设置

在主菜单按 ［F5］ 键，进入仪器常数设置界面，见表 4-7，按对应的 ［F1］、［F2］、［F3］、［F4］ 分别对仪器进行设置。

仪器常数设置界面   表 4-7

操作步骤	按键	显示
由主菜单按［F5］键	［F5］	【校正】 F1 指标差 F2 仪器常数 F3 日期时间 F4 液晶对比度

（3）棱镜常数设置

当使用棱镜作为反射体时，需在测量前设置好棱镜常数，一旦设置了棱镜常数，关机后该常数将被保存。

棱镜常数的设置是在星键（★）模式下进行的见表 4-8。

棱镜常数设置界面   表 4-8

操作步骤	按键	显示
①按星键（★）	［★］	2009-05-10 15: 41: 00 P1↓
②按［F5］键进入该菜单的第 2 页后，按［F4］键。显示现有设置值	［F5］［F4］	2009-05-10 15: 41: 00 P2↓
③按［F4］（→，←）或［F5］（↓，↑），将光标（▶）移动到棱镜常数设置的位置上	移动光标	▶ 20.0℃ 0 ppm 1012.0 hpa -30 mm 棱镜常数改正图标
④输入棱镜常数。显示返回到星键（★）模式菜单	输入数值	20.0℃ 0 ppm 1012.0 hPa ▶ 30 mm

（4）大气改正设置

大气改正的设置在星键（★）模式下进行见表4-8。

根据当时的大气温度、大气压力、海拔高度、空气湿度等进行大气改正的计算。

$$PPM = 273.8 - \frac{0.2900 \times 气压值(hPa)}{1 + 0.00366 \times 温度值(℃)}$$

若使用的气压单位是mmhg时，按：1hPa＝0.75mmhg进行换算。

不顾及大气改正时，将PPM值设为零。

NTS-660全站仪标准气象条件（即仪器气象改正值为0时的气象条件）：气压：1013hPa，温度：20℃。

设置步骤见表4-9，首先由表4-8、表4-9进入星键（★）操作模式。

大气改正设置 表4-9

操作步骤	按键	显示
按〔F4〕键，显示现有设置值	按〔F4〕设置温度	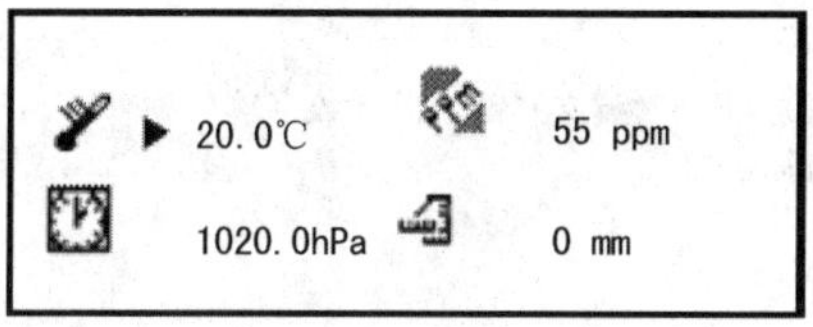 ▶ 20.0℃ 55 ppm 1020.0hPa 0 mm
输入温度，按〔ENT〕键。比如：温度26℃	输入温度值26℃〔ENT〕	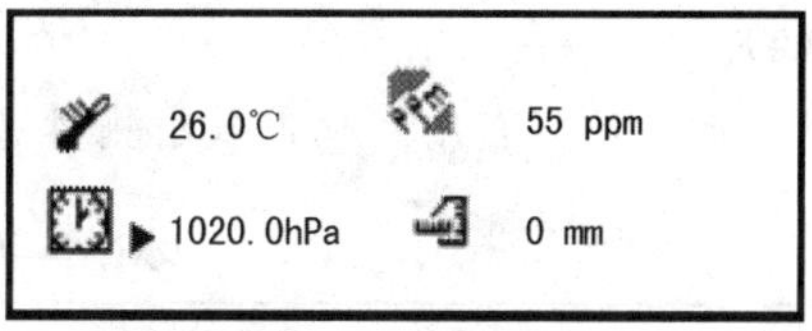 26.0℃ 55 ppm ▶ 1020.0hPa 0 mm
输入气压，按〔ENT〕键。比如：气压：1020hPa 显示返回到先前模式	输入气压值〔ENT〕	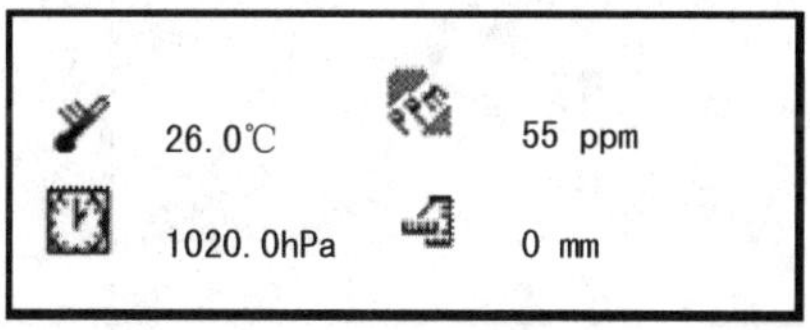 26.0℃ 55 ppm 1020.0hPa 0 mm

（5）操作步骤

1）将望远镜对准明亮地方，旋转目镜筒，调焦看清十字丝（先朝自己方向旋转目镜筒，再慢慢旋进调焦清楚十字丝）；

2）利用粗瞄准器内的三角形标志的顶尖瞄准目标点，照准时眼睛与瞄准器之间应保留有一定距离；

3）利用望远镜调焦螺旋使目标成像清晰。

字母数字由键盘输入，表4-10为在存储管理模式下给文件更名的示例。

存储管理模式下给文件更名的示例　　　　　　　　　　　　　　　　表 4-10

操作步骤	按键	显示
从主菜单图标屏幕中按［F3］（管理）键，然后按［F6］（确定）键，按［F6］（P2↓）键，按［F4］或［F5］键选择需改名的文件，再按［F1］（更名）键。 ①按［F1］（数字）键，进入字母输入模式	［F3］［F6］ ［F6］［F4］ 或［F5］［F1］ ［F1］	【文件更名】 文件名　　CCC 数字　←　→　空格　后退
②输入字母，输入 "S"，键入 "O"，键入 "U"，键入 "T"，键入 "H"	［1］［5］ ［1］［1］ ［9］	【文件更名】 文件名　　SOUTH 英文　←　→　空格　后退
③按［F1］（英文）键，进入数字输入模式。键入 "112"	［F1］［1］ ［1］［2］	【文件更名】 文件名　　SOUTH112 数字　←　→　空格　后退
④文件更名结束按［ENT］键	［ENT］	

（6）角度观测

1）水平角（右角）和垂直角测量（表 4-11）

水平角（右角）和垂直角测量　　　　　　　　　　　　　　　　表 4-11

操作步骤	按键	显示
①照准第一个目标（A）	照准 A	【角度测量】 V：　87°56′09″ HR：130°44′38″ 斜距　平距　坐标　置零　锁定　P1↓
②设置目标 A 的水平角读数为 0°00′00″。按［F4］（置零）键和［F5］（设置）键	［F4］［F5］	【角度测量】 【水平度盘置零】 HR：0°00′00″ 退出　　　　设置 斜距　平距　坐标　置零　锁定　P1↓ 【角度测量】 V：　87°56′09″ HR：　0°00′00″ 斜距　平距　坐标　置零　锁定　P1↓

续表

操作步骤	按键	显示
③照准第二个目标（B）。仪器显示目标B的水平角和垂直角	照准 B	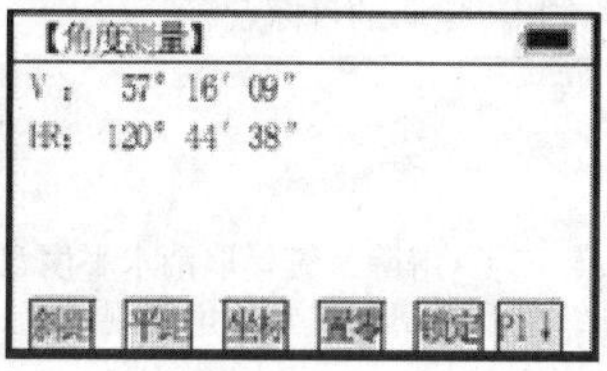 【角度测量】 V： 57° 16′ 09″ HR： 120° 44′ 38″ 斜距 平距 坐标 置零 锁定 P1↓

2）水平角测量模式（右角/左角）转换（表 4-12）

水平角测量模式（右角/左角）转换　　　　　表 4-12

操作步骤	按键	显示
①按［F6］（P1↓）键，进入第 2 页显示功能	［F6］	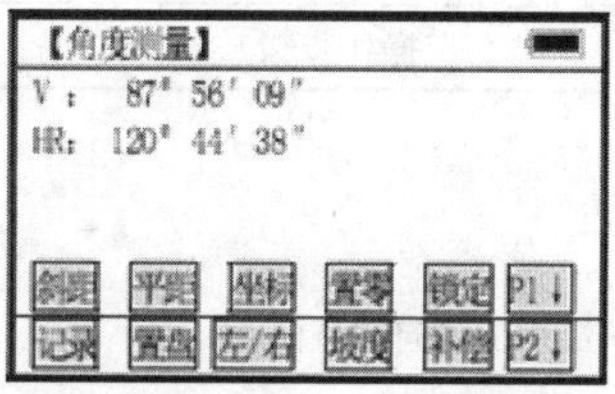 【角度测量】 V： 87° 56′ 09″ HR： 120° 44′ 38″ 斜距 平距 坐标 置零 锁定 P1↓ 记录 置盘 左/右 坡度 补偿 P2↓
②按［F3］键，水平角测量右角模式转换成左角模式	［F3］	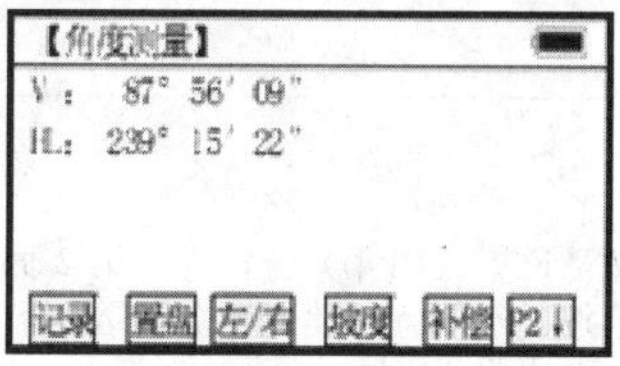 【角度测量】 V： 87° 56′ 09″ HL： 239° 15′ 22″ 记录 置盘 左/右 坡度 补偿 P2↓
③类似右角观测方法进行左角观测		

3）水平度盘读数设置
① 利用锁定水平角法设置（表 4-13）

利用锁定水平角法设置　　　　　表 4-13

操作步骤	按键	显示
①利用水平微动螺旋设置水平度盘读数	显示角度	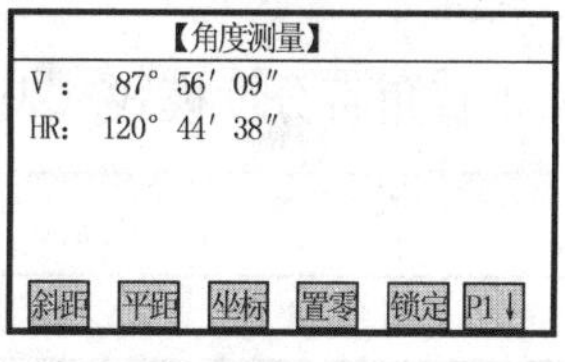 【角度测量】 V： 87° 56′ 09″ HR： 120° 44′ 38″ 斜距 平距 坐标 置零 锁定 P1↓
②按［F5］（锁定）键，启动水平度盘锁定功能	［F5］	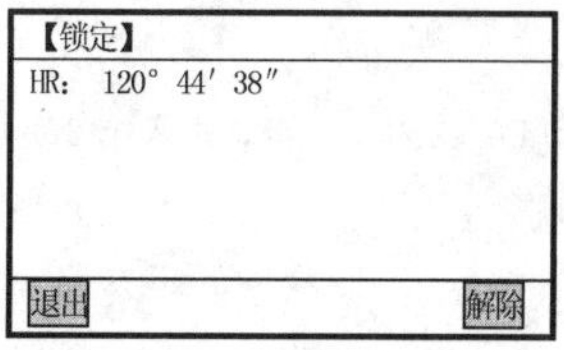 【锁定】 HR： 120° 44′ 38″ 退出 解除

续表

操作步骤	按键	显示
③照准用于定向的目标点	照准	
④按［F5］（解除）键，取消水平度盘锁定功能。显示返回到正常的角度测量模式	［F5］	【角度测量】 V：107° 56′ 29″ HR：120° 44′ 38″ 斜距 平距 坐标 置零 锁定 P1↓

② 利用数字键设置（表 4-14）

利用数字键设置　　　　　　　　　　　　　表 4-14

操作步骤	按键	显示
①照准用于定向的目标点	照准	【角度测量】 V：　87° 56′ 09″ HR：　0° 44′ 38″ 斜距 平距 坐标 置零 锁定 P1↓ 记录 置盘 R/L 坡度 补偿 P2↓
②按［F6］（P1↓）键，进入第 2 页功能，再按［F2］（置盘）键。③输入所需的水平度盘读数。例如：120°20′30″	［F6］［F2］ 输入角度值	【配置度盘】 HR：　120.2030 退出　　　　　　　　左移
④按［ENT］键。至此，即可进行定向后的正常角度测量	［ENT］	【角度测量】 V：　87° 56′ 09″ HR：120° 20′ 30″ 斜距 平距 坐标 置零 锁定 P1↓

4）垂直角百分度模式（表 4-15）

垂直度百分度模式　　　　　　　　　　　　表 4-15

操作步骤	按键	显示
①按［F6］（P1↓）键，进入第 2 页功能菜单	［F6］	【角度测量】 V：　84° 24′ 28″ HR：120° 44′ 38″ 斜距 平距 坐标 置零 锁定 P1↓ 记录 置盘 R/L 坡度 补偿 P2↓

续表

操作步骤	按键	显示
②按［F4］（坡度）键	［F4］	【角度测量】 V%:　9.79 % HR :　120° 44′ 38″ 记录　置盘　R/L　坡度　补偿　P2↓

（7）距离测量

进行距离测量之前，首先进行大气改正设置和棱镜常数设置。

1）连续测量（表 4-16）

连续测量模式　　　　　　　　　　　　　　　　　　　　　　　　　　　表 4-16

操作步骤	按键	显示
①照准棱镜中心	照准	【角度测量】 V :　87° 56′ 09″ HR :　120° 44′ 38″ 斜距　平距　坐标　置零　锁定　P1↓
②按［F1］（斜距）键或［F2］（平距）键，并按［F2］（模式）键，选择连续精测模式	［F2］	【平距测量】 V :　87° 56′ 09″ HR :　120° 44′ 38″ HD:　　　　　　　　＜ VD:　　　　　　　　　PSM　30 　　　　　　　　　　　PPM　 0 　　　　　　　　　　　(m) *F.R 测量　模式　角度　斜距　坐标　P1↓ 【平距测量】 V :　87° 56′ 09″ HR :　120° 44′ 38″ HD:　　　796.097 VD:　　　　 4.001　　PSM　30 　　　　　　　　　　　PPM　 0 　　　　　　　　　　　(m)　F.R 测量　模式　角度　斜距　坐标　P1↓

2）单次/N 次测量

当预置了观测次数时，仪器就会按设置的次数进行距离测量并显示出平均距离值。若预置次数为 1，则由于是单次观测，故不显示平均距离。仪器出厂时设置的是单次观测。

① 设置观测次数

在角度测量模式下见表 4-17。

设置观测次数　　　　　　　　　　　　　　　　　　　　表 4-17

操作步骤	按键	显示
①按〔F1〕（斜距）键或〔F2〕（平距）键	〔F1〕或〔F2〕	【角度测量】 V：　87° 56′ 09″ HR：120° 44′ 38″ 斜距　平距　坐标　置零　锁定　P1↓ 【平距测量】 V：　87° 56′ 09″ HR：120° 44′ 38″ HD:　　　　　　　　＜ VD:　　　　　　PSM　30 　　　　　　　　PPM　0 　　　　　　　　(m)　*E.R. 测量　模式　角度　斜距　坐标　P1↓ 记录　放样　均值　m/ft　　　P2↓
②按〔F6〕（P1↓）键，进入第2页功能 ③按〔F3〕（均值）键，输入观测次数。〔示例〕3次	〔F6〕〔F3〕〔3〕	【测量次数】 N: 3 退出　　　　　　　　　　左移
④按〔ENT〕键，进行N次观测	〔ENT〕	【平距测量】 V：　87° 56′ 09″ HR：120° 44′ 38″ HD:　　　　　　　　＜ VD:　　　　　　PSM　30 　　　　　　　　PPM　0 　　　　　　　　(m)　*E.R. 记录　放样　均值　m/ft　　　P2↓

② 观测方法

在角度测量模式下见表 4-18。

观测方法　　　　　　　　　　　　　　　　　　　　表 4-18

操作步骤	按键	显示
①照准棱镜中心	照准	【角度测量】 V：　87° 56′ 09″ HR：120° 44′ 38″ 斜距　平距　坐标　置零　锁定　P1↓
②按〔F1〕（斜距）键或〔F2〕（平距）键，选择斜距或平距测量模式。示例：平距测量N次观测开始	〔F1〕或〔F2〕	【平距测量】 V：　87° 56′ 09″ HR：120° 44′ 38″ HD:　　　　　　　　＜ VD:　　　　　　PSM　30 　　　　　　　　PPM　0 　　　　　　　　(m)　*E.R. 测量　模式　角度　斜距　坐标　P1↓ 记录　放样　均值　m/ft　　　P2↓

续表

操作步骤	按键	显示
②按［F1］（斜距）键或［F2］（平距）键，选择斜距或平距测量模式。示例：平距测量 N 次观测开始	［F1］或［F2］	【平距测量】 V：87°56′09″ HR：120°44′38″ HD：54.321 VD：1.234　PSM 30 PPM 0 (m) *F.R 测量 模式 角度 斜距 坐标 P1↓
③显示出平均距离并伴随蜂鸣声，同时屏幕上"＊"号消失		【平距测量】 V：87°56′09″ HR：120°44′38″ HD：54.321 VD：1.234　PSM 30 PPM 0 (m) F.R 测量 模式 角度 斜距 坐标 P1↓

3）精测/跟踪模式

精测模式：是正常距离测量模式，观测时间约 3s，最小显示距离为 1mm；跟踪模式：测量时间要比精测模式短。主要用于放样测量中。在跟踪运动目标或工程放样中非常有用。观测时间约 1s，最小显示距离为 10mm。精密/跟踪模式步骤见表 4-19。

精密/跟踪模式步骤　　　　　　　　　　　　　　表 4-19

操作步骤	按键	显示
①照准棱镜中心	照准棱镜	【平距测量】 V：87°56′09″ HR：120°44′38″ HD： VD：　＜ PSM 3.0 PPM 0 (m) *F.R 测量 模式 角度 斜距 坐标 P1↓
②按［F1］（斜距）键或［F2］（平距）键。 选择测距模式。 示例：平距观测模式进行距离测量	［F1］或［F2］	【角度测量】 V：87°56′09″ HR：120°44′38″ 斜距 平距 坐标 置零 锁定 P1↓
③按［F2］（模式）键，变为跟踪粗测模式		【平距测量】 V：87°56′09″ HR：120°44′38″ HD： VD： PSM 30 PPM 0 (m) *T.R 测量 模式 角度 斜距 坐标 P1↓

注：每按一次［F2］（模式）键，观测模式就依次改变。

（8）放样

该功能可显示测量的距离与预置距离之差。显示值＝观测值－标准（预置）距离，可进行各种距离测量模式如平距（HD）、高差（VD）或斜距（SD）的放样。表 4-20 为高程放样的示例。

高程放样示例   表 4-20

操作步骤	按键	显示
①在距离测量模式下按［F6］（P1↓）键进入第2页功能	［F6］	【平距测量】 V : 87° 56′ 09″ HR: 120° 44′ 38″ HD: < VD: PSM 30 PPM 0 (m) *F.R 测量 模式 角度 斜距 坐标 P1↓ 记录 放样 均值 m/ft P2↓
②按［F2］（放样）键	［F2］	【放样】 HD: VD: 退出 左移
③输入待放样的高差值并按［ENT］键。观测开始	输入放样值［ENT］	【平距测量】 ▮ V : 90° 10′ 20″ HR: 120° 30′ 40″ HD: < dVD: PSM 30 PPM 0 (m) *F.R 记录 放样 均值 m/ft P2↓ 【平距测量】 V : 90° 10′ 20″ HR: 120° 30′ 40″ HD: 12.345 dVD: 0.009 PSM 30 PPM 0 (m) F.R 记录 放样 均值 m/ft P2↓

（9）坐标测量

1）设置测站点坐标

设置好测站点（仪器位置）相对于原点的坐标后，仪器便可求出，显示未知点（棱镜位置）的坐标。测站点坐标设置见表 4-21 和图 4-21。

测站点坐标设置   表 4-21

操作步骤	按键	显示
①按［F3］（坐标）键	［F3］	【角度测量】 V : 87° 56′ 09″ HR: 120° 44′ 38″ 斜距 平距 坐标 置零 锁定 P1↓
②按［F6］（P1↓）键进入第2页功能	［F6］	【坐标测量】 N: < E: Z: PSM 30 PPM 0 (m) *F.R 测量 模式 角度 斜距 平距 P1↓ 记录 高程 均值 m/ft 设置 P2↓
③按［F5］（设置）键，显示以前的数据	［F5］	【设置测站点】 N: 12345.670 m E: 12.436 m Z: 10.445 m 退出 左移

续表

操作步骤	按键	显示
④输入新的坐标值并按［ENT］键	输入 N 坐标［ENT］ 输入 E 坐标［ENT］ 输入 Z 坐标［ENT］	【设置测站点】 N : 1000.000 m E: 1000.000 m Z: 1000.000 m 退出 左移

⑤测量开始		【坐标测量】
		N : <
		E:
		Z:
		           PSM 30
		           PPM 0
		       (m) *F.R
		记录 高程 均值 m/ft 设置 P2↓

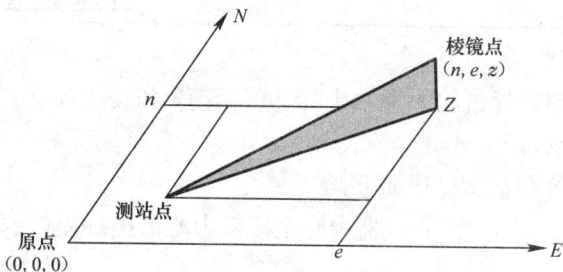

图 4-21 测站点坐标设置

2）设置仪器高/棱镜高

坐标测量须输入仪器高与棱镜高，以便直接测定未知点坐标，见表 4-22。

仪器高、棱镜高设置   表 4-22

操作步骤	按键	显示
①按［F3］（坐标）键	［F3］	【角度测量】 V : 87° 56′ 09″ HR: 120° 44′ 38″ 斜距 平距 坐标 置零 锁定 P1↓

②在坐标观测模式下，按［F6］（P1↓）键进入第 2 页功能	［F6］	【坐标测量】
		N :
		E:
		Z:
		           PSM 30
		           PPM 0
		       (m) *F.R
		测量 模式 角度 斜距 平距 P1↓
		记录 高程 均值 m/ft 设置 P2↓

操作步骤	按键	显示
③按〔F2〕（高程）键，显示以前的数据	〔F2〕	【高程设置】 仪器高：0.000　m 棱镜高：0.000　m 退出　　　　　　左移
④输入仪器高，按〔ENT〕键。⑤输入棱镜高，按〔ENT〕键。显示返回到坐标测量模式	仪器高〔ENT〕 棱镜高〔ENT〕	【高程设置】 仪器高：1.630　m 棱镜高：1.450　m 退出　　　　　　左移 【坐标测量】 N:　　　　　　＜ E: Z:　　　　　PSM　30 　　　　　　PPM　0 　　　　　　(m)　*F.R 记录　高程　均值　m/ft　设置　P2↓

3) 坐标测量的操作

在进行坐标测量时，通过输入测站坐标、仪器高 i 和棱镜高 v，即可直接测定未知点的坐标，如图 4-22 所示。

未知点坐标的计算和显示过程如下：

测站点坐标 (N_0,E_0,Z_0)；仪器中心至棱镜中心的坐标差 (n,e,z)；未知点坐标 (N_1,E_1,Z_1)。

$$N_1=N_0+n$$
$$E_1=E_0+e$$
$$Z_1=Z_0+i+z-v \tag{4-3}$$

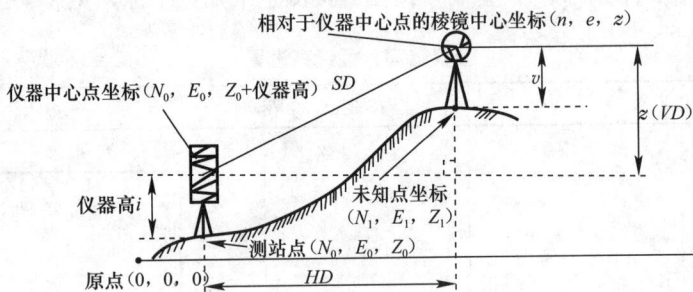

图 4-22　位置点坐标原理图

坐标测量过程　　　　　　　　　　　　　　　　　　　　　　　　　　表 4-23

操作步骤	按键	显示
①设置测站坐标和仪器高/棱镜高。 ②设置已知点的方向角。 ③照准目标点	设置方向角照准	【角度测量】 V:　87°56′09″ HR:　120°44′38″ 斜距　平距　坐标　置零　锁定　P1↓

操作步骤	按键	显示

④按〔F3〕（坐标）键	〔F3〕	【坐标测量】
		N: ＜
		E:
		Z: PSM 30
		              PPM 0
		              (m) *F.R
		测量 模式 角度 斜距 平距 P1↓

⑤显示测量结果		【坐标测量】
		N: 14235.458
		E: -12344.094
		Z: 10.674
		              PSM 30
		              PPM 0
		              (m) F.R
		测量 模式 角度 斜距 平距 P1↓

（10）数据输出

测量结果可由 NTS-660 系列全站仪传送到数据采集器，表 4-24 为距离测量模式数据传输的示例。

数据输出示例　　　　　　　　　　　　　　　　　　　　　　表 4-24

操作步骤	显示

①在数据采集器上进行距离测量操作，全站仪开始测量	【平距测量】
	V : 90° 10′ 20″
	HR: 120° 30′ 40″
	HD: ＜
	VD: PSM 30
	            PPM 0
	            (m) *F.R
	测量 模式 角度 斜距 坐标 P1↓

②显示测量结果并传送给数据采集器	【平距测量】
	V : 90° 10′ 20″
	HR: 120° 30′ 40″
	HD: 10.123
	VD: 1.234
	            PSM 30
	            PPM 0
	            (m) F.R

③显示屏自动返回距离测量模式	【平距测量】
	V : 90° 10′ 20″
	HR: 120° 30′ 40″
	HD:
	VD: PSM 3.0
	            PPM 0
	            (m) F.R
	测量 模式 角度 斜距 坐标 P1↓

各种测量模式下的数据输出项目见表 4-25。

各种测量模式下的数据输出　　　　　　　　　　　　　　　表 4-25

模式	输出
角度测量模式（V，HR 或 HL）	V，HR（或 HL）
平距测量模式（V，HR，HD，VD）	V，HR，HD，VD
斜距测量模式（V，HR，SD）	V，HR，SD，HD，
坐标测量模式	N，E，Z，HR

可以通过按软键（记录）将测量结果输出到外部设备，表 4-26 为在斜距测量模式下的输出数据示例。

通过软件输出数据 表 4-26

操作步骤	按键	显示
①按〔F6〕（P1↓）进入菜单的第 2 页	〔F6〕	【斜距测量】 V ： 90° 10′ 20″ HR: 120° 30′ 40″ SD: 　　　　　　　< 　PSM 30 　　　　　　　　　　PPM 0 　　　　　　　　　　(m) *F.R 测量 模式 角度 斜距 坐标 P1↓ 记录 放样 均值 m/ft 设置 P2↓
②按〔F1〕（记录）键。此时将继续测量	〔F1〕	【斜距测量】 V ： 90° 10′ 20″ HR: 120° 30′ 40″ SD: 　　　　　< 　　　　　　　　PSM 30 　　　　　　　　PPM 0 　　　　　　　　(m) *F.R 　　　　　　　　是 否
③按〔F5〕（是）键。开始测量	〔F5〕	【斜距测量】 V ： 90° 10′ 20″ HR: 120° 30′ 40″ SD: 　　　　　　　< 　PSM 30 　　　　　　　　　　PPM 0 　　　　　　　　　　(m) *F.R 记录 放样 均值 m/ft 设置 P2↓
④测量完以后，测量结果被显示，然后被输出		【斜距测量】 V ： 90° 10′ 20″ HR: 120° 30′ 40″ SD: 　　　　10.134 　PSM 30 　　　　　　　　　　PPM 0 　　　　　　　　　　(m) *F.R 记录 >>>>>>
⑤屏幕返回到先前显示		【斜距测量】 V ： 90° 10′ 20″ HR: 120° 30′ 40″ SD: 　　10.134 　　　PSM 30 　　　　　　　　　　PPM 0 　　　　　　　　　　F.R 记录 放样 均值 m/ft 设置 P2↓

4. 全站仪使用时的注意事项

全站仪是集电子经纬仪、电子测距仪和电子记录装置为一体的现代精密测量仪器，其结构复杂，因此必须严格按操作规程进行操作，并注意维护。

（1）一般操作注意事项

使用前应结合仪器，仔细阅读使用说明书。熟悉仪器各功能和实际操作方法。

望远镜的物镜不能直接对准太阳。

迁站时即使距离很近，也应取下仪器装箱后方可移动。

仪器安置在三脚架上前，应旋紧三脚架的三个伸缩螺旋。仪器安置在三脚架上时，应旋紧中心连接螺旋。

运输过程中必须注意防振。

仪器和棱镜在温度的突变中会降低测程，影响测量精度。要使仪器和棱镜逐渐适应周围温度后方可使用。

作业前检查电压是否满足工作要求。

仪器一般野外作业温度控制在－30℃～＋60℃范围。

在需要进行高精度观测时，应采取遮阳措施，防止阳光直射仪器和三脚架，影响测量精度。三脚架伸开使用时，应检查其部件，包括各种螺旋应活动自如。

（2）仪器的维护

每次作业后，应用毛刷扫去灰尘，然后用软布轻擦。镜头不能用手擦，可先用毛刷扫去浮尘，再用镜头纸擦净。

仪器出现故障，不可由非专业人员拆卸仪器，而应由专业维修部门维修。仪器应存放在清洁、干燥、通风、安全的房间内，并有专人保管。

电池充电时间不能超过充电器规定的时间。仪器长时间不用，一个月之内应充电一次。

（四）水平角观测及记录

1. 测回法测水平角

如图 4-23 所示，在测站点 O，需要测出 OA、OB 两方向间的水平角 β，则操作步骤如下：

（1）安置经纬仪于角度顶点 O，进行对中、整平，并在 A、B 两点立上照准标志。

（2）将仪器置为盘左位置。转动照准部，利用望远镜准星初步瞄准 A 点，调节目镜和望远镜调焦螺旋，使十字丝和目标像均清晰，以消除视差。再用水平微动螺旋和竖直微动螺旋进行微调，直至十字丝中点照准目标，配置水平度盘，读数 a_L 并记入记录手簿，见表 4-27，顺时针转动照准部，同上操作，照准目标 B 点，读数 b_L，并记入手簿。则盘左所测水平角为：

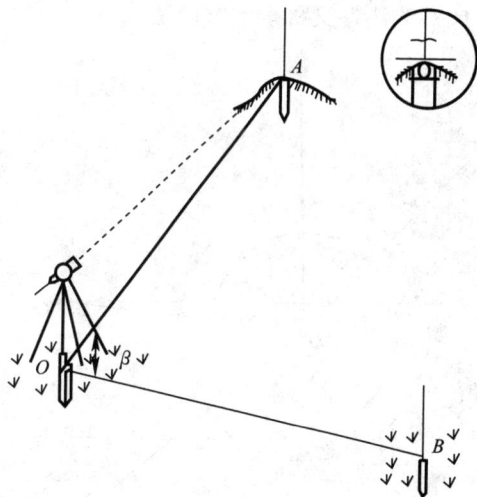

图 4-23　测回法测水平角

$$\beta_L = a_L - b_L \qquad (4\text{-}4)$$

测回法测水平角记录手簿 表 4-27

仪器号_____ 观测地点_____ 观测者_____
日期____年 月 日 天 气____ 记录者_____

测站	测回数	竖盘位置	目标	水平度盘读数 (° ′ ″)	半测回角值 (° ′ ″)	一测回角值 (° ′ ″)	各测回平均值 (° ′ ″)	备注
O	1	左	A	00 01 36	89 40 56	89 40 52	89 40 54	
			B	89 42 32				
		右	A	180 01 30	89 40 48			
			B	269 42 18				
	2	左	A	90 04 24	89 41 00	89 40 57		
			B	179 45 24				
		右	A	270 05 30	89 40 54			
			B	359 46 24				

（3）将仪器置为盘右位置。先照准 B 目标，读数 b_R；再逆时针转动照准部，直至照准目标 A，读数 a_R，计算盘右水平角为 $\beta_R = a_R - b_R$。

（4）计算一测回角度值。上下半测回合称一测回。当上下半测回值之差在 $\pm 40''$ 内时，一测回水平角值为 $\beta = \dfrac{\beta_L + \beta_R}{2}$。若超过此限差值应重新观测。当测角精度要求较高时，可以观测多个测回，取其平均值作为水平角测量的最后结果。

2. 方向（全圆）观测法测水平角

观测方向多于三个时如图 4-24 所示，每半测回都从一个选定的起始方向（零方向）开始观测，在依次观测所需的各个目标之后，再次观测起始方向（称为归零）的方法称为方向观测法，又称全圆方向法。

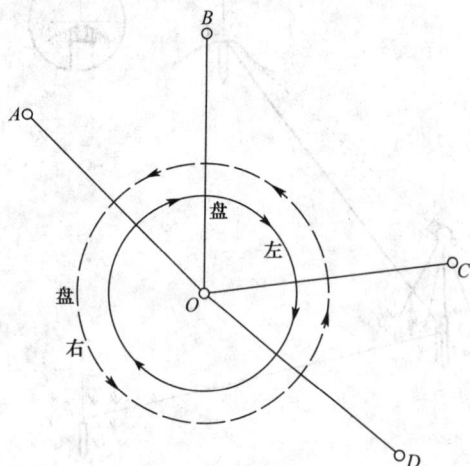

图 4-24 方向观测法示意

方向（全圆）观测法的步骤：

（1）在测站点 O 安置经纬仪

（2）盘左位置

选择一个明显目标 A 作为起始方向，瞄准零方向 A，将水平度盘读数安置在稍大于 0°处，读取水平度盘读数，记入方向观测法观测手簿。

松开照准部制动螺旋，顺时针方向旋转照准部，依次瞄准 B、C、D 各目标，分别读取水平度盘读数，记入表中，为了校核，再次瞄准零方向 A，这被称为上半测回归零，再读取水平度盘读数，记入表中。

零方向 A 的两次读数之差的绝对值，称为半测回归零差，归零差不应超过 $18''$，如果归零差超限，应重新观测。以上称为上半测回。

（3）盘右位置

逆时针方向依次照准目标 A、D、C、B、A，并将水平度盘读数由下向上记入表中，此为下半测回。

上、下两个半测回合称一测回。为了提高精度，有时需要观测 n 个测回，则各测回起始方向将按 $180°/n$ 的差值，安置水平度盘读数。

检核：各测回盘左归零差≤18″，盘右归零差≤18″，$2c$≤40″。

表 4-29 为方向观测法手簿的记录和计算实例。

（4）全圆观测法成果计算

1）首先对同一方向盘左、盘右值求差，该值称为两倍照准误差 $2c$，即：

$$2c = 盘左读数 - （盘右读数 \pm 180°） \tag{4-5}$$

通常，由同一台仪器测得各等高目标的 $2c$ 值应为常数，因此 $2c$ 的大小可作为衡量观测质量的标准之一。$2c$ 大小符合表 4-28 中的技术要求。

2）计算各方向的平均读数，公式为：

$$各方向平均读数 = \frac{1}{2}\left[盘左读数 + （盘右读数 \pm 180°）\right] \tag{4-6}$$

由于存在归零读数，则起始方向有两个平均值。将这两个值再取平均，所得结果为起始方向的方向值。

3）计算归零后的方向值。将各方向的平均读数减去括号内的起始方向平均值，即得各方向的归零后的方向值。同一方向各测回互差符合表 4-28 中的技术要求。

4）计算各测回归零后方向值的平均值。

5）计算各目标间的水平角。

水平角方向（全圆）观测法的技术要求　　　　表 4-28

等级	仪器精度等级	光学测微器两次重合读数之差（″）	半测回归零差（″）	一测回内 $2c$ 互差（″）	同一方向值各测回较差（″）
四等及以上	1″级仪器	1	6	9	6
	2″级仪器	3	8	13	9
一级及以下	2″级仪器		12	18	12

方向（全圆）观测法记录手簿　　　　表 4-29

测站	测回数	目标	水平读盘读数 盘左 L (° ′ ″)	水平读盘读数 盘右 R (° ′ ″)	$2c$	方向值 (° ′ ″)	归零后方向值 (° ′ ″)	归零后方向值平均值 (° ′ ″)	备注
1	2	3	4	5	6	7	8	9	10
O	1					0 00 08			
		A	0 00 00	179 59 30	30	0 00 15	0 00 00	0 00 00	
		B	12 09 00	192 09 06	−06	12 09 03	12 08 55	12 08 54	
		C	20 13 24	200 13 54	−30	20 13 39	20 13 31	20 13 24	
		D	31 37 18	211 37 06	12	31 37 12	31 37 04	31 37 05	
		A	0 00 00	180 00 00	0	0 00 00			

续表

测站	测回数	目标	水平读盘读数		2c	方向值 (° ′ ″)	归零后方向值 (° ′ ″)	归零后方向 值平均值 (° ′ ″)	备注
			盘左 L (° ′ ″)	盘右 R (° ′ ″)					
1	2	3	4	5	6	7	8	9	10
O	2					90 00 09			
		A	90 00 12	270 00 06	6	90 00 09	0 00 00		
		B	102 09 06	282 09 00	6	102 09 03	12 08 54		
		C	110 13 18	290 13 36	−18	110 13 27	20 13 18		
		D	121 37 24	301 37 06	18	121 37 15	31 37 06		
		A	90 00 06	270 00 12	−6	90 00 09			
O	1					0 00 20			
		A	00 00 18	180 00 06	6	0 00 15	0 00 00	0 00 00	
		B	14 22 54	194 22 24	30	14 22 39	14 22 19	14 22 14	
		C	21 33 18	201 33 12	6	21 33 15	21 32 55	21 32 44	
		D	34 53 12	214 53 06	6	34 53 09	34 52 49	34 52 48	
		A	00 00 24	180 00 24	0	0 00 24			
	2					90 00 22			
		A	90 00 24	270 00 18	6	90 00 21	0 00 00		
		B	104 22 36	284 22 24	12	104 22 30	14 22 08		
		C	111 32 54	291 32 54	0	111 32 54	21 32 32		
		D	124 53 12	304 53 06	6	124 53 09	34 52 47		
		A	90 00 30	270 00 18	12	90 00 24			

（五）垂直角观测及记录

1. 竖盘结构

经纬仪竖盘包括竖直度盘、竖盘指标水准管和竖盘指标水准管微动螺旋（或竖盘指标自动补偿器）。竖直度盘固定在横轴一端，可随望远镜在竖直面内转动。分微尺的零刻划线是竖盘读数的指标线，其与竖盘指标水准管固联在一起，指标水准管气泡居中时，指标就处于正确位置。一般我国生产的光学经纬仪，在望远镜视线水平时，其竖盘读数设计为90°或270°。当望远镜上、下转动照准不同高度的目标时，竖盘随着转动，而读数指标线不动，因而可读得不同位置目标的竖盘读数，用以计算各自目标的竖直角。

竖盘是由光学玻璃制成，其刻划有顺时针方向和逆时针方向两种，不同刻划的经纬仪其竖直角计算公式不同。但可以用一通用式表达，即：当望远镜物镜抬高时，若竖盘读数增加，其竖直角 α＝目标方向竖盘读数－水平方向的竖盘读数；反之，当物镜抬高，竖盘读数减小，其竖直角 α＝水平方向竖盘读数－目标方向竖盘读数。

2. 测回法观测竖直角

地面目标直线的竖直角一般用测回法观测，操作步骤如下：

（1）将仪器安置于测站点上，对中、整平。

（2）仪器置为盘左位，瞄准目标点，使十字丝中丝精确照准目标，调节竖盘指标水准管微动螺旋，使竖盘指标水准管气泡居中（或旋转竖盘指标自动补偿器锁紧螺旋至"ON"位置），读取竖盘读数 L，记录竖直角观测手簿表4-30，则盘左竖角为：

$$a_L = 90° - L \tag{4-7}$$

（3）将仪器调为盘右，再瞄准目标，精确照准，同上操作，读取盘右时的竖盘读数 R，记录竖直角观测手簿表4-30，则盘右竖角为：

$$a_R = R - 270° \tag{4-8}$$

（4）计算一测回竖角值为：

$$\alpha = \frac{\alpha_L + \alpha_R}{2} = \frac{1}{2}(R - L - 180°) \tag{4-9}$$

竖直角观测手簿　　　　　　　　　　　　　　表 4-30

竖盘位置	目标	水平度盘读数 (°′″)	半测回角值 (°′″)	竖盘指标差 (″)	一测回角值 (°′″)	备注
左	A	42 1512	47 4448	6	47 4454	
右	A	317 45 00	47 45 00			

（六）角度测量在施工中的应用

1. 测设直线

在施工过程中，经常需要在两点之间测设直线或将已知直线延长，由于现场条件不同和要求不同，有多种不同的测设方法，应根据实际情况灵活应用，下面介绍一些常用的测设方法。

（1）在两点间测设直线

这是最常见的情况，如图4-25所示，A、B 为现场上已有的两个点，欲在其间再定出若干个点，这些点应与 AB 同一直线，或再根据这些点在现场标绘出一条直线来。

1）一般测设法

如图4-25所示，如果两点之间能通视，并且在其中一个点上能安置经纬仪，则可用经纬仪定线法进行测设。

如果经纬仪与直线上的部分点不通视，例如图4-26中深坑下面的 P_1、P_2 点，则可先在与 P_1、P_2 点通视的地方（如坑边）测设一个直线点 C，再搬站到 C 点测设 P_1、P_2 点。

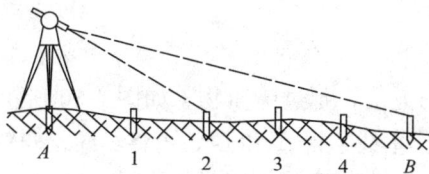

图 4-25　两点间测设直线示意图

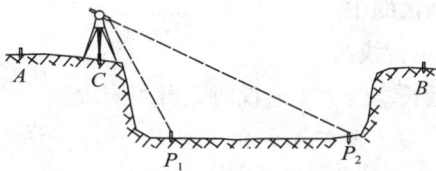

图 4-26　经纬仪一般测设法

一般测设法通常只需在盘左（或盘右）状态下测设一次即可，但应在测设完所有直线点后，重新照准另一个端点，检验经纬仪直线方向是否发生了偏移，如有偏移，应重新测设。此外，如果测设的直线点较低或较高（如深坑下的点），应在盘左和盘右状态下各测设一次，然后取两次的中点作为最后结果。

2）正倒镜投点法

如果两个端点均不能安置经纬仪，可采用正倒镜投点法测设直线。如图 4-27 所示，A、B 为现场两个点，需在地面上测设以 A、B 为端点的直线，测设方法如下：

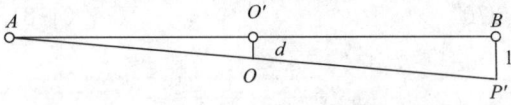

图 4-27　经纬仪正倒镜投点法

在 A、B 之间选一个能同时与两端点通视的 O 点，在 O 点处安置经纬仪，尽量使经纬仪中心在 A、B 的连线上，最好是与 A、B 的距离大致相等。盘左（也称为正镜）瞄准 A 点并固定照准部，再倒转望远镜观察 B 点，若望远镜视线与 B 点的水平偏差为 $BP' = l$，则根据距离 OB 与 AB 的比，计算经纬仪中心偏离直线的距离 d：

$$d = l \cdot \frac{OA}{AB} \tag{4-10}$$

然后将经纬仪从 O 点往直线方向移动距离 d，重新安置经纬仪并重复上述步骤的操作，使经纬仪中心逐次往直线方向趋近。

最后，当瞄准 A 点时，倒转望远镜便正好瞄准 B 点，这样就使仪器位于 AB 直线上，这时即可用前面所述的一般方法测设直线。

（2）延长已知直线

如图 4-28 所示，在现场有已知直线 AB 需要延长至 C，根据 BC 是否通视，以及经纬仪设站位置不同，有几种不同的测设方法。

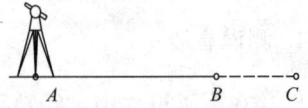

图 4-28　延长已知直线

1）顺延法

在 A 点安置经纬仪，照准 B 点，抬高望远镜，用视线（纵丝）指挥在现场上定出 C 点即可。这个方法与两点间测设直线的一般方法基本一样，但由于测设的直线点在两端点以外，因此更要注意测设精度问题。延长线长度一般不要超过已知直线的长度，否则误差较大，当延长线长度较长或地面高差较大时，应用盘左盘右各测设一次。

2）倒延法

当 A 点无法安置经纬仪，或者当 AC 距离较远，使从 A 点用顺延法测设 C 点的照准精度降低时，可以用倒延法测设。如图 4-29 所示，在 B 点安置经纬仪，照准 A 点，倒转望远镜，用视线指挥在现场上定出 C 点，为了消除仪器误差，应用盘左和盘右各测设一次，取两次的中点。

3）平行线法

当延长直线上不通视时，可用测设平行线的方法，延过障碍物。如图 4-30 所示，AB 是已知直线，先在 A 点和 B 点以合适的距离 d 作垂线，得 A' 和 B'，再将经纬仪安置在 A'（或 B'），用顺延法（或倒延法）测设 $A'B'$ 直线的延长线，得 C' 和 D'，然后分别在 C' 和 D' 以距离 d 作垂线，得 C 和 D，则 CD 是 AB 的延长线。

图 4-29　倒延法

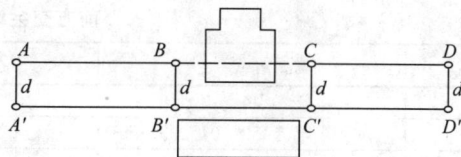

图 4-30　平行线法

2. 前方交会法

如图 4-31（a）所示，已知 A、B 的坐标为 x_A、y_A 和 x_B、y_B，分别在 A、B 两点设站，测得 α、β 两角，通过计算方法算出未知点 P 点的坐标。

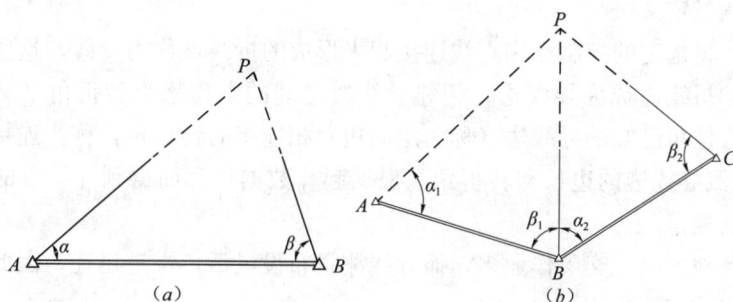

图 4-31　前方交会法

（a）前方交会示意；（b）前方交会的检核

P 点坐标计算公式：

$$x_P = \frac{x_A \cot\beta + x_B \cot\alpha + y_B - y_A}{\cot\alpha + \cot\beta} \tag{4-11}$$

$$y_P = \frac{y_A \cot\beta + y_B \cot\alpha + x_A - x_B}{\cot\alpha + \cot\beta} \tag{4-12}$$

上式称为余切公式。该公式在计算时，是假设三角形顶点 A、B、P 按逆时针方向编号的。其中，A、B 为已知点，A、B 点所测的角度编号分别为 α、β，P 为未知点。

为了防止外业观测错误，并提高未知点 P 点的精度，一般的测量规范都要求布设的三个已知点的前方交会，如图 4-31（b）所示。此时在 A、B、C 三个已知点上观测 P 点，测出四个角度值 α_1、β_1、α_2、β_2，按照 $\triangle ABP$ 求出 P 点的坐标为（x_P'，y_P'），再按照 $\triangle BCP$ 求出 P 点的坐标为（x_P''，y_P''）见表 4-31。当两组 P 点坐标的较差在容许误差之内时，则取它们的平均值作为 P 点的最终坐标。

通常，限差按下述公式计算：

$$\Delta\varepsilon_{容} = \sqrt{\delta_x^2 + \delta_y^2} \leqslant 0.2M(\text{mm}) \tag{4-13}$$

式中　$\delta_x = x_P' - x_P''$；

　　　$\delta_y = y_P' - y_P''$；

　　　M——测图比例尺分母。

前方交会计算表　　　　　　　　　　　　表 4-31

点名	观测角（° ′ ″）				x 坐标（m）	y 坐标（m）
A	α_1	44	17	18	x_A　37 450.52	y_A　16 316.25
B	β_1	52	04	09	x_B　37 311.62	y_B　16 090.90
P					x_P　37 246.727	y_P　16 265.200
B	α_2	89	39	10	x_B　37 311.62	y_B　16 090.90
C	β_2	48	17	21	x_C　37 154.86	y_C　16 033.62
P					x_P　37 246.730	y_P　16 265.202
中数	x_P	37 246.728			y_P　　16 265.201	
辅助计算						

3. 导线测量

（1）导线测量定义

在测区内，将选定的控制点用直线连接起来形成的折线，称为导线，这些控制点称为导线点，点间的折线边称为导线边，相邻导线边之间的夹角称为转折角（又称导线角）。另外，与坐标方位角已知的导线边（称为定向边）相连接的转折角，称为连接角（又称定向角）。通过观测导线边的边长和转折角，根据起算数据计算而得到导线点的平面坐标的方法，称为导线测量。

由于施工场地狭小，交叉作业多，而导线测量布设灵活，推进迅速，因此导线测量在施工控制测量中被广泛应用。

（2）导线的布设形式

导线可布设成单一导线和导线网。按照不同的情况和要求，单一导线又可被布设为闭合导线、附合导线和支导线。

1）闭合导线

如图 4-32（a）所示，由一个已知控制点出发，连测若干未知导线点，最终又回到已知控制点，形成一个闭合多边形。在闭合导线的已知控制点上至少有一条定向边与之相连。

该布设形式存在着严密的几何条件，具有校核作用。

2）附合导线

如图 4-32（c）所示，导线起始于一个已知控制点而终止于另一个已知控制点。已知控制点上可以有一条或几条定向边与之相连，此种布设形式，具有校核观测成果的作用。

3）支导线

如图 4-32（b）所示，从一个已知控制点出发，既不附合于另一已知控制点，也不闭合于原来的起始控制点。支导线缺乏校核条件，一般只用于地形测量的图根导线中。

（3）导线测量的外业工作

导线测量的外业工作包括选点及埋设标志、测边和角度观测。

1）选点及埋设标志

实地选点时相邻导线点间通视良好，地势较平坦，便于测角和测距；点位应选在土质坚实，便于保存标志和安置仪器的地方；导线边长应大致相等，避免过长、过短，相邻边长之比不应超过 3 倍；导线点应有足够的密度，分布较均匀，便于控制整个场区。

导线点选定后，应在地面上建立测量标志，并沿导线走向顺序编号，绘制导线略图。

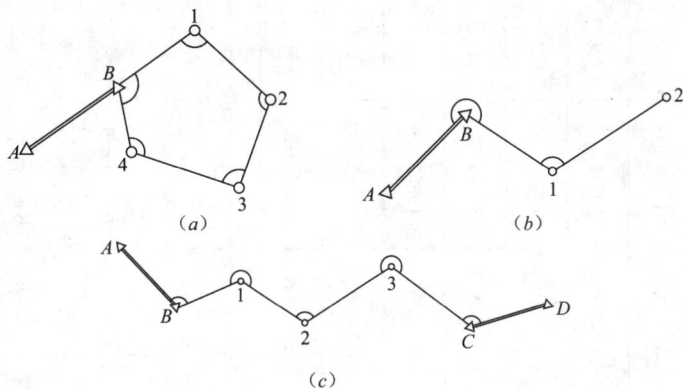

图 4-32　导线的布设形式

2）导线边长观测

导线边长采用全站仪在测取导线转折角的同时测取导线边的水平距离。每条边长都应对向观测，以增加校核条件。

3）角度观测

导线角度观测分为转折角观测和连接角测量。在各待定点上所测的角为转折角，一般应观测导线前进方向的左角。对于闭合导线，若按逆时针方向进行观测，则观测的转折角既是闭合多边形的内角，又是导线前进方向的左角；对于附合导线，一般应观测导线前进方向左侧的角即左转折角；对于支导线，应分别观测导线前进方向的左角和右角，以增加校核条件。在已知控制点上所测的与已知方向相连的角为连接角，因导线必须与高等级控制点连测，才能得到起始方位角，这一工作称为连接角测量，又称导线定向，目的是使导线点坐标纳入该场区统一坐标系统。附合导线与两个已知点连接，应测两个连接角，起始边和终边各一个；闭合导线和支导线只需测一个连接角，一般均测起始边与已知边的连接角。

（4）导线测量的内业计算

导线内业计算就是根据已知控制点的坐标和起始边的坐标方位角，以及所测得导线角度和边长，计算导线各点的坐标。

导线内业计算之前，应全面检查导线外业观测数据是否齐全、正确，结果是否符合精度要求，起算数据是否正确。然后绘制导线草图，并把观测数据及已知起算数据标注于图上相应位置（如图 4-33 所示），以便进行内业坐标计算。

1）闭合导线坐标计算举例

现以表 4-32 中的实测数据为例，说明闭合导线坐标计算的步骤。

① 将外业观测数据及起算数据填入"闭合导线坐标计算表"中，起算数据用双下划线标明，见表 4-32。

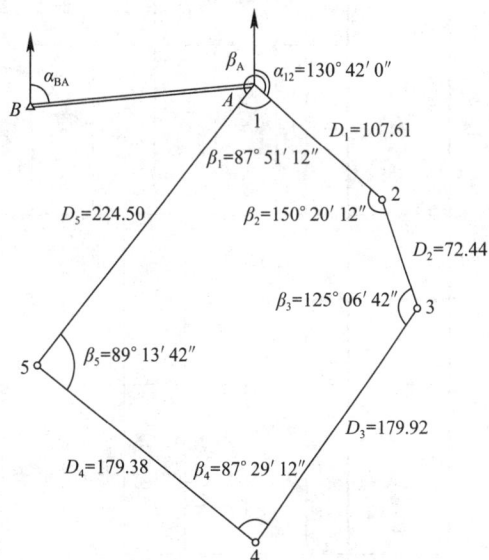

图 4-33　导线测量

表 4-32

闭合导线坐标计算表

点号 (1)	观测角（左角）(2)	改正后的角值 (3)	坐标方位角 (4)	边长 (m)(5)	增量计算值 Δx′ (m)(6)	增量计算值 Δy′ (m)(7)	改正后的增量值 Δx (m)(8)	改正后的增量值 Δy (m)(9)	坐标 x (m)(10)	坐标 y (m)(11)	点号 (12)
A			181°56′47″	140.028	−4 / −139.947	−14 / −4.756	−139.951	−4.770	301152.805	501653.195	A
B	+4 / 71°31′42″	71°31′46″	73°28′33″	159.109	−4 / +45.254	−17 / +152.538	+45.250	+152.521	301012.854	510648.425	B
C	+4 / 204°13′57″	204°14′01″	97°42′34″	145.128	−4 / −19.469	−15 / +143.816	−19.473	+143.801	301058.104	510800.946	C
D	+4 / 86°36′29″	86°36′33″	4°19′07″	164.357	−4 / +163.890	−17 / +12.377	+163.886	+12.360	301038.631	510944.747	D
E	+4 / 91°08′46″	91°08′50″	275°27′57″	141.990	−4 / +13.525	−15 / −141.344	+13.521	−141.359	301202.517	510957.107	E
F	+4 / 153°16′35″	53°16′39″	248°44′36″	174.400	−5 / −63.228	−18 / −162.535	−63.233	−162.553	301216.038	510815.748	F
A	+4 / 113°12′07″	113°12′11″	181°56′47″						301152.805	510653.195	A
B											B
Σ	719°59′36″	720°		925.012	+0.025	+0.096	0.000	0.000	0.000	0.000	

$\sum \beta_测 = 719°59′36″$
$\sum \beta_理 = 720°$
$f_\beta = -24″$

$f_{\beta容} = \pm 24\sqrt{6} = \pm 58″$
$f_x = +0.025\text{m}$
$f_y = +0.096\text{m}$

$f_D = 0.099\text{m}$
$K = \dfrac{f_D}{\sum D} = \dfrac{1}{9344}$
$K_容 = \dfrac{1}{6000}$

注：三级导线，角度闭合差为 $24\sqrt{n}$；导线全长相对闭合差 K 为 $\dfrac{1}{6000}$。

② 角度闭合差的计算与调整。n 边形闭合导线内角和的理论值为：

$$\sum \beta_{理} = (n-2) \times 180° \tag{4-14}$$

由于观测角不可避免地含有误差，致使实测的内角之和 $\sum \beta_{测}$ 不等于理论值，而产生角度闭合差 f_β 为：

$$f_\beta = \sum \beta_{测} - \sum \beta_{理} \tag{4-15}$$

即角度闭合差为 $f_\beta = 719°59'36'' - 720° = -24''$。

根据测量规范要求计算导线角度闭合差的容许值，若 $f_{\beta_{测}} \geqslant f_{\beta_{容}}$，说明角度测量误差超限，需重新观测角度；若 $f_{\beta_{测}} \leqslant f_{\beta_{容}}$，则角度观测合格，只需对各角度进行调整，以计算改正后的角度值。由于各角度是在相同的观测条件下测得的，属同精度观测，在计算改正值时，可以将角度闭合差的反符号值平均分配到各观测角，最后再计算导线各边的坐标方位角。

本例的角度闭合差小于容许差，故按此原则计算，求得各角度的改正数，并计算出改正后的角度值，最终根据方位角的推算方法计算出各边的方位角，并将各计算值填在计算表的相应位置。最后推算出起始边坐标方位角，它应与原有的已知坐标方位角值相等，否则应重新检查计算。

③ 坐标增量闭合差的计算与调整。利用导线每边的边长及计算出的坐标方位角计算导线各边两端点间的纵、横坐标增量，并填入计算表，闭合导线纵、横坐标增量代数和的理论值应为零，实际上由于量边的误差和角度闭合差调整后的残余误差，往往不等于零，因而产生纵坐标增量闭合差与横坐标增量闭合差，即：

$$f_x = +0.025\text{m}, f_y = +0.096\text{m}$$

导线全长闭合差为：

$$f_D = \sqrt{f_x^2 + f_y^2} = 0.099\text{m}$$

其全长相对误差为：

$$K = \frac{f_D}{\sum D} \approx \frac{1}{9344} \tag{4-16}$$

K 值的大小反映了测角和测边的综合精度。K 值小于容许值，故可以进行坐标增量调整，若超过容许值，应分析原因，必要时重测。

调整的方法是将 f_x、f_y 反号按与边长成正比的原则进行分配。计算完毕，填入表中，并计算各边改正后的坐标增量，其等于各边原增量值加上相应改正数，并填入计算表对应栏目，且改正后的坐标增量之和应等于零，以此作校核。

④ 计算各导线点的坐标。

各点坐标推算：

$$X_{前} = X_{后} + \Delta X_{改} \tag{4-17}$$

$$Y_{前} = Y_{后} + \Delta Y_{改} \tag{4-18}$$

最后，还应推算起点 A 的坐标，其值应与原有的数值相等，以作校核。

2）附合导线坐标计算

附合导线计算方法与闭合导线相同，也要满足角度闭合条件和坐标闭合条件。只是由于附合导线是在两个已知控制点上布设的导线，所以其满足的两个几何条件在形式上有点不同，具体的条件有两个（如图 4-34 所示）。

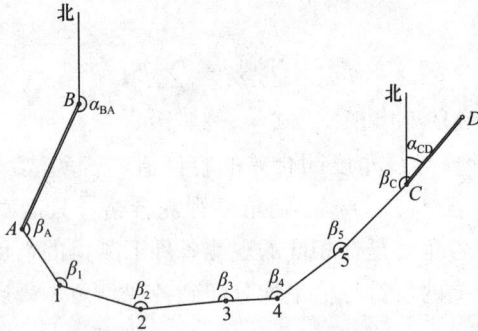

图 4-34　附合导线图

① 方位角闭合条件：从已知方位角 α_{AB} 通过各转折角推算出 CD 边方位角 α'_{CD}，α'_{CD} 应与已知方位角 α_{CD} 一致。

由于测角存在误差，所以计算的方位角与已知方位角有差，其差即为附合导线的角度闭合差。

关于角度闭合差的调整，即各角的改正数的计算按与闭合差反号平均分配的方法进行求取。之后的步骤与闭合导线一样，计算出各边的坐标方位角，见表 4-33。

② 坐标增量闭合条件：从已知 B 点坐标 X_B、Y_B，经各边长和方位角推算求得的 C 点坐标 X'_C、Y'_C 应与已知 C 点坐标 X_C、Y_C 一致。

由于边长测量有误差，且推算的坐标方位角可能还有残余误差，故推求的 C 点坐标与已知 C 点坐标之间有差，其差即为附合导线的坐标增量闭合差。

附合导线的全长闭合差、全长相对闭合差和容许相对闭合差的计算以及坐标增量闭合差的调整，与闭合导线相同。附合导线坐标计算的全过程，见表 4-33，基本上与闭合导线内业计算相同。

（5）查找导线测量错误的方法

在外业结束时，发现角度闭合差超限，如果仅仅测错一个角度，则可用下法查找测错的角度。

若为闭合导线，可按边长和角度，用一定的比例尺绘出导线图，并在闭合差的中点作垂线。如果垂线通过或接近通过某导线点，则该点发生错误的可能性最大。

若为附合导线，先将两个端点展绘在图上，则分别自导线的两个端点 B、C 按边长和角度绘出两条导线，在两条导线的交点处发生测角错误的可能性最大。如果误差较小，用图解法难以显示角度测错的点位，则可从导线的两端开始，分别计算各点的坐标，若某点两个坐标值相近，则该点就是测错角度的导线点。

表 4-33

附合导线坐标计算表

点号	观测角（左角）	改正后的角值	坐标方位角	边长 (m)	增量计算值		改正后的增量值		坐标		点号
					Δx′ (m)	Δy′ (m)	Δx (m)	Δy (m)	x (m)	y (m)	
1	2	3	4	5	6	7	8	9	10	11	12
A			205°41′24″								A
B	−3 119°52′53″	119°52′50″	145°34′14″	207.916	−4 −171.494	+8 +117.554	−171.498	117.562	301233.511	510497.320	B
1	−3 140°51′22″	140°51′19″	106°25′33″	264.854	−6 −74.894	+10 254.044	−74.900	254.054	301062.013	510614.882	1
2	−3 158°33′54″	158°33′51″	84°59′24″	271.228	−6 23.686	+10 270.192	23.680	270.202	300987.113	510868.936	2
3	−3 192°44′18″	192°44′15″	87°43′39″	163.022	−4 6.464	+6 162.894	6.460	162.900	301010.793	511139.138	3
4	−4 146°13′46″	146°13′42″	53°57′21″	248.868	−5 146.436	+9 201.226	146.431	201.235	301017.253	511302.038	4
5	−3 172°17′58″	172°17′55″	46°15′16″	287.426	−6 198.743	+10 207.642	198.737	207.652	301163.684	511503.273	5
C	−3 174°23′41″	174°23′38″	40°38′54″						301362.421	511710.925	C
D											D
Σ	1094°57′52″	1094°57′30″		1443.314	128.941	1213.552	128.910	1213.605			

$\Sigma\beta_{测}=1094°57'52''$

$\alpha'_{CD}=\alpha_{AB}+\Sigma\beta_{左}-7\times180°=40°39'16''$

$f_\beta=\alpha'_{CD}-\alpha_{CD}=22''$

$f_{\beta容}=\pm24\sqrt{7}=\pm63''$

$f_x=+0.031m$

$f_y=+0.053m$

$f_D=0.061m$

$K=\dfrac{f_D}{\Sigma D}=\dfrac{1}{23661}$

$K_容=\dfrac{1}{6000}$

注：三级导线，角度闭合差为 $24\sqrt{n}$；导线全长相对闭合差 K 为 1/6000。

五、距 离 测 量

测量地面两点间的水平距离，是测量的基本工作之一。地面两点间的水平距离是指地面两点沿铅垂线方向在水准面上的投影长度，在较小的范围内可看成是在水平面上的投影长度，即地面两点沿铅垂线方向投影到水平面上的投影点间的直线长度，如图 5-1 所示，D 就是地面 A、B 两点间的水平距离。目前距离测量的常用方法有钢尺量距和电磁波测距等。

（一）钢 尺 量 距

1. 概述

钢尺量距方法是利用具有标准长度的钢尺直接测量地面两点间的距离，又称为距离丈量。钢尺量距方法简单，但易受地形限制，一般适合于在平坦地区进行短距离量距，距离较长时其测量工作繁重。

（1）地面点标志设立

在测量水平距离之前，需要在所测直线两端做出标志，临时性的标志可用长约 30cm，粗约 5cm 的木桩打入地下，并在桩顶钉小钉或刻"＋"形标记，以便精确表示点位。若需长期保存，则应埋设永久性的标志，应做成钢筋混凝土桩或石桩，也可直接在裸露的岩石上凿一标记，并涂上红漆予以标定位置。观测时，为了在距离远时能明显看到目标，可在点位上竖立花杆，并在杆顶扎一小旗，如图 5-2 所示。

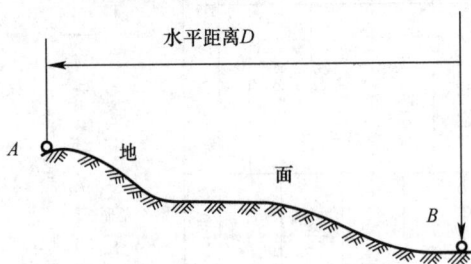

图 5-1　两点间的水平距离　　　　图 5-2　地面点标志的设立

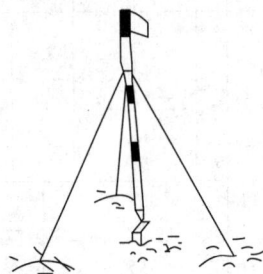

（2）工具与设备

钢尺量距常用的测量工具和设备有钢尺、标杆、测钎和垂球等，较精密的测量还需用弹簧秤和温度计。

1）钢尺

钢尺是采用经过一定处理的优质钢制成的带状尺，长度通常有 20m、30m 和 50m 等几种，卷放在金属架上或圆形盒内。钢尺按零点位置分为端点尺和刻线尺。端点尺（如

图 5-3 (a) 所示) 是以尺的最外端为尺长的零点, 此种尺从建筑物与钢尺的竖直接触面量起较为方便; 刻线尺 (如图 5-3 (b) 所示) 是以尺上第一条分划线作为尺子的零点, 此种尺丈量时, 用零点分划线对准丈量的起始点位较为准确、方便。

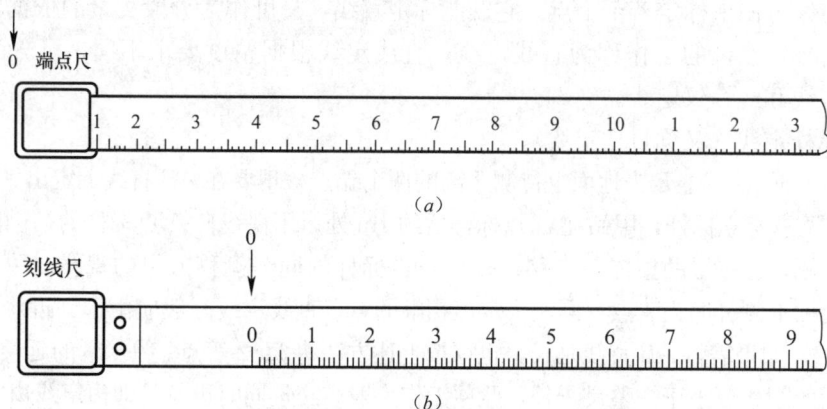

图 5-3　钢尺

钢尺的分划也有几种, 有的以厘米为基本分划, 适用于一般量距; 有的也以厘米为基本分划, 但尺端第一分米内有毫米分划; 更有以毫米为基本分划的; 后两种适用于较精密的丈量。较精密的钢尺, 制造时有规定温度及拉力, 如在尺端刻 "30m, 20℃, 10kgf" 字样。这是表明检定该钢尺的长度时温度为 20℃, 检定时拉力为 10kgf, 30m 为钢尺刻线的最大注记值, 通常称之为名义长度。精密钢尺一般用于精度较高的距离测量工作。由于钢尺较薄, 性脆易折, 应防止扣结和车轮碾压。钢尺受潮易生锈, 应防雨淋、水浸。

2) 测钎

测钎一般用长约 25～35mm、直径为 3～4mm 粗的铁丝制成 (如图 5-4 (a) 所示), 一端卷成小圆环, 便于套在另一铁环内, 以 6 根或 11 根为一串, 另一端磨削成尖锥状, 以便插入地里。测钎主要用来标定整尺端点位置和计算丈量的整尺数。

3) 标杆

标杆又称花杆, 标杆多数用圆木杆制成, 也有用金属的圆杆制成。全长 2～3m, 杆上涂以红、白相间的二色油漆, 间隔长为 20cm (如图 5-4 (b) 所示)。杆的下端有铁制的尖脚, 以便插入地内。标杆是一种简单的测量照准标志, 在丈量中用于直线定线和投点, 应注意保证标杆严格竖直。

4) 垂球

垂球也称线垂, 为铁制圆锥状。距离丈量时利用其吊线为铅垂线之特性, 用于铅垂投递点位及对点、标点。

此外, 在精密钢尺量距时, 还需用到温度计、弹簧秤 (如图 5-4 (c) 所示) 等工具。

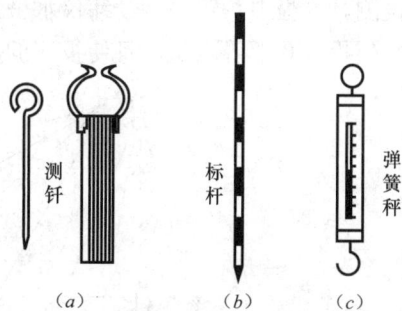

图 5-4　距离测量的工具设备

2. 直线定线

当两个地面点之间的距离较长或地势起伏较大时，为能沿着直线方向进行距离丈量工作，需在直线方向上标定若干个点，它既能标定直线，又可作为分段丈量的依据，这种在直线方向上标定点位的工作称为直线定线。直线定线根据精度要求不同，可分为标杆定线、细绳定线和经纬仪定线。

（1）标杆定线（又称目估定线）

如图 5-5 所示，A、B 为地面上待测距离的两个端点，现要在 AB 直线上定出 1、2 等点。先在 A、B 两点竖立标杆，甲站在 A 点标杆后约 1m 处，用视线自 A 点标杆的一侧照准 B 点标杆的同一侧，乙按甲的指挥左右移动标杆，当标杆的同一侧移入甲的视线时甲喊"好"，乙在标杆处插上测钎即为 1 点。同法可定出相继的点。直线定线一般应由远到近，即先定点 1，再定点 2，如果需将 AB 直线延长，也可按上述方法将 1、2 等点定在 AB 的延长线上。定线两点之间的距离要小于一整尺子长，此项工作一般与丈量同时进行，即边定线边丈量。

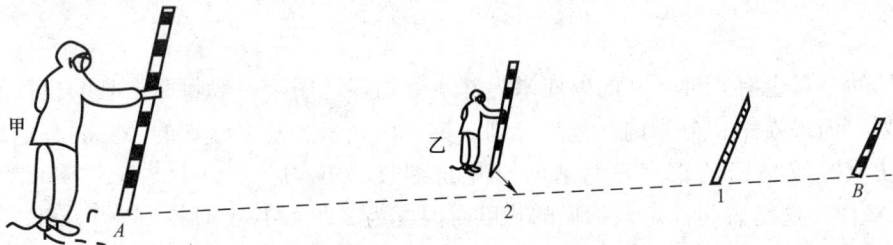

图 5-5　标杆定线

（2）细绳定线（又称拉线定线）

定线时，先在直线 A、B 两点间拉一细绳，然后沿着细绳按照定线点间的间距要小于一整尺子长的要求定出各中间点，并做上相应标记。

（3）经纬仪定线

如图 5-6 所示，欲在 AB 直线上定出 1、2、3 等点，可利用经纬仪沿视线方向在地面直线上投出中间点得到。首先甲在 A 点安置经纬仪，对中、整平后，用望远镜照准 B 点处竖立的标志，固定仪器照准部，将望远镜俯向 1 点处投测，指挥乙手持标志（测钎或标杆）移动，当标志与十字丝竖丝重合时，将标志立在直线上的 1 点处。其他 2、3 等点的投测，过程中一定保持经纬仪水平角不动，只需改变望远镜的俯、仰角度，即可向近处或远处投得其他各点位，且使投测的点均在 AB 直线上。

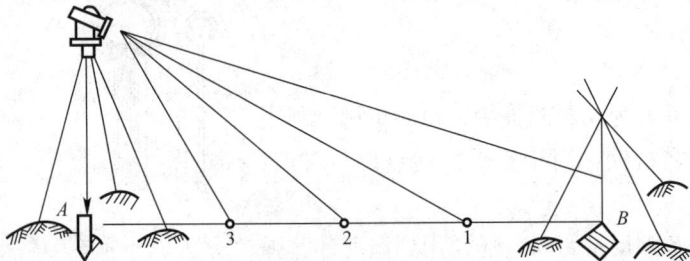

图 5-6　经纬仪定线

3. 普通钢尺量距方法

（1）平坦地面的距离测量

1）量距方法

如图 5-7 所示，欲测量 A、B 两点之间的水平距离，应先在 A、B 外侧各竖立一根标杆，作为丈量时定线的依据，清除直线上的障碍物以后，即可开始丈量。丈量工作一般由两人进行，后尺手持钢尺零端，站在 A 点处，前尺手持钢尺末端并携带一组测钎（6 根或 11 根）沿丈量方向（AB 方向）前进，行至刚好为一整尺长处停下，拉紧钢尺。后尺手用手势指挥前尺手持尺左、右移动，使钢尺位于 AB 直线方向上。然后，后尺手将尺的零点对准 A 点，当两人同时将钢尺拉紧、拉稳时，后尺手发出"预备"口令，此时前尺手在尺的末端刻划线处，竖直地插下一测钎，并喊"好"，这样就量完了第一个整尺段。接着，前、后两尺手将尺举起前进，同法，量出第二个整尺段，依次继续丈量下去，直至最后不足一整尺段的长度（称为余长，一般记为 q）为止。丈量余长时，前尺手将尺上某一整数分划对准 B 点，由后尺手对准第 n 个测钎点，并从尺上读出读数，两数相减，即可求得不足一尺段的余长，则 A、B 两点之间的水平距离为：

$$D_{AB} = n \cdot l + q \tag{5-1}$$

式中　n——整尺段数；

　　　　l——尺长；

　　　　q——余长。

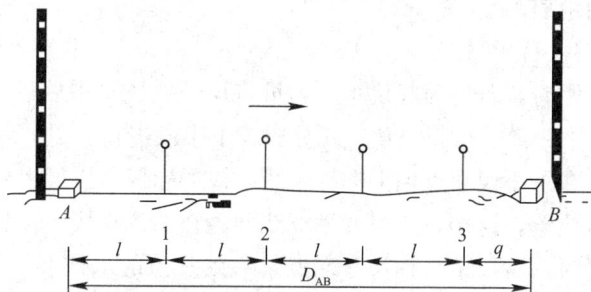

图 5-7　平坦地面的距离测量

2）量距精度的评定

为了防止丈量错误和提高量距的精度，通常距离测量工作必须进行往返丈量。由 A 点量至 B 点称为往测，由 B 点量至 A 点称为返测，取往、返测距离的平均值作为直线 AB 的最终水平距离，往返丈量长度的较差与平均长度之比称为相对误差 K，通常把 K 化为一个分子为一的分数，以此来衡量距离丈量的精度。计算如下：

$$\overline{D} = \frac{1}{2}(D_{往} + D_{返}) \tag{5-2}$$

$$\Delta D = |D_{往} - D_{返}| \tag{5-3}$$

则

$$K = \frac{\Delta D}{\overline{D}} = \frac{1}{M} \tag{5-4}$$

其中
$$M=\frac{\overline{D}}{\Delta D}$$

一般情况下，在平坦地区进行钢尺量距，其相对误差不应大于 1/3000，在量距困难的地区，相对误差也不应大于 1/1000。若符合要求，则取往返测量的平均长度作为观测结果。若超过该范围，应分析原因，重新进行测量。

例如，测量 AB 直线，其往测值为 136.392m，返测结果为 l36.425m，则其往返测较差为 $\Delta D=|D_{往}-D_{返}|=0.033$m，平均距离为 136.408m。量距精度为：

$$K=\frac{0.033}{136.408}\approx\frac{1}{4134}$$

钢尺量距记录见表 5-1。

普通钢尺量距记录手簿 表 5-1

钢尺长度：$l=30$m		日期：	年 月	日 组长：			
直线编号	测量方向	整尺段长 $n \cdot l$	余长 q	全长 D	往返平均数	精度（K 值）	备注
AB	往	4×30	16.392	136.392	136.408	1/4134	
	返	4×30	16.425	136.425			
BC	往	3×30	5.123	95.123	95.149	1/1830	相对误差超限，重测
	返	3×30	5.175	95.175			
CD	往	3×30	5.169	95.169	95.176	1/7321	
	返	3×30	5.182	95.182			

（2）倾斜地面的距离测量

1）水平量距法（又称平量法）

在倾斜地面上量距时，若地面起伏不大，可将尺子拉成水平后进行丈量。如图 5-8 所示，欲丈量 AB 的水平距离，可将 AB 直线分成若干小段进行丈量，每段的长度视坡度大小、量距方便而定。在每小段端点插上标杆定线，拔下标杆，再架上竹架挂垂球，使垂球尖对准标杆尖的原有位置，这样各小段的垂球线即落在 AB 直线上，且又可供前尺手量距读数时作依据。丈量时，后尺手将钢尺零端点紧贴在 A 点的木桩上，前尺手抬高钢尺的另一端，将钢尺拉稳、拉平，并使钢尺的边缘贴近垂球线，这时喊"好"，前、后尺手同时读数，然后用前尺手所读数据减去后尺手所读数据便得到该段距离，此段便丈量完毕。用

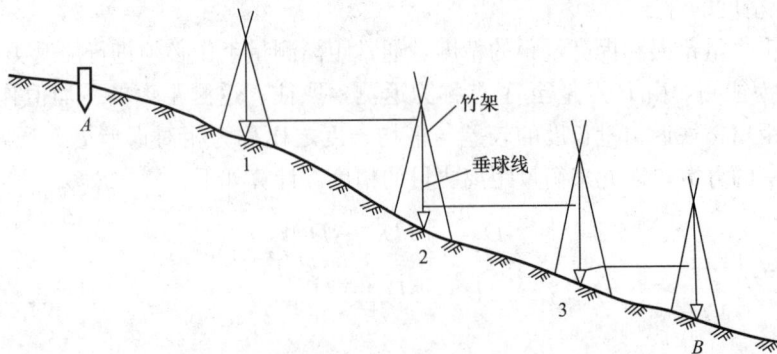

图 5-8 水平量距法

相同的方法依次丈量以后各段，直至最后一段。在丈量最后一段时应注意使垂球尖对准 B 点。各测段丈量结果的总和便是直线 AB 的水平距离。

测量时判断钢尺水平的方法有两种：一种是目估法，由一人站在离尺段两端等距离处，用目估法指挥前、后尺手将尺子两端放平，目估时可根据现场上已有的水平线（如屋脊线、窗台线等）与钢尺是否平行来判断；其二是后尺手将尺子零端固定不动，前尺手紧拉钢尺另一端，使尺边靠近垂球线并上、下移动尺子（移动幅度要大，使能明显看出尺子向上向下倾斜），与此同时观察尺子读数的变化，在读数最小时前尺手所持高度与后尺手零端处同高。

2）倾斜量距法（又称斜量法）

如果 A、B 两点间有较大的高差，但地面坡度比较均匀，大致成一倾斜面，如图 5-9 所示，可沿地面直接丈量倾斜距离 L，并测定其倾角 α 或两点间的高差 h，则可计算出直线的水平距离：

$$D = L \cdot \cos\alpha \quad \text{或} \quad D = \sqrt{L^2 - h^2} \tag{5-5}$$

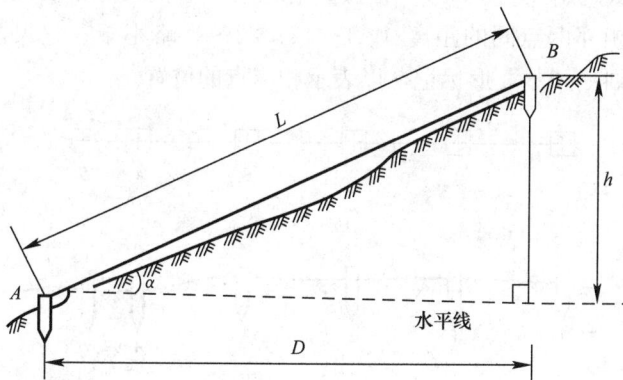

图 5-9　倾斜量距法

4. 精密钢尺量距

量距的精密方法，是指量距的精度要求较高、方法较严格的测量距离的方法。精密量距通常在量距精度较高的工程测量或变形监测时使用，要求量距的相对误差达到 $1/10000 \sim 1/40000$。为此要对钢尺进行检定，得出在标准拉力和标准温度下的尺长方程式。精密量距时要严格操作，对测量的结果要进行各项必要的改正，最后得出该直线的精确长度。

（1）尺长方程式

钢尺在出厂时一般都经过较精密的检定，确定出钢尺检定时的温度、拉力和钢尺的实际长度，并用尺长方程式表示其测量时的实际长度，如下式：

$$L_t = l_0 + \Delta l + a \times (t - t_0)l_0 \tag{5-6}$$

式中　L_t——钢尺在温度 t℃时的实际长度；

l_0——钢尺的名义长度，即钢尺标注的长度（如 20m、30m、50m）；

Δl——钢尺在温度 t℃时的尺长改正数；

α——钢尺的线膨胀系数，当温度变化1℃时其值约为 $1.15\times10^{-5}\sim1.25\times10^{-5}$；

t_0——钢尺检定时的温度，通常为20℃；

t——钢尺实际测量时的地面温度。

每盘钢尺的尺长方程式不是固定不变的，当使用了一段时间后，必须对钢尺重新进行检定，求出新的尺长方程式。使用钢尺时的拉力应与检定时的拉力相同，通常30m钢尺的拉力为100N，50m钢尺的拉力为150N。

（2）精密量距的方法

在施工测量现场作业过程中，钢尺测量具有操作简单、速度快的优点，广泛的应用于施工测量过程中，精密钢尺量距，对钢尺进行了温度、尺长、倾斜等改正，大大提高了钢尺量距的精度。

1）进行直线定线

首先应清除欲丈量直线上的障碍物，并开辟出宽度不小于2m的通道，然后用经纬仪进行定线。如图5-10所示，AB为欲丈量的直线，在A点安置经纬仪，照准B点，然后在AB的视线上依次定出1，2，3……各点。同时用一盘钢尺（不要用进行精密量距的钢尺）进行概量，使相邻两点间的距离（A1、12、23…）略小于一整尺段，然后再打下木桩，并在木桩顶部划一"＋"形标记，以表示相应点的位置。

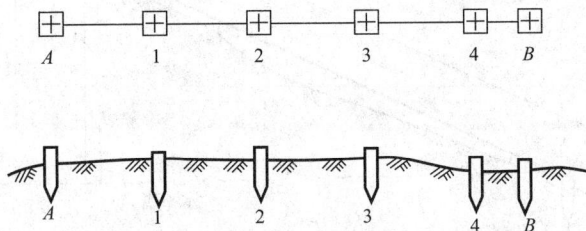

图5-10　定线及定标

2）量距

精密量距时应采用经过检定的钢尺进行。量距的方法通常采用"读数法"。开始测量时，后尺手持挂在钢尺零端铁环内的弹簧秤，前尺手手持钢尺末端的手柄，前尺手将钢尺末端某一整刻划对准木桩顶部"＋"形标记中心点，发出"预备"的口令，两人同时用力拉尺，当后尺手所拉的弹簧秤指向检定时的拉力，并待钢尺稳定后，回声"好"，此时前、后两读尺员依据"＋"形标记中心点读出钢尺上的标注值，精确读至mm位，估读到0.1mm，并将读取的数据记入观测手簿（见表5-2）。

每一尺段要有三组读数，各组读数之间要前后移动尺子1cm左右，三组读数计算出的距离，其误差要小于2mm，否则应重测一组。如未超过限差，应取三次结果的平均值作为该尺段的测量长度。在每一尺段测量过程中，应测定地面温度一次。按上述方法依次测量各个尺段。当往测进行完毕后，应立即进行返测。

3）相邻两点间高差的测定

用水准仪测量相邻两木桩顶部之间的高差，以便将倾斜距离改算成水平距离。水准测量一般在量距前进行往测，量距结束后进行返测，记录见表5-2。同一尺段往返高差的较差应小于 5mm（量距精度为 1/40000），或者应小于 10mm（量距精度为 1/20000）。

钢尺精密量距记录及成果计算　　　　　表 5-2

钢尺号码：N0.1　　钢尺膨胀系数：0.0000125　钢尺检定时的温度 t_0：20℃　计算者：
钢尺名义长度 l_0＝30m　钢尺检定长度 l'＝30.0025　钢尺检定时的拉力：100N　日期：

尺段编号	实测次数	前尺读数（m）	后尺读数（m）	尺段长度（m）	温度（℃）	高差（m）	温度改正数（mm）	尺长改正数（mm）	倾斜改正数（mm）	改正后尺段长（m）
A1	1	29.8955	0.0200	29.8755	26.5	−0.115	+2.4	+2.5	−0.2	29.8802
	2	29.9115	0.0345	29.8770						
	3	29.8980	0.0240	29.8740						
	平均			29.8755						
12	1	29.9350	0.0250	29.9100	25.0	+0.411	+1.9	+2.5	−2.8	29.9113
	2	29.9565	0.0460	29.9105						
	3	29.9780	0.0695	29.9085						
	平均			29.9097						
…										
6B	1	19.9345	0.0385	19.8960	28.0	+0.112	+2	+1.7	−0.3	19.8991
	2	19.9470	0.0510	19.8960						
	3	19.9565	0.0615	19.8950						
	平均			19.8957						
总和										196.5186

（3）直线总水平距离的计算

精密量距应按每一尺段计算尺长改正数、温度改正数和倾斜改正数，最后求得该直线在水平面上的真实水平长度。

1）尺长改正

任一长度 l_d 的尺长改正公式为：

$$\Delta l_d = \frac{\Delta l}{l_0} l_d \tag{5-7}$$

2）温度改正

受温度影响钢尺长度会伸缩。当量距时的温度 t 与检定钢尺时的温度 t_0 不一致时，要进行温度改正，其改正公式为：

$$\Delta l_t = a \times (t - t_0) l_d \tag{5-8}$$

3）倾斜改正

设沿地面量得斜距为 l_d，测得高差为 h，换算成平距 D 时要进行倾斜改正，其改正公式为：

$$\Delta l_h = -\frac{h^2}{2 l_d} \tag{5-9}$$

综上所述，每量一段距离 l_d，其相应改正后的水平距离为：

$$L = l_d + \Delta l_d + \Delta l_t + \Delta l_h \tag{5-10}$$

最后，将各段数据汇总即得直线的总水平距离，见表 5-2。

5. 钢尺应用实例

由地面已知点沿一定的方向测设另一点，使两点间的距离等于设计长度称为水平距离测设，用钢尺测设水平距离的方法主要有两种。

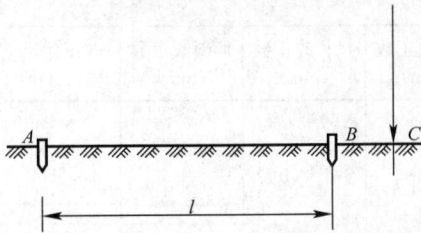

（1）一般方法

通常情况下，测设已知长度的水平距离可用钢尺按一般方法进行。

如图 5-11 所示，由已知点 A 沿 AB 方向拉平钢尺量取已知的水平距离 l，得到已知长度的另一端点 B，改变起始读数同法再量一次，若两次之差在规定限差内，则取其平均值作为最后结果，并改

图 5-11 一般方法

正点 B 的位置，AB 即为按已知长度测设的水平距离。

（2）精密方法

当测设精度要求较高时，可根据已知水平距离、所用钢尺的实际长度、测设时的温度，结合地面起伏情况，进行尺长、温度、倾斜改正，计算出地面上应实量的距离：

$$D' = D - \Delta l - \Delta l_t - \Delta l_h \tag{5-11}$$

式中 Δl——尺长改正数；

Δl_t——温度改正数；

Δl_h——倾斜改正数。

然后根据计算结果，使用检定过的钢尺，用经纬仪定线，沿已知方向用钢尺进行测设。现举例说明测设过程。

设有一倾斜场地，如图 5-12 所示。在施工图纸上量得某一要测设的长度，其平距为 25.000m。现用名义长度 l_0 为 30m 的钢尺进行测设，设钢尺在温度 $t_0 = 20℃$ 时检定的长度为 $l = 30.003m$，膨胀系数 $\alpha = 12.5 \times 10^{-6}$，测设时的温度 $t = 10℃$，线段两端点 AB 间的高差 $h = 1.2m$。钢尺量距的测设步骤如下。

1）在直线的起点 A（或控制点）上安置经纬仪。

2）照准另一控制点，在地面上标定出将要测设的长度的直线方向（即直线定向），在地面上打入尺段桩 1 和终点桩 B，并在桩面上刻划"＋"形标志。

3）测定直线的高差、温度，按以下步骤计算丈量的距离。设 AB 两点正确的水平距离为：

图 5-12 精密方法

$$D = D' + \Delta l + \Delta l_t + \Delta l_h \tag{5-12}$$

则测设时，AB 总的斜距为：

$$D' = D - \Delta l - \Delta l_t - \Delta l_h \tag{5-13}$$

其中，尺长改正：

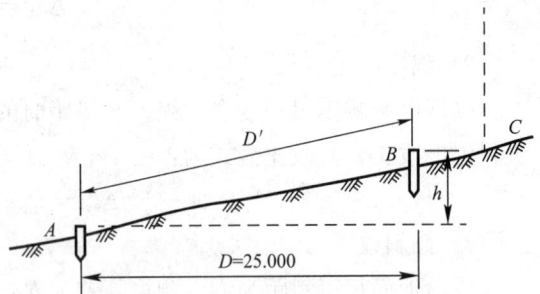

$$\Delta l = \frac{l - l_0}{l_0} D = \frac{30.003 - 30.000}{30.000} \times 25.000\text{m} = +0.0025\text{m} \tag{5-14}$$

温度改正：

$$\Delta l_t = D \times a(t - t_0) = 25.000 \times 12.5 \times 10^{-6} \times (10 - 20)\text{m} = -0.003\text{m} \tag{5-15}$$

高差改正：

$$\Delta l_h = -\frac{h^2}{2D} = -\frac{1.2^2}{2 \times 25.000}\text{m} = -0.029\text{m} \tag{5-16}$$

将上述各项改正数代入斜距公式，就可得到实际的放样斜距：

$$D' = (25.000 - 0.0025 + 0.003 + 0.029)\text{m} = 25.030\text{m}$$

4）将计算出的 D' 与已知长度比较差值，在终点桩上修正初步标定的刻划线，当差值较大，点位落在桩外时，则须再打入终点木桩定出最终的放样点 B。

6. 钢尺量距注意事项

1）应熟悉钢尺的零点位置和尺面注记。

2）前、后尺手须密切配合，尺子应拉直，用力要均匀，对点要准确，保持尺子水平。读数时应迅速、准确、果断。

3）测钎应竖直、牢固地插在尺子的同一侧，位置要准确。

4）记录要清楚，要边记录边复诵读数。

5）注意保护钢尺，严防钢尺打卷、车轧且不得沿地面拖拉钢尺。前进时，应有人在钢尺中部将钢尺托起。

6）每日用完后，应及时擦净钢尺。若暂时不用，擦拭干净后，还应涂上黄油，以防生锈。

（二）电磁波测距

1. 电磁波测距的基本原理

电磁波测距的基本原理是通过测定电磁波（无线电波或光波）在测线两端点往返传播的时间 t，按式（5-17）算出距离 D。

$$D = \frac{1}{2}Ct \tag{5-17}$$

式中 C——电磁波在大气中的传播速度，它可以根据观测时的气象条件来确定。

电磁波测距按采用的载波不同，可分为光电测距和微波测距。采用光波（可见光或红外光）作为载波的称为光电测距。采用微波段的无线电波作为载波的称为微波测距。

2. 脉冲式光电测距仪的测距原理

如图 5-13 所示，在 A 点安置能发射和接受光波的光波测距仪，在 B 点设置反射棱镜。光电测距仪发出的光束经棱镜反射后，又返回到测距仪。通过测定光波在 AB 之间传播的时间 t，根据光波在大气中的传播速度 C，按式（5-17）计算距离 D。

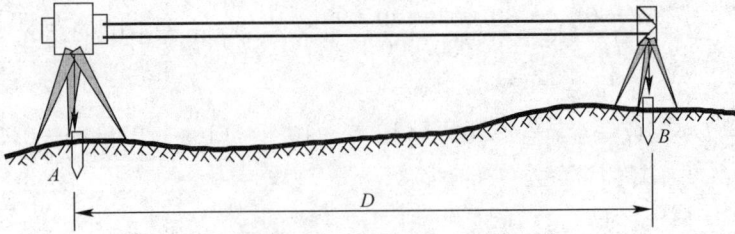

图 5-13　脉冲式光电测距仪测距原理示意

3. 相位式光电测距仪测距原理

如图 5-14 所示，在 A 点安置光电测距仪，在 B 点设置反射镜，光电测距仪发出的光束经棱镜反射后，又返回到测距仪，测定光波在 AB 之间传播的相位差，按式（5-18）计算距离 D。

$$D = \frac{\lambda}{2}\left(N + \frac{\Delta\varphi}{2\pi}\right) = \frac{C}{2f}\left(N + \frac{\Delta\varphi}{2\pi}\right) \tag{5-18}$$

式中　D——相位移的整周期数和调制光整波长的个数，其值可为零或正整数；

　　　λ——调制光的波长；

　　　$\Delta\lambda$——不足一个波长的调制光的长度；

　　　$\Delta\phi$——不足一个整周期的相位移尾数。

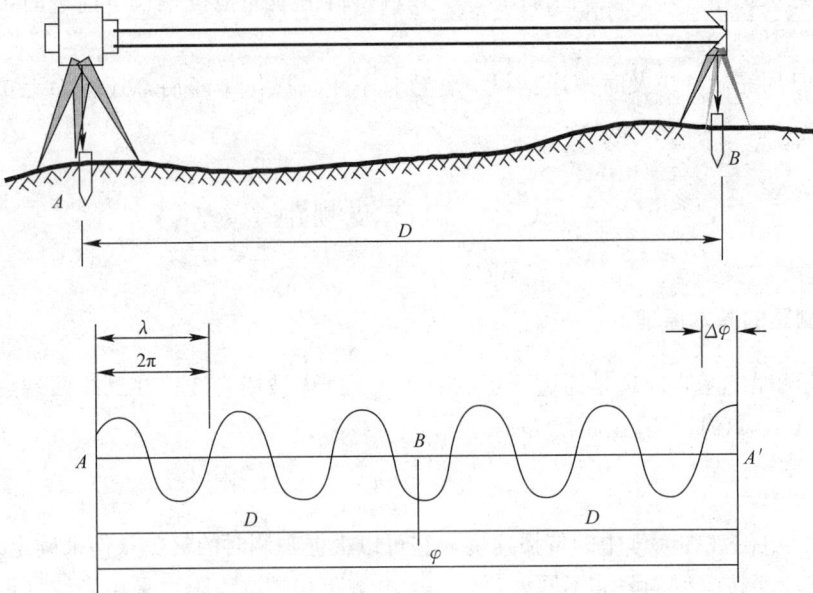

图 5-14　相位式光电测距仪测距原理

4. 电磁波测距的误差分析

C 为光在大气中的传播速度，C_0 为光在真空中的传播速度，n 为大气折射率，则：

$$C = \frac{C_0}{n} \tag{5-19}$$

把式（5-19）代入式（5-18）得：

$$D = \frac{C_0}{2fn}(N + \Delta N) + K \tag{5-20}$$

式中　K——测距仪的加常数，它通过将测距仪安置在标准基线长度上进行比测，经回归统计计算求得。在式（5-20）中，待测距离 D 的误差来源于 C_0，f，n，ΔN 和 K 的测定误差。通过将 D 对 C_0，f，n，ΔN 和 K 求全微分，利用误差传播定律得：

$$m_D^2 = \left(\frac{m_{C_0}^2}{C_0^2} + \frac{m_n^2}{n^2} + \frac{m_f^2}{f^2} \right)D^2 + \frac{\lambda_s^2}{4}m_{\Delta N}^2 + m_K^2 \tag{5-21}$$

由式（5-21）可知，C_0，f，n 的误差与待测距离成正比，成为比例误差，ΔN 和 K 的误差与距离无关，称为固定误差。因此可将式（5-21）缩写成：

$$m_D^2 = A^2 + B^2 D^2 \tag{5-22}$$

写成常用的经验公式：

$$m_D = \pm(A + B \cdot D) \tag{5-23}$$

式中　A——仪器标称精度中的固定误差，以 mm 为单位，主要是由仪器加常数的测定误差、对中误差、测相误差等引起。该误差与测量的距离无关，即不管实际距离多长，都存在不大于该值的固定误差；

　　　B——仪器标称精度中的比例误差系数，以 mm/km 为单位，主要是由仪器频率误差、大气折射率误差引起。其中 B 的单位为 ppm，是百万分之几的意思，它是由生产厂家给定，用来表征比例误差中比例大小，为一固定值。

D 的单位为 km，B 即 1×10^{-6} mm，$B \cdot D$ 为一变化值。一旦距离确定，则比例误差部分就会确定；

例如：某测距仪的标称精度为 2mm＋2ppm，其表达的意思是：

该测距仪测距时的固定误差为 2mm；测距时比例误差为 2×10^{-6} mm/km。

六、测量误差理论基本知识

（一）概　　述

1. 测量误差产生的原因

测量工作是在一定条件下进行的，外界环境、观测者的技术水平和仪器本身构造的不完善等原因，都可能导致测量误差的产生。通常把测量仪器、观测者的技术水平和外界环境三个方面综合起来，称为观测条件。观测条件不理想和不断变化，是产生测量误差的根本原因。通常把观测条件相同的各次观测，称为等精度观测；观测条件不同的各次观测，称为不等精度观测。具体来说，测量误差主要来自以下三个方面：

（1）外界条件。观测环境中气温、气压、空气湿度和清晰度、风力以及大气折光等因素的不断变化，导致测量结果中带有误差。

（2）仪器条件。仪器在加工和装配等工艺过程中，不能保证仪器的结构能满足各种几何关系，这样的仪器必然会给测量带来误差。

（3）观测者的自身条件。由于观测者感官鉴别能力所限以及技术熟练程度不同，也会在仪器对中、整平和瞄准等方面产生误差。

在测量工作中，除了误差之外，有时还可能发生错误。例如测错、读错、算错等，这是由于观测者的疏忽大意造成的。只要观测者仔细认真地作业并采取必要的检核措施，错误就可以避免。

2. 测量误差分类

（1）粗差

粗差是一种大量级的观测误差，属于测量上的失误。在测量成果中，是不允许粗差存在的。粗差产生的原因很多，主要是由于作业员疏忽大意、失职而引起的，如大数被读错、读数被记录员记错、照准错误的目标等。

在观测数据中应尽可能设法避免出现粗差。能有效地发现粗差的方法有：进行必要的重复观测；进行必要而又严格的检核、验算等。含有粗差的观测值不能采用。因此一旦发现粗差，该观测值必须舍弃或重测。

（2）系统误差

在相同的观测条件下，对某量进行了 n 次观测，如果误差出现的大小和符号均相同或按一定的规律变化，这种误差称为系统误差。系统误差一般具有累积性。

系统误差产生的主要原因之一，是由于仪器设备制造不完善。例如，用一把名义长度为 50m 的钢尺去量距，经检定钢尺的实际长度为 50.005m，则每量尺，就带有 +0.005m 的误差（"+"表示在所量距离值中应加上），丈量的尺段越多，所产生的误差越大。所以这种误差与所丈量的距离成正比。

再如，在水准测量时，当视准轴与水准管轴不平行而产生夹角时，对水准尺的读数所产生的误差为 $l \cdot i''/\rho''$（$\rho'' = 206265''$，是一弧度对应的秒值），它与水准仪至水准尺之间的距离 L 成正比，所以这种误差按某种规律变化。

系统误差具有明显的规律性和累积性，对测量结果的影响很大。但是由于系统误差的大小和符号有一定的规律，所以可以采取措施加以消除或减少其影响。

（3）偶然误差

在相同的观测条件下，对某量进行了 n 次观测，如果误差出现的大小和符号均不一定，则这种误差称为偶然误差，又称为随机误差。例如，用经纬仪测角时的照准误差，钢尺量距时的读数误差等，都属于偶然误差。

偶然误差，就其个别值而言，在观测前我们不能预知其出现的大小和符号。但若在一定的观测条件下，对某量进行多次观测，误差将会呈现出一定的规律性，这被称为统计规律。而且，随着观测次数的增加，偶然误差的规律性表现得更加明显。

偶然误差具有如下四个特征：

1）在一定的观测条件下，偶然误差的绝对值不会超过一定的限值；

2）绝对值小的误差比绝对值大的误差出现的机会多（或概率大）；

3）绝对值相等的正、负误差出现的机会相等；

4）在相同条件下，同一量的等精度观测，其偶然误差的算术平均值，随着观测次数的无限增大而趋于零。

第一个特性说明偶然误差的"有界性"，它说明偶然误差的绝对值有个限值，若超过这个限值，说明观测条件不正常或有粗差存在；第二个特性反映了偶然误差的"密集性"，即越是靠近 $0''$，误差分布越密集；第三个特性反映了偶然误差的"对称性"，即在各个区间内，正负误差个数相等或极为接近；第四个特性反映了偶然误差的"抵偿性"，它可由第三特性导出，即在大量的偶然误差中，正负误差有相互抵消的特征。因此，当 n 无限增大时，偶然误差的算术平均值应趋于零。

（二）观测值精度评定

精度是指在某一量的多次观测中，其误差分布的密集或离散的程度。在一定观测条件下进行一组观测，如果小误差的个数相对较多，误差较为集中于零的附近，即表明这组观测值的误差分布较密集，观测值间差异较小，也就是说这组观测值精度较高。如果小误差的个数相对较少，误差较为分散，即表明其误差分布较离散，观测值间的差异较大，也就是说这组观测值的精度较低。

在相同的观测条件下所测得的一组观测值，虽然他们的真误差不相等，但都对应于同一误差分布，则称这些观测值是等精度的。

在相同的观测条件下，对某量进行多次观测，为了鉴定观测结果的精确程度，必须有一个衡量精度的标准。常用的标准有以下几种。

1. 中误差

在相同的观测条件下，对同一未知量进行 n 次观测，所得各个真误差平方的平均值，再取其平方根，称为中误差，用 m 表示，即：

$$m = \pm \hat{\sigma} = \pm \sqrt{\frac{\Delta_1^2 + \Delta_2^2 + \Delta_3^2 + \cdots + \Delta_n^2}{n}} = \sqrt{\frac{[\Delta\Delta]}{n}} \qquad (6-1)$$

式中　　$[\Delta\Delta]$——真误差 Δ 的平方和；

　　　　n——观测次数；

　　　　m——中误差。

【例】有甲、乙两组各自用相同的条件观测了六个三角形的内角，得三角形的闭合差（即三角形内角和的真误差）分别为：

甲：$+3''$、$+1''$、$-2''$、$-1''$、$0''$、$-3''$；

乙：$+6''$、$-5''$、$+1''$、$-4''$、$-3''$、$+5''$。

试分析两组的观测精度。

【解】用中误差公式（6-1）计算得：

$$m_{甲} = \pm \sqrt{\frac{[\Delta\Delta]}{n}} = \pm \sqrt{\frac{3^2 + 1^2 + (-2)^2 + (-1)^2 + 0^2 + (-3)^2}{6}} = \pm 2.0''$$

$$m_{乙} = \pm \sqrt{\frac{[\Delta\Delta]}{n}} = \pm \sqrt{\frac{6^2 + (-5)^2 + 1^2 + (-4)^2 + (-3)^2 + 5^2}{6}} = \pm 4.3''$$

中误差不同于各个观测值的真误差，它是衡量一组观测精度的指标，它的大小反映出一组观测值的离散程度。中误差 m 值较小，表明误差的分布较为密集，各观测值之间的差异也较小，这组观测值的精度就高；反之，中误差 m 值较大，表明误差的分布较为离散，观测值之间的差异也较大，这组观测值精度就低。

2. 相对误差

中误差和真误差都有符号，并且有与观测值相同的单位，它们被称为"绝对误差"，绝对误差可用于衡量那些诸如角度、方向等其误差与观测值大小无关的观测值的精度。然而，有些量如长度，绝对误差不能全面反映观测精度，因为长度丈量的误差与长度大小有关。例如，分别丈量了两段不同长度的距离，一段为100m，另一段为200m，但中误差皆为±0.02m。显然不能认为这两段距离观测成果的精度相同。为此，需要引入"相对误差"的概念，以便能更客观地反映实际测量精度。

相对误差的定义为：相对误差 K 是中误差的绝对值 m 与相应观测值 D 之比，通常以分子为1的分式来表示，即：

$$K = \frac{|m|}{D} = \frac{1}{\dfrac{D}{|m|}} \qquad (6-2)$$

分母愈大，表示相对误差愈小，精度也就愈高。

【例】已知：$D_1 = 100\text{m}$，$m_1 = \pm 0.01\text{m}$，$D_2 = 200\text{m}$，$m_2 = \pm 0.01\text{m}$

求：K_1，K_2

【解】　$K_1 = \dfrac{m_1}{D_1} = \dfrac{0.01}{100} = \dfrac{1}{10000}$

$K_2 = \dfrac{m_2}{D_2} = \dfrac{0.01}{200} = \dfrac{1}{20000}$

3. 容许误差

根据偶然误差的第一个特性，在一定的观测条件下，偶然误差的绝对值不会超过一定的限值，称为容许误差，也称极限误差或限差。根据误差理论和大量的实践证明，在等精度观测某量的一组误差中，大于 2 倍中误差的偶然误差，其出现的概率为 5%，大于 3 倍中误差的偶然误差，其出现的概率为 0.3%。在有限的观测次数中，实际上不大可能出现。所以可取 $3m$ 作为偶然误差的极限值，$\Delta_{容} = 3m$。

4. 算术平均值及其中误差

在相同的观测条件下对某未知量进行了一组等精度观测，其观测值分别为 l_1、l_2、…、l_n，观测值的真值为 X，则观测值的真误差为：$\Delta_1 = l_1 - X$，$\Delta_2 = l_2 - X$，…，$\Delta_n = l_n - X$，将等式两边取和并除以观测次数 n，得：

$$[\Delta]/n = [l]/n - X \tag{6-3}$$

式中，$[l]/n$ 称为算术平均值，习惯上以 x 表示；当观测次数 n 无限增大时，根据偶然误差的第四特性，式中 $[\Delta]/n$ 趋于零。于是有：$x = X$。

上式表明，当观测次数无限增多时，各个观测值的算术平均值趋近于未知量的真值。当 n 为有限值时，通常取算术平均值为最可靠值（最或是值），并以它作为测量的最后成果。

算术平均值的一般表达式为：

$$x = (l_1 + l_2 + \cdots + l_n)/n = [l]/n \tag{6-4}$$

由于观测值 l_i 的真误差 Δ_i 一般是不知道的，所以实际工作中常采用观测值的改正数 v_i 来计算中误差。各观测值的改正数：$v_1 = x - l_1$，$v_2 = x - l_2$，…，$v_n = x - l_n$，将上式两边求和，有 $[v] = n_x - [l]$，因 $x = [l]/n$，所以 $[v] = 0$。此式可作为改正数计算正确性的检查。

算得改正数后，可按下面公式计算观测值的中误差：

$$m = \pm \sqrt{\frac{[vv]}{n-1}} \tag{6-5}$$

因是同精度观测，各观测值的中误差均为 m。设算术平均值的中误差为 M，则按线性函数中误差传播定律公式，得：

$$M = \frac{1}{\sqrt{n}} m = \pm \sqrt{\frac{[vv]}{n(n-1)}} \tag{6-6}$$

上式表明，算术平均值的中误差与观测次数的平方根成反比，或者说，算术平均值的精度比各观测值的精度提高了$\sqrt{n}$倍。

【例】　对某段距离进行五次同精度丈量，观测值分别为 148.064m，148.058m，148.063m，148.062m，148.060m，求这段距离的算术平均值、观测值中误差、算术平均值中误差，见表 6-1。

表 6-1

编号	L（m）	v	vv	精度评定
1	148.064	-3	9	观测值中误差
2	148.058	3	9	$m=\pm\sqrt{\dfrac{[\Delta\Delta]}{n-1}}=\pm\sqrt{\dfrac{24}{4}}=\pm2.4\text{mm}$
3	148.063	-2	4	算术平均值中误差：
4	148.062	-1	1	$m_z=\pm\sqrt{\dfrac{[\Delta\Delta]}{n\,(n-1)}}=\pm\sqrt{\dfrac{24}{20}}=\pm1.1\text{mm}$
5	148.060	1	1	
辅助计算	$x=148.061$		$[vv]=24$	最后结果：$x=148.061\pm1.1\text{mm}$

（三）误差处理方法

1. 量距中误差

当诸观测值 x_i 为同精度观测值时，设其中误差为 m，即 $m_{x_1}=m_{x_2}=\cdots=m_{x_n}=m$，则：

$$m_z = m\sqrt{n} \tag{6-7}$$

这就是说，在同精度观测时，观测值代数和（差）的中误差，与观测值个数 n 的平方根成正比。

【例】　用长为 l 的卷尺量距，共丈量了 n 个尺段，已知每尺段量距的中误差都为 m，求全长 S 的中误差 m_s。

解： 因为全长 $S=l+l+\cdots+l$（式中共有 n 个 l），而 l 的中误差为 m。

$$m_s = m\sqrt{n}$$

即，量距的中误差与丈量段数 n 的平方根成正比。

例如以 30m 长的钢尺丈量 90m 的距离，当每尺段量距的中误差为 ±5mm 时，全长的中误差为：

$$m_{90} = \pm5\sqrt{3} = \pm8.7\text{mm}$$

当使用量距的钢尺长度相等，每尺段的量距中误差都为 m_l，则每公里长度的量距中误差 m_{km} 也是相等的。当对长度为 S 公里的距离丈量时，全长的真误差将是 S 个一公里丈量真误差的代数和，于是 S 公里的中误差为：

$$m_s = \sqrt{S}\,m_{km} \tag{6-8}$$

式中，S 的单位是公里。即在距离丈量中，距离 S 的量距中误差与长度 S 的平方根成正比。

2. 水准测量高差中误差

例：为了求得 A、B 两水准点间的高差，自 A 点开始进行水准测量，经 n 站后测完。

已知每站高差的中误差均为 $m_站$，求 A、B 两点间高差的中误差。

解：因为 A、B 两点间高差 h_{AB} 等于各站的观测高差 h_i（$i=1$，$2\cdots$，n）之和，即

$$h_{AB} = H_B - H_A = h_1 + h_2 + \cdots + h_n$$

则 $m_{hAB} = \sqrt{n} \cdot m_站$

即水准测量高差的中误差，与测站数 n 的平方根成正比。

在不同的水准路线上，当设站数不同时，即使两点间的路线长度相同，则两点间高差的中误差也不同。但是，当水准路线通过平坦地区时，每公里的水准测量高差的中误差可以认为相同，设为 m_{km}。当 A、B 两点间的水准路线为 S 公里时，A、B 点间高差的中误差为：

$$m_{h_{AB}}^2 = \underbrace{m_{km}^2 + m_{km}^2 + \cdots + m_{km}^2}_{S个} = S \cdot m_{km}^2$$

或
$$m_{h_{AB}} = \sqrt{s} m_{km} \tag{6-9}$$

即水准测量高差的中误差与距离 S 的平方根成正比。

【**例**】　用某种仪器，按某种操作方法进行水准测量时，每公里高差的中误差为 ± 20mm，则按这种水准测量进行了 25km 后，测得高差的中误差为 $\pm 20\sqrt{25} = \pm 100$mm

在水准测量作业时，对于地形起伏不大的地区或平坦地区，可用 $m_{h_{AB}} = \sqrt{s} m_{km}$ 式计算高差的中误差；对于起伏较大的地区，则用式 $m_{h_{AB}} = \sqrt{n} \cdot m_站$ 计算高差的中误差。

3. 角度测量中误差

对一角度进行同精度观测，该角度一测回的两个方向值分别为 β_1、β_2，设各方向一测回的方向中误差为 m，则 $\beta = \beta_1 - \beta_2$。

角度值 β 的中误差为：

$$m_\beta = \sqrt{m_{\beta_1}^2 + m_{\beta_2}^2} = \sqrt{2} m$$

【**例**】　对三角形三个内角等精度观测，已知测角中误差为 m，计算三角形闭合差的中误差。

三角形的闭合差为：$\Delta = 180° - \beta_1 - \beta_2 - \beta_3$。

$$m_\Delta = \sqrt{m_{\beta_1}^2 + m_{\beta_2}^2 + m_{\beta_3}^2} = \sqrt{3} m$$

若测角中误差为 $10''$，则三角形闭合差的中误差为 $\sqrt{3} \cdot 10'' = 17.3''$。

（四）施工过程中减弱误差的方法

1. 水准测量的误差减弱方法

（1）水准仪的仪器误差和水准尺刻划误差

1）水准仪的望远镜视准轴不平行于水准管轴所产生的误差

仪器虽在测量前经过校正，仍会存在残余误差。因此造成水准管气泡居中，水准管轴居于水平位置而望远镜视准轴却发生倾斜，致使读数误差。这种误差与视距长度成正比。

观测时可通过中间法（前后视距相等）和距离补偿法（前视距离和等于后视距离总和）消除。针对中间法在实际过程中的控制，立尺人是关键，通过应用普通皮尺测距离，之后立尺，简单易行。而距离补偿法不仅繁琐，并且不容易掌握。

2）水准尺刻划误差

水准尺刻划误差主要包含尺长误差（尺子长度不准确）、刻划误差（尺上的分划不均匀）和零点差（尺的零刻划位置不准确），对于较精密的水准测量，一般应选用尺长误差和刻划误差小的标尺。尺的零误差的影响，可以通过在一个水准测段内，两根水准尺交替轮换使用（在本测站用作后视尺，下测站则用为前视尺），并把测段站数目布设成偶数，即在高差中相互抵消的方法来控制，这种控制方法同时也可以减弱刻划误差和尺长误差的影响。

（2）观测误差

1）符合水准管气泡居中的误差

由于符合水准气泡未能做到严格居中，造成望远镜视准轴倾斜，产生读数误差。读数误差的大小与水准管的灵敏度有关，主要是水准管分划值 τ 的大小。此外，读数误差与视线长度成正比。水准管居中误差一般认为是 0.1τ，根据公式 $m_{居}=0.1 \cdot \tau \cdot s/2 \times \rho$，$DS_3$ 级水准仪水准管的分划值一般为 $\tau=20''$，视线长度 s 为 75m，$\rho=206265''$，那么，$m_{居}=0.7$mm。由此看来，只要观测时符合水准管气泡能够认真仔细进行居中，且对视线长度加以限制，与中间法一致，此误差便可以消除。

2）视差

当存在视差时，尺像不与十字丝平面重合，观测时眼睛所在的位置不同，读出的数也不同，因此，产生读数误差。所以在每次读数前，控制方法就是要仔细进行物镜对光，消除视差。

3）水准尺的倾斜误差

水准尺如果是向视线的左右倾斜，观测时通过望远镜十字丝很容易察觉而纠正。但是，如果水准尺的倾斜方向与视线方向一致，则不易察觉。尺子倾斜总是使尺上读数增大，它对读数的影响与尺的倾斜角和尺上读数的大小（即视线距地面的高度）有关。尺的倾斜角越大，对读数的影响就越大；尺上读数越大，对读数的影响就越大。所产生的读数误差为 $\Delta\alpha=\alpha(1/\cos\gamma-1)$。可见 $\Delta\alpha$ 的大小既与尺子倾斜角 γ 有关，也和在尺子上的读数 α 有关。当 $\gamma=3°$，$\alpha=1.5$m 时，$\Delta\alpha=2$mm，由此可以看出，此项影响是不可忽视的，因此，在水准测量中，立尺是一项十分重要的工作，一定要认真立尺，使尺处于铅垂位置。尺上有圆水准的应使气泡居中。必要时可用摇尺法，即读数时尺底置于点上，尺的上部在视线方向前后慢慢摇动，读取最小的读数。当地面坡度较大时，尤其应注意将尺子扶直，并应限制尺的最大读数。最重要的是在转点位置。

（3）外界条件的影响

1）地球曲率及大气折光

用水平视线代替大地水准面地尺上读数产生的误差为 $C=D^2/2R$，由于大气折光，视线并非完全是水平的，而是一条曲线，曲线的曲率半径为地球半径的 7 倍，其折光量的大小对水准读数产生的影响为 $r=D^2/2\times 7R$。

折光影响与地球曲率影响之和为：

$$f = C - r = \frac{D^2}{2R} - \frac{D^2}{14R} = 0.43 \frac{D^2}{R}$$

如果前视水准尺和后视水准尺到测站的距离相等，这样在高差中就没有误差的影响了。因此，设站时要争取"前后视距相等"。公式 $r = D^2/2 \times 7R$ 表示，视线离地面越近，折射越大，因此，视线距离地面的高度不应小于 0.3m，并且其影响也可用中间法消除或减弱。此外，应选择有利的时间，一日之中，上午 10 时至下午 4 时这段时间大气比较稳定，便于消除大气折光的影响，但在中午前后观测时，尺像会有跳动，影响读数，应避开这段时间，阴天、有微风的天气可全天观测。

2）仪器及水准尺下沉

仪器下沉是指在一测站上读的后视读数和前视读数之间仪器发生下沉，使得前视读数减小，算得的高差增大。为减弱其影响，当采用双面尺法或变更仪器高法时，第一次是先读后视读数再读前视读数，而第二次则先读前视读数再读后视读数。即"后、前、前、后"的观测程序。这样的两次高差的平均值即可消除或减弱仪器下沉的影响。

水准尺下沉的误差是指仪器在迁站过程中，转点发生下沉，使迁站后的后视读数增大，算得的高差也增大。如果采取往返测，往测高差增大，返测高差减小，所以取往返高差的平均值，可以减弱水准尺下沉的影响。最有效的方法是应用尺垫，在转点的地方必须放置尺垫，并将其踩实，以防止水准尺在观测过程中下沉。

以上所述的各项误差来源，都是采用单独应用的原则进行分析的，而实际情况则是综合性的影响。只要在作业中注意上述措施，特别是在操作熟练后观测速度提高的情况下，各项影响的误差都将大为减小，完全能够达到施测精度要求。

2. 角度测量的误差减弱方法

（1）仪器误差

仪器误差有属于制造方面的，如度盘偏心、度盘刻划误差、水平度盘与竖轴不垂直等；有属于校正不完善的，如竖轴与照准部水准管轴不完全垂直，视准轴与横轴的残余误差。这些误差中，有的可用适当的观测方法来消除或减低其影响，有的误差本身很小，对测角精度的影响不大。

度盘偏心误差可取对径分划读数的平均值消除。即使是单指标读数的经纬仪，若采用盘左和盘右两个位置进行观测，同一方向的水平度盘读数正好相差 180°，按理取其平均值就可消除水平度盘偏心的影响。但因竖轴旋转时有晃动而微小地改变了偏心元素 θ 和 ℓ 的值。所以对单指标读数的经纬仪，取盘左和盘右的平均值只能减小而不能完全消除偏心误差。

度盘刻划误差和水平度盘平面不与竖轴垂直的误差，就现代生产的仪器来说，一般都很小，而且当观测的测回数不止一个时，还可以采用变换度盘位置的方法来减低度盘刻划误差的影响。

视准轴误差和横轴误差，用盘左和盘右两个位置进行观测可以抵消这两种误差在观测方向上的影响。

竖轴不垂直于水准管轴所引起的误差则不能通过盘左、盘右观测取平均或其他观测方法来消除，因此，必须认真做好仪器此项检验、校正工作。

（2）观测误差

1）对中误差

仪器对中不准确，使仪器中心偏离测站中心的位移叫偏心距，偏心距将使所观测的水平角值不是大就是小。经研究已经知道，对中引起的水平角观测误差与偏心距成正比，并与测站到观测点的距离成反比。因此，在进行水平角观测时，应严格对中，把对中误差限制到最小的程度。

2）整平误差

若仪器未能精确整平或在观测过程中气泡不再居中，竖轴就会偏离铅直位置。整平误差不能用观测方法来消除，此项误差的影响与观测目标时视线竖直角的大小有关，当观测目标与仪器视线大致同高时，影响较小；当观测目标时，视线竖直角较大，则整平误差的影响明显增大，此时，应特别注意认真整平仪器。当发现水准管气泡偏离零点超过一格以上时，应重新整平仪器，重新观测。

3）目标偏心误差

由于测点上的标杆倾斜而使照准目标偏离测点中心所产生的偏心差称为目标偏心误差。目标偏心是由于目标点的标志倾斜引起的。观测点上一般都是竖立标杆，当标杆倾斜而又瞄准其顶部时，标杆越长，瞄准点越高，则产生的方向值误差越大；观测距离短时误差的影响更大。为了减少目标偏心对水平角观测的影响，观测时，标杆要准确而竖直地立在测点上，且尽量瞄准标杆的底部。

4）瞄准误差

引起误差的因素很多，如望远镜孔径的大小、分辨率、放大率、十字丝粗细、清晰等，人眼的分辨能力，目标的形状、大小、颜色、亮度和背景，周围的环境，空气透明度，以及大气的湍流、温度等，其中与望远镜放大率的关系最大。观测时应注意消除视差，调清十字丝，选择适宜的观测标志及有利的观测时间。

5）读数误差

读数误差与读数设备、照明情况和观测者的经验有关。一般来说，主要取决于读数设备。对于 $2''$ 级光学经纬仪其误差不超过 $\pm 2''$。根据观测精度要求选择相应等级的仪器设备。

（3）外界条件的影响

影响角度测量的外界因素很多，大风、松土会影响仪器的稳定；地面辐射热会影响大气稳定而引起物像的跳动；空气的透明度会影响照准的精度；温度的变化会影响仪器的正常状态等。这些因素都会在不同程度上影响测角的精度，要想完全避免这些影响是不可能的，观测者只能采取措施及选择有利的观测条件和时间，使这些外界因素的影响降低到最小的程度，从而保证测角的精度。

3. 距离测量误差减弱措施

（1）钢尺量距的误差

1）尺长误差

钢尺的名义长度和实际长度不符，产生尺长误差。尺长误差是积累性的，它与所量距成正比。精密量距时，钢尺虽经检定并在丈量结果中进行了尺长改正，其成果中仍存在尺长误差。

2）定线误差

钢尺丈量时钢尺偏离定线方向，将使测线成为一折线，导致丈量结果偏大，这种误差成为定线误差。

3）拉力误差

钢尺有弹性，受拉会伸长。量距时，钢尺在丈量时所受拉力应与检定时拉力相同。如果拉力变化±2.6kg，尺长将改变±1mm。一般量距时，主要保持拉力均匀即可。精密量距时，必须使用弹簧秤。

4）钢尺垂曲误差

钢尺悬空丈量时中间下垂，称为垂曲，由此产生的误差为钢尺垂曲误差。垂曲误差会使量得的长度大于实际长度，故在钢尺检定时，亦可按悬空情况检定，得出相应的尺长方程式。在成果整理时，按此尺长方程式进行尺长改正。

5）钢尺不水平误差

用平量法丈量时，钢尺不水平，会使所量距离增大。对于30m的钢尺，如果目估尺子水平误差为0.5m（倾角约1°），由此产生的量距误差为4mm。因此，用平量法丈量时应尽可能使钢尺水平。

精密量距时，测出尺段两端点的高差，进行倾斜改正，可消除钢尺不水平的影响。

6）丈量误差

钢尺端点对不准、测钎插不准、尺子读数不准等引起的误差都属于丈量误差。这种误差对丈量结果的影响可正可负，大小不定。在量距时应尽量认真操作，以减小丈量误差。

7）温度误差

钢尺的长度随温度变化，丈量时温度与检定钢尺时温度不一致，或测定的空气温度与钢尺温度相差较大，都会产生温度误差。所以，精度要求较高的丈量，应进行温度改正，并尽可能用温度计测定尺温，或尽可能在阴天进行，以减小空气温度与钢尺温度的差值。

（2）光电测距仪的误差来源及削弱方法

1）比例误差

① 光速值的误差

光速值对测距误差的影响甚微，可以忽略不计。

② 调制频率的误差

调制频率的误差，包括两个方面，即频率校正的误差（反映了频率的精确度）和频率的漂移误差（反映了频率的稳定度）。频率误差影响在精密中远程测距中是不容忽视的，作业前后及时进行频率检校，必要时还得确定晶体的温度偏频曲线，以便给以频率改正。

③ 大气折射率误差

正确测定测站和镜站上的气象元素，使计算得出的大气折射系数与传播路径上的实际数值十分接近，可以大大地减少大气折射的误差影响，这在精密中、远程测距中是十分重要的。

2）固定误差

测相误差、仪器加常数误差和对中误差都属于固定误差，在精密的短程测距时，这类误差将处于突出的地位。

① 仪器和棱镜的对中误差

在控制测量中，一般要求对中误差在 3mm 以下，要求归心误差在 5mm 左右。但在精密短程测距时，由于精度要求高，必须采用强制归心方法，最大限度的削弱此项误差影响。

② 仪器加常数的测定误差

经常对加常数进行检测，及时发现误差并改用新的加常数来避免这种影响。

③ 测相误差

包括测相设备本身的误差，幅像误差，照准误差，信噪比引起的误差，周期误差。

七、施工测量准备工作

（一）施工测量前准备工作的主要内容

充分做好测量前的准备工作，不仅能使开工前测量工作顺利进行，而且对整个施工过程中的测量工作都有重要影响。因此有关领导和测量放线工作人员都应重视和全面做好施工测量前的准备工作，为整个工程施工测量能顺利进行打好基础。准备工作的主要内容有以下几个方面：

(1) 熟悉图纸

设计图纸是施工测量的主要依据，测设前应充分熟悉各种有关的设计图纸，以便了解施工建筑物与相邻地物的相互关系，以及建筑物本身的内部尺寸关系，准确无误地获取测设工作中所需要的各种定位数据。

(2) 现场踏勘

目的是要了解现场的地物、地貌以及控制点的分布情况，并调查与施工测量有关的问题。对建筑物地面上的平面控制点，在使用前应校核点位是否正确，并应实地校测水准点的高程。通过校核，取得正确的测量起始数据和点位。

(3) 确定测设方案

在熟悉设计图纸、掌握施工计划和施工进度的基础上，结合现场条件和实际情况，拟定测设方案。测设方案包括测设方法、测设步骤、采用的仪器工具、精度要求、时间安排等。

(4) 准备测设数据

在每次现场测设之前，应根据设计图纸和测量控制点的分布情况，准备好相应的测设数据并对数据进行检核，除了计算必需的测设数据外，尚需从下列图纸上查取房屋内部平面尺寸和高程数据。

从建筑总平面图上查出或计算出设计建筑物与原有建筑物或测量控制点之间的平面尺寸和高差，并以此作为测设建筑物总体位置的依据。

在建筑平面图中查取建筑物的总尺寸和内部各定位轴线之间的关系尺寸，这是施工放样的基本资料。

从基础平面图中查取基础边线与定位轴线的平面尺寸，以及基础布置与基础剖面的位置关系。

从基础详图中查取基础立面尺寸、设计标高，以及基础边线与定位轴线的尺寸关系。这是基础高程测设的依据。

从建筑物的立面图和剖面图中,查取基础、地坪、门窗、楼板、屋面等设计高程。这是高程测设的主要依据。

(5)绘制放样略图

如图7-1所示,这是根据设计总平面图和基础平面图绘制的测设略图,以及定位轴线间尺寸和定位轴线控制桩等。

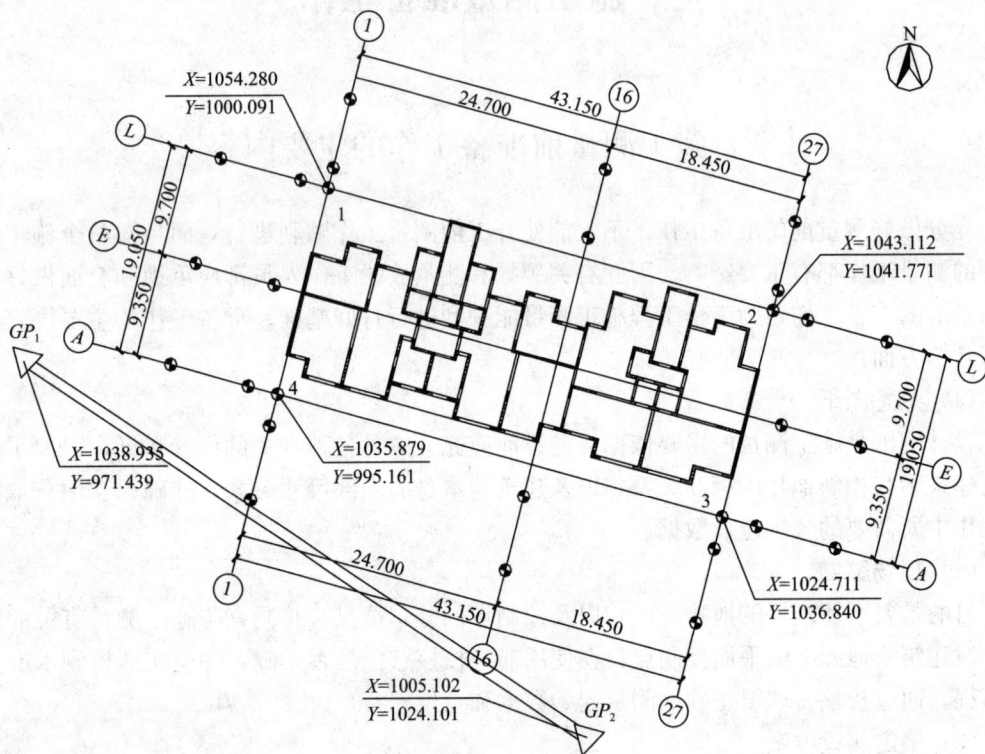

图7-1　测设略图

(二)施工图校核和现场桩位校核

1. 施工图的识读

(1)建筑总平面图的识读

建筑总平面图是将新建工程四周一定范围内的新建、拟建、原有和拆除的建筑物、构筑物连同其周围的地形、地物状况用水平投影方法和相应的图例所绘出的图样在基地范围内的总体布置图。

建筑总平面图表明新建房屋的位置、朝向、与原有建筑物的关系,以及周围道路、绿化、给水、排水、供电条件等方面的情况,并可以作为新建房屋施工定位、土方施工、设备管网平面布置,安排在施工时进入现场的材料和构件、配料堆放场地、构件预制的场地以及运输道路等的依据。

建筑总平面图中包括以下内容（如图 7-2 所示）：

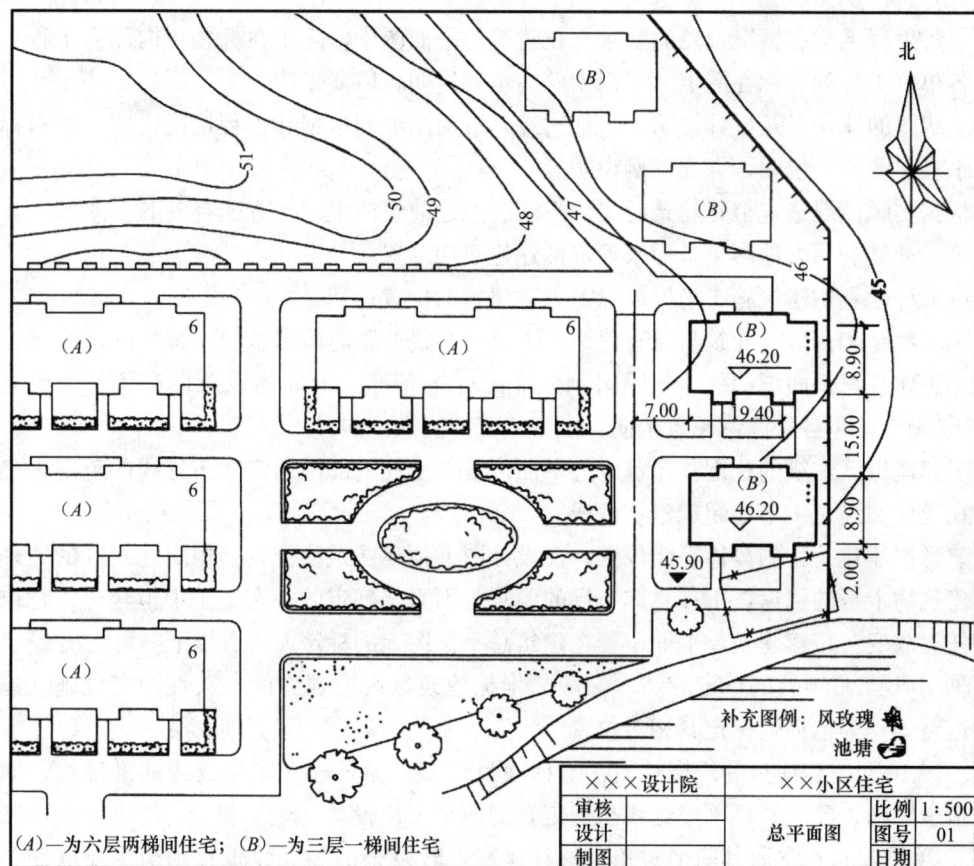

图 7-2　某小区住宅总平面图

① 保留的地形和地物。

② 测量坐标网、坐标值。

③ 场地四界的测量坐标（或定位尺寸），道路红线和建筑红线或用地界线的位置。

④ 场地四邻原有及规划道路的位置（主要坐标值或定位尺寸），四邻主要建筑物和构筑物的位置、名称、层数以及四邻道路、水面、地面的关键性标高。

⑤ 场地内的建筑物、构筑物的名称或编号、层数、定位（坐标或相互关系尺寸）、室内外地面设计标高。

⑥ 广场、停车场、运动场地、道路、无障碍设施、排水沟、挡土墙、护坡的定位（坐标或相互关系尺寸）。广场、停车场、运动场地的设计标高，道路、排水沟的起点、变坡点、转折点和终点的设计标高、纵坡度、纵坡距、关键性坐标，道路表明双面坡或单面坡，挡土墙、护坡的顶部和底部的主要设计标高及护坡坡度。

⑦ 指北针或风玫瑰图。

⑧ 建筑物、构筑物使用编号时，应列出"建筑物和构筑物名称编号表"。

⑨ 设计依据、尺寸单位、比例、坐标、高程系统、补充图例以及主要技术经济指

标表。

（2）具体识图步骤

了解工程名称、概况及总的要求。在建筑总平面图中，除了在标题栏内注有工程名称外，各单位工程的名称在图上的平面图例内也要注明，以便识读。

了解图的比例尺及设计说明，包括建筑总平面图绘制依据和工程情况说明，绝对标高以及水准引测点的说明，补充图例说明等。

根据实际情况选定拟建建筑的定位方法。拟建建筑图上定位方式有以下三种：

第一种是利用大地测量坐标来确定拟建建筑的位置；

第二种是利用建筑施工坐标来确定拟建建筑的位置；

第三种是利用拟建建筑与原有建筑或道路中心线的距离确定拟建建筑的位置。

熟悉建筑总平面图图例，参照图例分清图样上各部分的地物及总体布置，如地上建（构）筑物、地下各种管网布置走向、设备施工的引入方向等。

了解建筑区红线的范围。建筑区的平面位置是由规划部门划定建筑红线的范围来确定的，在设计和施工中不能超越建筑红线。

熟悉拟建建筑物的具体平面位置。在设计图上拟建建筑物位置是根据建筑区的地理条件，建筑物本身的用途，工程总体布局的要求等因素来确定的。在施工中拟建建筑物位置不能任意改变。拟建建筑物平面位置在建筑总平面图上的标定方法有以下三种情况：

① 小型工程项目的标定方法。一般是根据建筑区内或邻近的永久性固定设施（建筑物、道路等）为依据，标定其相对位置。

② 大中型工程项目的规模较大，工程项目较多，为了确保定位放线的准确性，通常用测量坐标网、建筑坐标网或红线来确定它们的平面位置。

③ 单体建筑物常取其两个对角点标注坐标，较复杂的庞大建筑物则至少要取四个角点标注坐标。

了解拟建建筑物的室内外地面标高，可以通过建筑总平面图上的标注高和等高线来表示。

了解建筑总平面图的总体地形。通过图上等高线了解建筑区地面的高程变化情况，根据图上原场地等高线和设计等高线之间的差别，看出场地平整需要填挖的基本情况。

了解拟建建筑物的平面组合和形状。根据设计图上所画的拟建建筑物，掌握其外部形状尺寸、楼层数等。

了解拟建建筑物室外附属设施情况，如住宅建筑的室外附属设施——道路、围墙、垃圾箱及晒衣柱等。

2. 建筑总平面图的审核

测量放线工审核建筑总平面图的具体内容如下：

① 检查建筑总平面图采用的坐标系统，如测量坐标系或假定的建筑坐标系；检查各点的坐标标注是否存在粗差。

② 检查建筑总平面图绝对高程采用的高程系统，以及建筑标高±0.000所对应的绝对高程值。

③ 核对控制点的坐标及高程值。建筑总平面图上有坐标换算公式的，应进行实际运算，掌握其换算关系，并检查其是否正确。

④ 检查各单体建筑物的尺寸，核对其间距与建筑总平面图上相应部位的总尺寸是否相符合；检核建筑红线及邻界关系是否正确。

⑤ 仔细检查建筑总平面图中定位数据是否齐全正确。

⑥ 审核结果应详细记录，对审核中不清楚、有矛盾或存在的其他问题，应仔细记录，及时解决。

3. 测量关系数据的校核

认真阅读总平面图后，对照总平面图和各施工平面图上的定位数据进行复核，主要进行以下工作：

① 校核总平面图尺寸和各施工图或详图尺寸是否一致。

② 校核各分段尺寸之和和总尺寸是否一致。

③ 建筑平面图上一般标注了三道尺寸，对于三道尺寸的数字关系是否相符进行校核。

④ 对上下层的轴线关系是否变化以及与其他图样的同一部位的关系是否吻合进行校核，并做好记录。

⑤ 复杂建筑物需要用几何或代数知识解算。如给定圆心坐标和角度，复核计算各定位标注坐标是否吻合等；如总平面图中有换算公式，必须将数值代入检查公式的正确性。

⑥ 校核施工图±0.000 位置标高数据的正确性以及高程系统。

⑦ 校核立面图中各分层高度尺寸和总尺寸是否一致。

完成以上的阅图和复核之后，要将出现的问题及时向设计院进行反馈，以便对设计的轴线定位按实际情况进行修正，进行二次设计。

4. 现场桩位校核

由城市规划部门划定的建筑红线桩、建筑物角桩、预留的测量控制点称为高级点。一般由城市土地管理部门负责现场测设并埋设控制桩。测量放线人员应对行政主管部门提供的桩位及坐标进行校核，确认无误之后方可开展建筑物的定位放线工作。

（1）高级点校核的内容

高级点的校核，其实质就是校核其实测值与给定值的差异，若在允许误差之内，即符合要求。

（2）高级点校核的方法与步骤

对于行政主管部门提供的现场高级点，首先内业计算其距离和方位角，之后进行现场实测，将实测值与计算值相比较。

也可用全站仪直接测设现场各高级点坐标，与给定坐标进行比较。

校测高级点允许误差：角度误差为±60″，边长相对误差为 1/2500，点位误差为 5cm。

城市规划部门提供的水准点是确定建筑物高程的基本依据，水准点数量应不少于 2 个。使用前，应采用附合水准校测，允许闭合差为 $\pm 10\sqrt{n}$mm（n 为测站数）。

（三）坐标转换

1. 基本概念

（1）方位角计算

1）方位角

由基本方向线的北端起顺时针方向到某一方向线的水平角度，称为该方向的方位角。方位角的角值范围为 $0°\sim360°$。方位角有三种，真方位角、磁方位角、坐标方位角。以真子午线为基本方向线，所得方位角称为真方位角，一般以 A 表示。以磁子午线为基本方向线，则所得方位角称为磁方位角，一般以 $A_磁$ 来表示。以坐标纵轴为基本方向线所得方位角，称为坐标方位角（有时简称方位角），通常以 α 来表示。

2）象限角

从过直线一端的基本方向线的北端或南端，依顺时针（或逆时针）的方向量至直线的锐角，称为该直线的象限角，一般以 R 表示。象限角的角值范围为 $0°\sim90°$。如图 7-3 所示，NS 为经过 O 点的基本方向线，R_1、R_2、R_3、R_4 分别为直线 $O1$、$O2$、$O3$、$O4$ 的象限角。它们顺次相应等于第一、二、三、四象限中的象限角。象限角也有正反之分，正反象限角值相等，象限名称相反。

3）坐标方位角

由坐标纵轴方向的北端起，顺时针量到直线间的夹角，称为该直线的坐标方位角，常简称方位角，用 α 表示，它以 X 轴正方向为起算方向。相对来说一条直线有正、反两个方向。直线的两端可以按正、反方位角进行定向。若设定直线的正方向为 P_1P_2，则直线 P_1P_2 的方位角为正方位角，而直线 P_2P_1 的方位角就是直线 AB 的反方位角。图 7-4 中，$\alpha_{21}=\alpha_{12}+180°$。

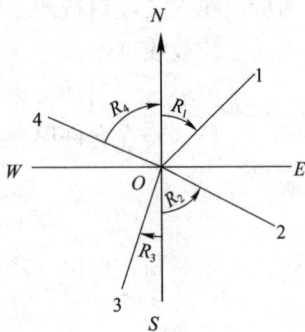

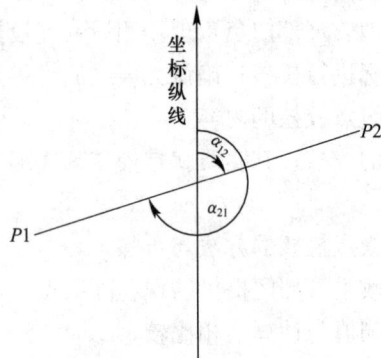

图 7-3　象限角　　　　　　　　图 7-4　坐标方位角

正、反方位角的一般关系式为：

$$\alpha_反 = \alpha_正 \pm 180° \tag{7-1}$$

4）坐标方位角的计算：

B、A 为已知点，BA 边的坐标方位角 α_{AB} 为已知，通过联测求得 AB 边与 $B1$ 边的连接角为 β_B（左角），测出了各点的左（或右）角，现在要推算 12、23 和 $3C$ 边的坐标方位角，如图 7-5 所示。则有如下推算式：

$$\alpha_{B1} = \alpha_{AB} + \beta_{B左} \pm 180° \tag{7-2}$$

$$\alpha_{12} = \alpha_{B1} + \beta_{1左} \pm 180° \tag{7-3}$$

$$\alpha_{23} = \alpha_{12} + \beta_{2左} \pm 180° \tag{7-4}$$

$$\alpha_{3C} = \alpha_{23} + \beta_{3左} \pm 180° \tag{7-5}$$

综合以上各式，可以得出规律。由此得公式：

$$\alpha_{n,n+1} = \alpha_{n-1,n} + \beta_{左} \pm 180° \tag{7-6}$$

如果一律测量导线的右角，则各边的方位角的推算公式如下：

$$\alpha_{n,n+1} = \alpha_{n-1,n} - \beta_{右} \pm 180° \tag{7-7}$$

在推算导线边的坐标方位角的过程中必须注意，如果计算出的方位角大于 360°时，则应减去 360°；若方位角小于 0°，则应加上 360°，以保证计算出的坐标方位角在 0°～360°之间。

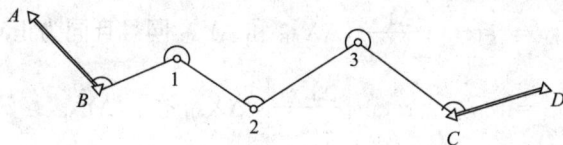

图 7-5　坐标方位角推算

（2）坐标正算

根据已知点坐标，已知边长和该边的坐标方位角，计算该边未知端点的坐标的方法，称为坐标正算。

如图 7-6 所示，设 A 点坐标为 $(X_A，Y_A)$，A 至 B 点边长 D_{AB} 和坐标方位角 α_{AB} 均为已知，求 B 点坐标 $(X_B，Y_B)$。图中，ΔX_{AB} 和 ΔY_{AB} 分别称为 A 至 B 点的纵坐标增量和横坐标增量，即 A、B 两点的纵坐标值和横坐标值之差。由图中关系，计算 B 点坐标的公式为：

$$\begin{cases} X_B = X_A + \Delta X_{AB} \\ Y_B = Y_A + \Delta Y_{AB} \end{cases} \tag{7-8}$$

式中

$$\Delta X_{AB} = D_{AB} \cdot \cos\alpha_{AB}$$

$$\Delta Y_{AB} = D_{AB} \cdot \sin\alpha_{AB}$$

（3）坐标反算

根据导线边两端点坐标计算该导线的坐标方位角及边长的方法，称为坐标反算。如图 7-6 所示，可知：

$$\tan\alpha_{AB} = \frac{\Delta Y_{AB}}{\Delta X_{AB}} \tag{7-9}$$

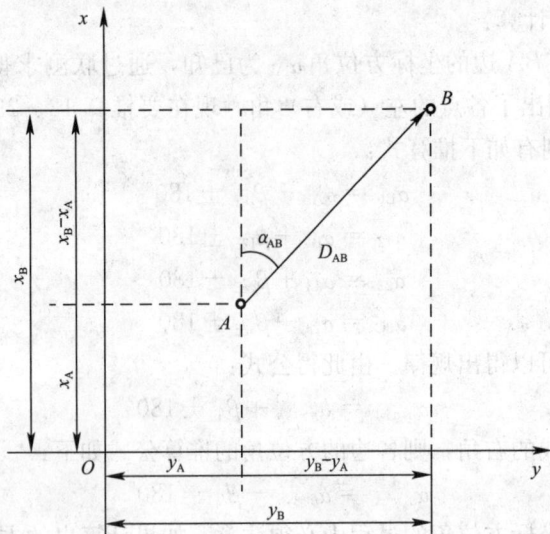

图 7-6　坐标正算

由于坐标方位角 α_{AB} 在 $0° \sim 360°$ 之间取值，则计算坐标方位角的实际公式为：

$$\alpha_{AB} = \arctan \frac{\Delta Y_{AB}}{\Delta X_{AB}} (\Delta X_{AB} \text{ 和 } \Delta Y_{AB} \text{ 同号且同为正}) \tag{7-10}$$

或

$$\alpha_{AB} = 180° - \arctan \left| \frac{\Delta Y_{AB}}{\Delta X_{AB}} \right| (\Delta X_{AB} < 0, \Delta Y_{AB} > 0) \tag{7-11}$$

$$\alpha_{AB} = 180° + \arctan \left| \frac{\Delta Y_{AB}}{\Delta X_{AB}} \right| (\Delta X_{AB} < 0, \Delta Y_{AB} < 0) \tag{7-12}$$

$$\alpha_{AB} = 360° - \arctan \left| \frac{\Delta Y_{AB}}{\Delta X_{AB}} \right| (\Delta X_{AB} > 0, \Delta Y_{AB} < 0) \tag{7-13}$$

AB 直线的水平边长，其计算公式如下：

$$D_{AB} = \sqrt{\Delta X_{AB}^2 + \Delta Y_{AB}^2} \tag{7-14}$$

式中

$$\Delta X_{AB} = X_B - X_A$$
$$\Delta Y_{AB} = Y_B - Y_A$$

【例】　如图 7-7 所示已知 AB 两点的边长为 188.43m，方位角为 $146°07'06''$，则 AB 的 x 坐标增量为（A）。

(A) -156.433m　　(B) 105.176m　　(C) 105.046m　　(D) -156.345m

2. 测量坐标系与施工坐标系的换算

坐标换算关系，是指能够把一个点的施工坐标换算成测图坐标，或者将一个点的测图坐标换算成施工坐标系的坐标。

如图 7-8 所示，XOY 为测图坐标系，$AO'B$ 为施工坐标系。工程坐标系的原点 O' 的测量坐标为 $(X_{O'}, Y_{O'})$ 设 P 点在测图坐标系中的坐标为 (X_P, Y_P)，在施工坐标系中的坐标为 (A_P, B_P)。则 P 点由施工坐标 (A_P, B_P) 换算成测量坐标 (X_P, Y_P) 的公式为：

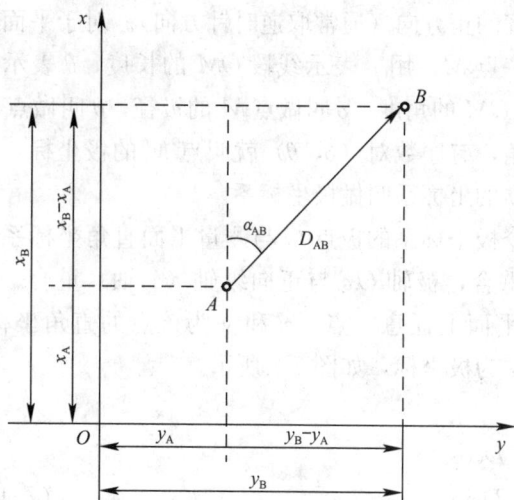

图 7-7　坐标计算

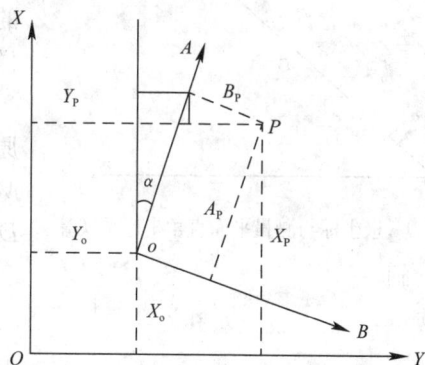

图 7-8　施工坐标系与测量坐标系转换

$$X_P = X_{O'} + A_P \cos\alpha - B_P \sin\alpha$$
$$Y_P = Y_{O'} + A_P \sin\alpha + B_P \cos\alpha \tag{7-15}$$

由测量坐标换算为施工坐标的公式为：

$$A_P = (X_P - X_{O'})\cos\alpha + (Y_P - Y_{O'})\sin\alpha$$
$$B_P = -(X_P - X_{O'})\sin\alpha + (Y_P - Y_{O'})\cos\alpha \tag{7-16}$$

$X_{O'}$，$Y_{O'}$、α 称为坐标换算元素，一般由设计文件明确给定。

3. 任意两平面坐标系间的转换

实际工作中，常常需要对两组不同的平面坐标系进行转换，其转换公式为：

平面直角坐标转换模型：

$$\begin{bmatrix} x_2 \\ y_2 \end{bmatrix} = \begin{bmatrix} x_0 \\ y_0 \end{bmatrix} + (1+m)\begin{bmatrix} \cos\alpha & -\sin\alpha \\ \sin\alpha & \cos\alpha \end{bmatrix}\begin{bmatrix} x_1 \\ y_1 \end{bmatrix} \tag{7-17}$$

其中　　x_0，y_0——平移参数；

α——旋转参数；

m——尺度参数；

x_2，y_2——目标大地坐标系下的平面直角坐标；

x_1，y_1——原坐标系下平面直角坐标；

坐标单位——m。

上述公式，两坐标系之间的转换参数包括 2 个平移参数（x_0，y_0）、1 个旋转参数 α 和 1 个尺度参数 m，因此至少应不少于两个公共点才能求解，这一转换计算模型通常称为四参数模型。

实际工作中，如果公共点较多，计算上述参数的方程式也就越多，这时需要对公共点进行分析，选择误差较小的公共点和用最小二乘法原理来解算才能获得满意的结果。

4. 极坐标与测量平面直角坐标的换算

在平面内取一个定点 O，叫极点，引一条射线 Ox，叫做极轴，再选定一个长度单位

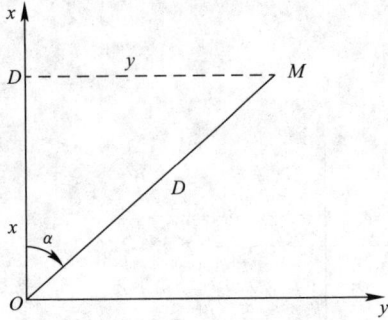

图 7-9　极坐标与测量平面直角坐标系换算

和角度的正方向（通常取逆时针方向）。对于平面内任何一点 M，用 ρ 表示线段 OM 的长度，θ 表示从 Ox 到 OM 的角度，ρ 叫做点 M 的极径，θ 叫做点 M 的极角，有序数对 (ρ,θ) 就叫点 M 的极坐标，这样建立的坐标系叫做极坐标系。

令极坐标系的极点 O 与测量平面直角坐标系的原点重合，极轴 Ox 与正向纵轴（x 轴）重合。设 M 为平面上任意一点，x 和 y 为该点的直角坐标，D 和 α 为极坐标，如图 7-9 所示。

则：

$$x = D\cos\alpha$$
$$y = D\sin\alpha \tag{7-18}$$

反之：

$$D^2 = \sqrt{x^2 + y^2} \tag{7-19}$$

$$\tan\alpha = \frac{y}{x}$$

$$\alpha = \tan^{-1}\left(\frac{y}{x}\right) \tag{7-20}$$

（四）测设工作的基本方法

测设是最主要的施工测量工作，它与测定一样，也是确定地面上点的位置，只不过是程序刚好相反，即把建筑物和构筑物的特征点由设计图纸上标定到实际地面上去。在测设过程中，我们也是通过测设设计点与施工控制点或现有建筑物之间的水平距离、水平角和高差，将该设计点在地面上的位置标定出来。因此，水平距离、水平角和高程是测设的基本要素，或者说测设的基本工作是水平距离测设、水平角测设和高程测设。

1. 施工测量水平距离测设

水平距离测设是从现场上的一个已知点出发，沿给定的方向，按已知的水平距离量距，在地面上标出另一个端点的测设方法。水平距离测设的方法有钢尺丈量法、视距测量法和光电测距法等。

（1）钢尺测设

1）一般方法

当已知方向在现场已用直线标定，且测设的已知水平距离小于钢卷尺的长度时，测设的一般方法很简单，只需将钢尺的零端与已知始点对齐，沿已知方向水平拉紧拉直钢尺，在钢尺上读数等于已知水平距离的位置定点即可。为了校核和提高测设精度，可将钢尺移动 10～20cm，用钢尺始端的另一个读数对准已知始点，再测设一次，定出另一个端点，若两次点位的相对误差在限差（1/3000～1/5000）以内，则取两次端点的平均位置作为端点的最后位置。如图 7-10 所示，A 为已知始点，A 至 B 为已知方向，D 为已知水平距离，P' 为第一次测设所定的端点，P'' 为第二次测设所定的端点，则 P' 和 P'' 的中点 P 即为最后所定的点。AP 即为所要测设的水平距离 D。

图 7-10　距离测设的一般方法

若已知方向在现场已用直线标定，而已知水平距离大于钢卷尺的长度，则沿已知方向依次水平丈量若干个尺段，在尺段读数之和等于已知水平距离处定点即可。为了校核和提高测设精度，同样应进行两次测设，然后取中定点，方法同上。

当已知方向没有在现场标定出来，只是在较远处给出另一定向点时，则要先定线再量距。对建筑工程来说，若始点与定向点的距离较短，一般可用拉一条细线绳的方法定线，若始点与定向点的距离较远，则要用经纬仪定线。

2）精密方法

当测设精度要求较高（1/5000～1/10000 以上）时，必须考虑尺长改正、温度改正和倾斜改正，还要使用标准拉力来拉钢尺，才能达到要求。

如图 7-11 所示，A 是始点，D 是设计的已知水平距离，精密测设一般分两步完成，第一步是按一般方法测设该已知水平距离，在地面上临时定出另一个端点 P'；第二步是按精密钢尺量距法，精确测量出 AP' 的水平距离 D'，根据 D' 与 D 的差值 $\Delta D = D' - D$ 沿 AP' 方向进行改正。若 ΔD 为正值，说明实际测设的水平距离大于设计值，应从 P' 往回改正 ΔD，即可得到准确的 P 点；反之，若 ΔD 为负值，则应从 P' 往前改正 ΔD 再定点。

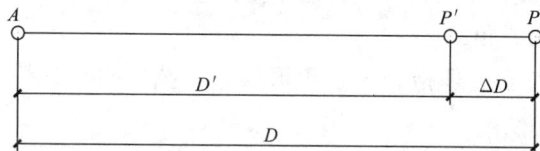

图 7-11　距离测设的精密方法

（2）光电测距仪距离测设

由于光电测距仪的普及，目前水平距离测设，尤其是长距离的测设多采用光电测距仪。

用光电测距仪放样已知水平距离与用钢尺放样已知水平距离的方式一致，先用跟踪法放出另外一端点，再精确测定其长度，最后进行改正。

如图 7-12 所示，安置光电测距仪于 A 点，瞄准并锁定已知方向，沿此方向移动反光棱镜，使仪器显示值为所放样水平距离时，则在棱镜所在位置定出端点 B。为了进一步提高放样精度，可用光电测距仪精确测定 AB 的水平距离，并与已知值比较算出差值 ΔD。根据 ΔD 的正负情况，再用钢尺从 B 点沿 AB 方向向内或向外量 ΔD 得 B' 点。

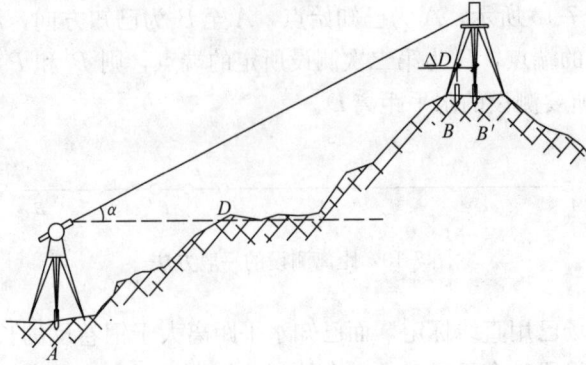

图 7-12　光电测距测设已知水平距离

将反光镜移到 B' 点，精确测定 AB' 水平距离，如果与 D 之差在限差之内，则 AB' 为最后的测设结果；如果与 D 之差超过限差，则按上述方法再次测设，直到 ΔD 小于规定限差时为止，从而定出已知水平距离的另外一端点。

2. 施工测量水平角测设

施工测量水平角测设是根据地面上已有的一个点和从该点出发的一个已知方向，按设计的已知水平角值，在地面上标定出另一个方向的测设方法。

（1）经纬仪、全站仪角度测设

水平角测设的仪器工具主要是经纬仪、全站仪，测设时按精度要求不同，分为一般方法和精密方法。

（2）几何方法测设直角

在建筑物的施工过程中，经常需要测设直角，如果测设水平角的精度要求不高，也可以不用经纬仪等，而直接用钢尺按几何方法方便快速进行测设。

1）勾股定理法测设直角

如图 7-13 所示，勾股定理指直角三角形斜边（弦）的平方等于对边（股）与底边（勾）的平方和。

据此原理，只要使现场上一个三角形的三条边长满足上式，该三角形即为直角三角形，从而得到我们想要测设的直角。

在实际工作中，最常用的做法是利用勾股定理的特例"勾 3 股 4 弦 5"测设直角。如图 7-14 所示，设 AB 是现场上已有的一条边，要在 A 点测设与 AB 成 90°的另一条边，做

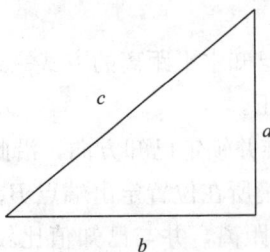

图 7-13　勾股定理法测设直角　　　图 7-14　勾股定理法测设直角

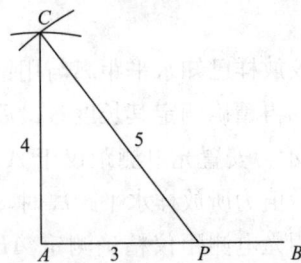

法是先用钢尺在 AB 线上量取 3m 定出 P 点，再以 A 点为圆心，4m 为半径在地面上画圆弧，然后以 P 点为圆心，5m 为半径在地面上画圆弧，两圆弧相交于 C 点，则 $\angle BAC$ 即为直角。

如果要求直角的两边较长，可将各边长保持"3：4：5"的比例，同时放大若干倍，再进行测设。

2）中垂线法测设直角

如图 7-15 所示，AB 是现场上已有的一条边，要过 P 点测设与 AB 成 90°的另一条边，可用钢尺在直线 AB 上定出与 P 点距离相等的两个临时点 A' 和 B'，再分别以 A' 和 B' 为圆心，以大于 PA' 的长度为半径，画圆弧相交于 C 点，则 PC 为 $A'B'$ 的中垂线，即 PC 与 AB 成 90°。

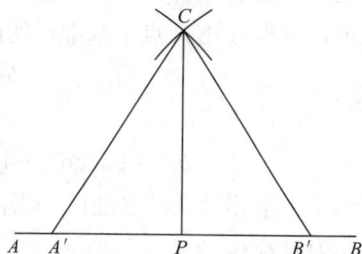

图 7-15　中垂线法测设直角

3. 施工测量高程测设

高程测设是根据邻近已有的水准点或高程标志，在现场标定出某设计高程的位置的测设方法。高程测设是施工测量中常见的工作内容，一般用水准仪进行。

（1）高程测设的一般方法

如图 7-16 所示，某点 P 的设计高程为 $H_P=81.200\text{m}$，附近一水准点 A 的高程为 $H_A=81.345\text{m}$，现要将 P 点的设计高程测设在一个木桩上，其测设步骤如下：

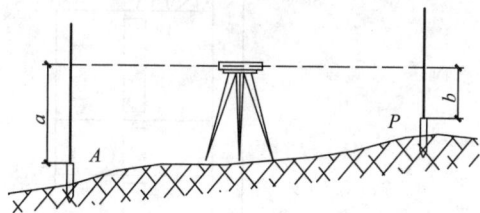

① 在水准点 A 和 P 点木桩之间安置水准仪，后视立于 A 点上的水准尺，读中线读数 $a=1.458\text{m}$；

② 计算水准仪前视 P 点木桩水准尺的应读读数 b。根据图 7-16 可列出下式：

图 7-16　高程测设的一般方法

$$b = H_A + a - H_P \tag{7-21}$$

将有关的各数据代入上式得：

$$b = 81.345 + 1.458 - 81.200 = 1.603\text{m}$$

前视靠在木桩一侧的水准尺，上下移动水准尺，当读数恰好为 1.603m 时，在木桩侧面沿水准尺底边画一横线，此线就是 P 点的设计高程 81.200m。

也可先计算视线高 $H_视$，再计算应读读数 b，即：

$$H_视 = H_A + a \tag{7-22}$$

$$b = H_视 - H_P \tag{7-23}$$

这种算法的好处是，当在一个测站上测设多个设计高程时，先按式（7-22）计算视线高 $H_视$，然后每测设一个新的高程，只需将各个新的设计高程代入式（7-23），便可得到相应的前视水准尺应读读数，简化了计算工作，因此在实际工作中用得更多。

（2）钢尺配合水准仪进行高程测设

当需要向深坑底或高楼面测设高程时，因水准尺长度有限，中间又不便安置水准仪转站观测，可用钢尺配合水准仪进行高程的传递和测设。

　　如图 7-17 所示，已知高处水准点 A 的高程 $H_A=95.267m$，需测设低处 P 的设计高程 $H_P=88.600m$。施测时，用检定过的钢尺，挂一个与要求拉力相等的重锤，悬挂在支架上，零点一端向下，先在高处安置水准仪，读取 A 点上水准尺的读数 $a_1=1.642m$ 和钢尺上的读数 $b_1=9.216m$，然后在低处安置水准仪，读取钢尺上的读数 $a_2=1.642m$，如图所示，可得低处 P 点上水准尺的应读读数 b_2 的算式为：

$$b_2 = H_A + a_1 - (b_1 - a_2) - H_P \tag{7-24}$$

　　由该式算得：

$$b_2 = 95.267 + 1.642 - (9.216 - 1.642) - 88.600 = 0.735m$$

　　上下移动低处水准尺，当读数恰好为 $b_2=0.735m$ 时，沿尺底边零刻度线画一横线即是设计高程。

　　从低处向高处测设高程的方法与此类似。如图 7-18 所示，已知低处水准点 A 的高程 H_A，需测设高处 P 的设计高程 H_P，先在低处安置水准仪，读取读数 a_1 和 b_1，再在高处安置水准仪，读取读数 a_2，则高处水准尺的应读读数 b_2 为：

$$b_2 = H_A + a_1 + (a_2 - b_1) - H_P \tag{7-25}$$

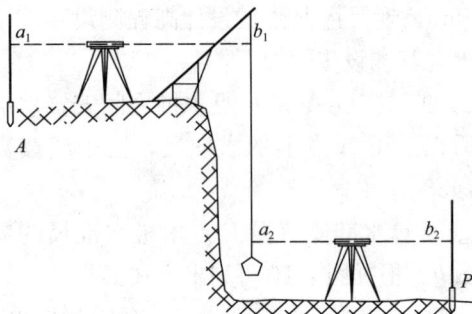

图 7-17　钢尺配合水准仪高程测设（从高往低）　　图 7-18　钢尺配合水准仪高程测设（从低往高）

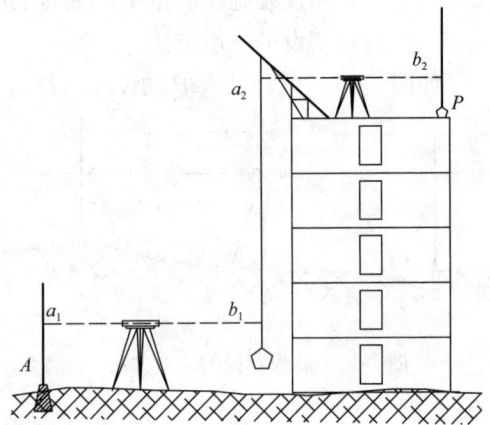

　　钢尺配合水准仪进行高程测设，其算式（7-24）、式（7-25）与式（7-21）比较，只是中间多了一个往下（b_1-a_2）或往上（a_2-b_1）传递水准仪视线高程的过程。如果现场不便直接测设高程，也可先用钢尺配合水准仪将高程引测到低处或高处的某个临时点上，再通过临时转点按一般方法进行高程测设。

4. 施工点位测设

　　测设点位的基本方法有直角坐标法、极坐标法、角度交会法和距离交会法等，在实际工作中，可根据施工控制网的布设形式、控制点的分布、地形情况、放样精度要求以及施工现场条件等，选用适当的方法进行测设。

　　（1）直角坐标法

　　建筑物附近已有互相垂直的建筑基线或建筑方格网时，可采用直角坐标原理确定一点的平面位置，这种方法称为直角坐标法。如图 7-19 所示，已知某建筑物角点 P 的设计坐标，又知现场 P 点周围有建筑方格网顶点 A、B 和 C，其坐标已知，且 AB 平行于 y 轴，AC 平行于 x 轴，现介绍用直角坐标法测设 P 的方法和步骤。

① 根据 A 点和 P 点的坐标计算测设数据 a 和 b，其中 a 是 P 到 AB 的垂直距离，b 是 P 到 AC 的垂直距离，算式为：

$$a = x_P - x_A$$
$$b = y_P - y_A \tag{7-26}$$

例如，若 A 点坐标为（568.265，256.478），P 点的坐标为（602.400，298.500），则代入上式得：

$$a = 602.400 - 568.265 = 34.135\text{m}$$
$$b = 298.500 - 256.478 = 42.022\text{m}$$

② 现场测设 P 点

如图 7-20 所示，安置经纬仪于 A 点，照准 B 点，沿视线方向测设距离 $b = 42.022\text{m}$，定出点 1。

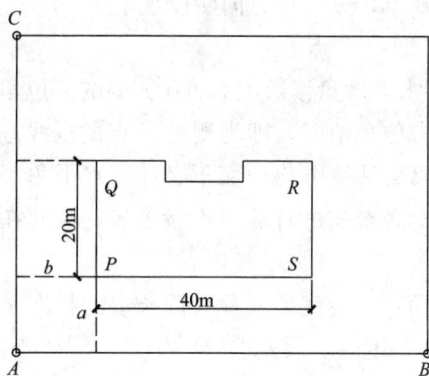

图 7-19　直角坐标法　　　　　　图 7-20　直角坐标法现场测设

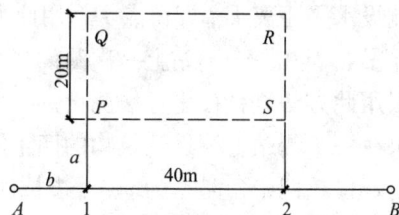

安置经纬仪于点 1，照准 B 点，顺时针方向测设 270°角，沿视线方向测设距离。$a = 34.135\text{m}$，即可定出 P 点。

直角坐标法计算简单，在建筑物与建筑基线或建筑方格网平行时应用得较多，但测设时设站较多，只适用于施工控制为建筑基线或建筑方格网，并且便于量边的情况。

（2）极坐标法

① 极坐标法的原理与方法

极坐标法是根据水平角和水平距离测设点的平面位置的方法。如图 7-21 所示，A、B 点是现场已有的测量控制点，其坐标已知，P 点为待测设的点，其坐标为已知的设计坐标。

坐标正反算的相关内容，计算如下：

用 A、B 点和 P 点来计算测设数据 D_{AP} 和 β_A，测站为 A 点，其中 D_{AP} 是 A、P 之间的水平距离，β_A 是 A 点的水平角 $\angle PAB$。

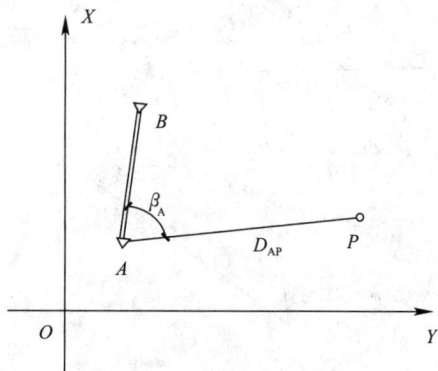

图 7-21　极坐标法

水平距离 D_{AP} 为：

$$D_{AP} = \sqrt{\Delta x_{AP}^2 + \Delta y_{AP}^2} = 122.290\text{m}$$

式中 $\Delta x_{AP} = x_p - x_A$，$\Delta y_{AP} = y_P - y_A$。

$$\alpha_{AB} = tg^{-1}\frac{\Delta y_{AB}}{\Delta x_{AB}} = 6°05'54''$$

$$\alpha_{AP} = tg^{-1}\frac{\Delta y_{AP}}{\Delta x_{AP}} = 82°48'25''$$

$$\beta = \alpha_{AP} - \alpha_{AB} = 76°42'31''$$

② 现场测设 P 点

安置经纬仪于 A 点，瞄准 B 点；顺时针方向测设 β_A 角定出 AP 方向，由 A 点沿 AP 方向用钢尺测设水平距离 D 即得 P 点。

例如，设控制点 A 的坐标为（442.746，429.435），B 的坐标为（526.307，438.362），待测设点 P 的坐标为（458.058，550.763），代入上述各式计算可得水平距离 D_{AP} = 122.290m，水平角 β = 76°42'31''（先计算 AB 的方位角 α_{AB} = 6°05'54''，AP 的方位角 α_{AP} = 82°48'25''）。测设时安置经纬仪于 A 点，照准 B 点，顺时针方向测设水平角 76°42'31''，并在视线方向上用钢尺测设水平距离 122.290m，即得 P 点。

也可在 A 点安置仪器后，先瞄准 B 点，将水平度盘读数配为 AB 方向的方位角值，然后旋转照准部，当水平度盘读数为 AP 方向的方位角值时，即为测设 P 点的视线方向，沿此方向测设水平距离 D_{AP} 即得点 P，用此方法只需计算方位角而不必计算水平角，减少了计算工作量，当在一个测站上一次测设多个点时，节省的计算工作量更多，因此在实际工作中一般用此方法进行极坐标法测设。

如果在一个测站上测设建筑物的四个定位角点，测完后要检核四条边的长度是否与设计值相符，检核四个角是否为 90°，边长误差和角度应在限差以内。

极坐标法只需在一个测站，就可以测设很多个点，效率很高，所以一般都采用极坐标法。

5. 施工测量角度交会法

角度交会法是在两个或多个控制点上安置仪器，通过测设两个或多个已知角度交会出待定点的平面位置的方法。在待定点离控制点较远或测距较困难的地区，常用此方法。

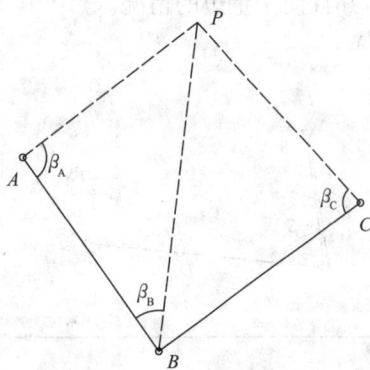

图 7-22 角度交会法

如图 7-22 所示，根据控制点 A、B、C 和放样点 P 的坐标计算 β_1、β_2、β_3 角值。将仪器安置在控制点 A 上，后视点 B，根据已知水平角 β_1 盘左盘右取平均值放样出 AP 方向线，在 AP 方向线上的 P 点附近打两个小木桩，桩顶钉小钉，如图 7-23 中 1、2 两点所示。同样，分别在 B、C 两点安置仪器，放样出 3、4 和 5、6 四个点，分别表示 BP 和 CP 的方向线。将各方向的小钉用细线拉紧，在地面上拉出三条线，若交会没有误差，三条线将交于一点，即为所求的 P 点。若三条方向线不相交于一点，会出现一个很小的三角形，称为误差三角形。当误差三角形的边长不超过限差时，可取误差三角形的重心作为所求 P 点的位置。若误差三角形的边长超限，则应重新放样。

6. 施工测量距离交会法

距离交会法是根据测设的两段距离交会出点的平面位置的方法。这种方法在场地平坦，量距方便，且控制点离测设点不超过一尺段长时，使用较多。

如图 7-24 所示，A、B 为已知平面控制点，P 为待测设点，其坐标均为已知。

首先，根据 P 点的设计坐标和控制点 A、B 的坐标，先计算放样数据 D_{AP}、D_{BP}。放样时，用钢尺分别以控制点 A、B 为圆心，以 D_{AP}、D_{BP} 为半径，在地面上画弧，交出 P 点。距离交会法的优点是不需要仪器，在施工中细部放样时，常用此法。

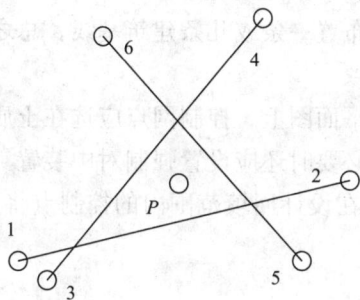

图 7-23　角度交会法现场测设　　　　图 7-24　距离交会法

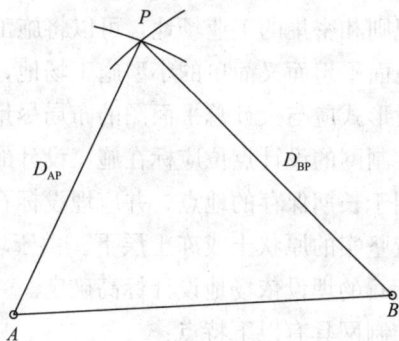

八、一般建筑施工测量

（一）施工控制测量

施工控制网分为平面控制网和高程控制网两种。平面控制网常采用建筑基线、方格网、导线网、三角网、GNSS网等，高程控制网一般采用水准网。

施工平面控制网的布设，应根据总平面图和施工地区的地形条件来确定。当场区地面起伏较大，通视条件较好时采用三角网的形式扩展原有控制网；对于地形平坦而通视又比较困难的地区，例如扩建或改建工程的工业场地，则采用导线网；对于建筑物多为矩形且布置比较规则和密集的工业场地，可以将施工控制网布置成规则的矩形格网，即建筑方格网；对于地面平坦而又简单的小型施工场地，常布置一条或几条建筑基线。总之，施工控制网的布设形式应与设计总平面图的布局尽量一致。

施工控制网的设计点位应标在施工设计的总平面图上。控制网点应选在土质坚实、便于施测、利于长期保存的地点，并应埋设标石，必要时还应设置强制对中装置。标石应考虑埋至比较坚实的原状土或冻土层下。由于埋设在设计回填范围内的控制点将无法保留，所以要求标石的埋设依场地设计标高确定。

施工控制网具有以下特点：

（1）控制范围小，控制点的密度大，精度要求高

工程施工的场区比较小，而在施工控制网所控制的范围内，各种建筑物的分布错综复杂，没有较为稠密的控制点是无法进行放样工作的。施工控制网的主要任务是进行建筑物轴线的放样。这些轴线相对偏差限值都很小，因此施工控制网精度高。

（2）受施工干扰较大

工程建设的现代化施工通常采用平行交叉作业的方法，这就使工地上各流水段的施工高度有时相差十分悬殊，因此妨碍了控制点之间的相互通视。此外，施工机械（例如吊车、建筑材料运输机、混凝土搅拌机等）的设置也时常造成通视困难。因此，施工控制点的位置应分布恰当，密度也应比较大，以便在工作时选择使用。

1. 场区平面控制网测量

场区平面控制网，应根据工程规模和工程需要分级布设。对于建筑场地大于 $1km^2$ 的工程项目或重要工业区，应建立一级或一级以上精度等级的平面控制网；对于场地面积小于 $1km^2$ 的工程项目或一般性建筑区，可建立二级精度的平面控制网。同时场区平面控制网相对于勘察阶段控制点的定位精度不应大于5cm。

（1）建筑基线

1）建筑基线的布置

建筑基线是建筑场地的施工控制基准线，即在场地中央放样的一条长轴线或若干条与

其垂直的短轴线。它适用于建筑设计总平面图布置比较简单的小型建筑场地。

　　建筑基线的布设形式是根据建筑物的分布、场地地形等因素来确定的。其常见的形式有"一"字形、"L"字形、"十"字形和"T"字形，如图 8-1 所示。

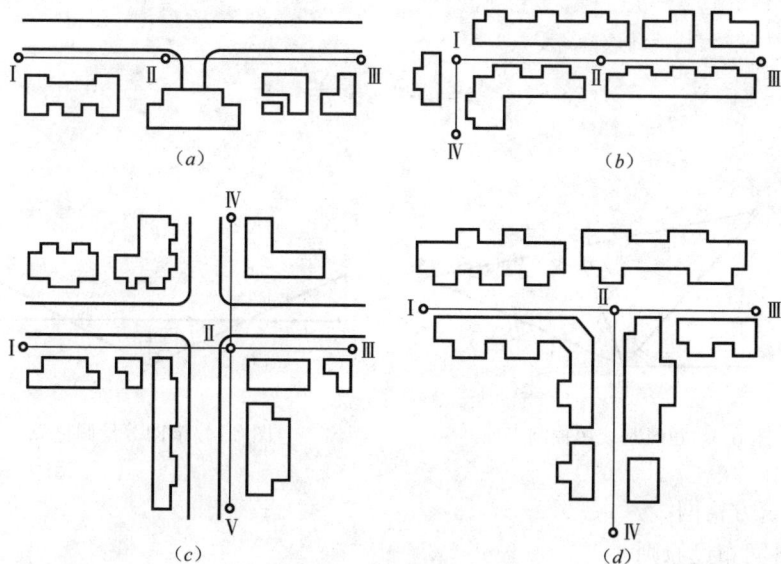

图 8-1　建筑基线形式

　　建筑基线的布设要求是：

　　主轴线应尽量位于场地中心，并与主要建筑物轴线平行，主轴线的定位点应不少于 3 个，以便相互检核。

　　基线点位应选在通视良好和不易被破坏的地方，应设置成永久性控制点。

　　2）建筑基线的测设方法

　　① 根据建筑红线放样

　　建筑红线也就是建筑用地的界定基准线，由城市测绘部门测定，它可用作建筑基线放样的依据。如图 8-2 所示，AB、AC 是建筑红线，从 A 点沿 AB 方向测量 D_{AP} 定出 P 点；从 A 点沿 AC 方向测量 D_{AQ} 定出 Q 点；安置仪器于 P 转角、测距定出 1、3 点，安置仪器于 Q 转角、测距定出 2 点。则 1、2、3 点即为建筑基线点。用仪器检测 $\angle 312$ 是否为直角。

　　② 坐标控制点定位

　　已知建筑基线的设计坐标和附近测量控制点的坐标，按照极坐标放样方法计算出放样数据，然后进行放样。

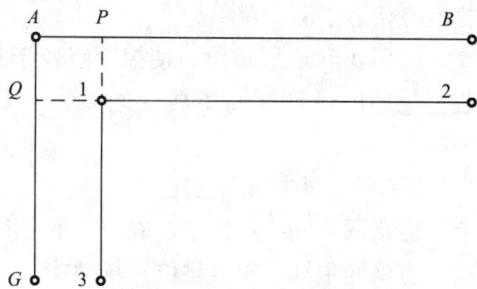

图 8-2　建筑基线用建筑红线放样

　　以"一"字形建筑基线为例说明利用测量控制点放样建筑基线点的方法。如图 8-3 所示，A、B 为附近已有的测量控制点，1、2、3 为选定的建筑基线点。

首先，用全站仪极坐标法放样 1、2、3 点。由于测量误差不可避免，放样的基线点往往不在同一直线上，且点与点之间的距离与设计值也不完全相符，因此，需要精确测出已放样直线的折角 β' 和距离 D'（图 8-4 中 12、23 边的边长为 a 和 b），并与设计值相比较。若 $\Delta\beta = \beta' - 180°$，超限，则应对 $1'$、$2'$、$3'$ 点在横向进行等量调整，如图 8-3 所示。调整量按下式计算：

$$\delta = \frac{ab}{a+b} \cdot \frac{\Delta\beta}{2\rho} \tag{8-1}$$

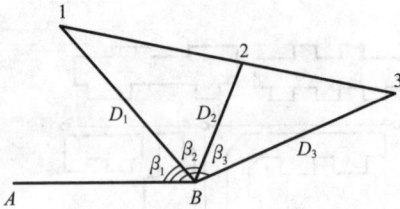

图 8-3　建筑基线用控制点放样　　　　图 8-4　横向等量调整

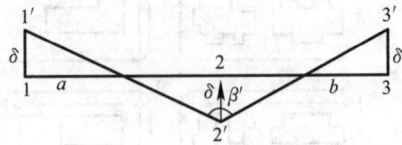

（2）建筑方格网

1）方格网布设原则

在大中型建筑场地上，由正方形或矩形组成的施工控制网，称为建筑方格网。建筑方格网的布设应根据总平面图上各种已建和待建的建筑物、道路及各种管线的布设情况，结合现场的地形条件来确定。设计时先选定方格网的主轴线，然后再布置其他的方格点。方格网是场区建（构）筑物放线的依据，布网时应考虑以下几点：

等级：当厂区面积超过 $1km^2$ 而又分期施工时，可分两级布网。其首级可以采用"田"字形、"口"字形或"＋"字形。首级网下可采用Ⅱ级方格网分区加密。不超过 $1km^2$ 的厂区应尽量布成Ⅰ级方格网，网中相邻点应加以连接，组成矩形。

方格网的密度：每个方格网的大小，要根据建筑物的实际情况而决定。方格的边长一般在 $100\sim200m$ 为宜。若边长大于 $300m$，中间应加以补点。

建筑方格网的主轴线位于建筑场地的中央，与主要建筑物的轴线平行或垂直，并使方格网点接近于测设对象。

按照实际地形布设，使控制点位于测角、量距比较方便的地方，并使埋设标桩的高程与场地的设计标高不要相差太大。方格网点应埋设顶面为标志板的标石（如图 8-5 所示）。

2）方格网主轴线设计

方格网主轴线点位置，应在总平面图上进行设计确定，并应满足下列几条要求：

方格网主轴线应尽量位于场地中央，狭长场地也可在场地的一边，主轴线的定位点（主轴点）一般应不少于三个（包括轴线交点）。

方格网主轴线中，纵横轴各个端点应布置在场区的边界上，以便于恢复施工过程中损坏的轴线点，必要时主轴线各个端点可布置在场区外的延长线上。

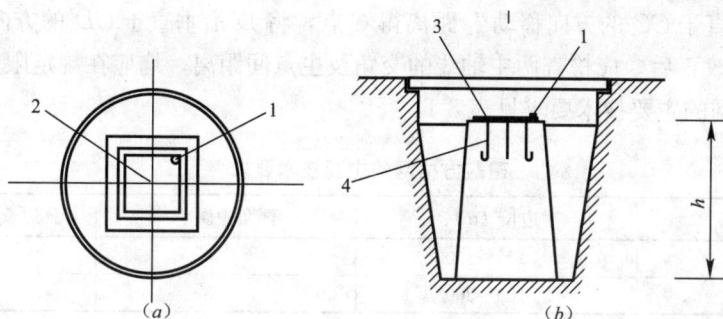

图 8-5　建筑方格网点标志规格及形式

1—铜质半圆球高程标志；2—铜芯平面标志；3—200mm×200mm 标志钢板；

4—钢筋爪；h—埋设深度，根据当地冻土线及现场设计标高确定

3）方格网主轴线放样

方格网主轴线是建筑方格网扩展的基础，如图 8-6 所示，MN、CD 为建筑方格网的主轴线。当场区很大时，主轴线很长，一般只测设其中的一段，如图中的 AOB 段。该段上 A、O、B 点是主轴线的主位点，称主点。主点的施工坐标一般由设计单位给出，也可在总平面图上用图解法求得一点的施工坐标后，再按主轴线的长度推算其他主点的施工坐标。当施工坐标系与地方测量坐标系不一致时，在施工方格网测设之前，应把主点的施工坐标换算成为地方测量坐标，以便求得测设数据。

如图 8-6 所示，测设方格网主轴线 AOB 的方法与建筑基线测设方法相同，但 ∠AOB 与 180° 的差值应满足限差要求，若超过限差，应进行调整，直到误差在容许范围内为止。A、O、B 三个主点测设好后，如图 8-7 所示，将经纬仪安置在 O 点，瞄准 A 点，分别向左、向右转 90°，测设另一主轴线 COD，在地上定出其概略位置 C′ 和 D′。然后精确测出 ∠AOC′ 和 ∠AOD′，分别算出它们与 90° 之差 ε_1 和 ε_2，并计算出调整值，l_1 和 l_2，公式为：

$$l = L \frac{\varepsilon''}{\rho''} \tag{8-2}$$

式中　L——$OC′$ 或 $OD′$ 的长度。

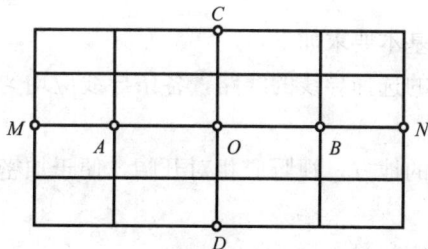

图 8-6　建筑方格网布设

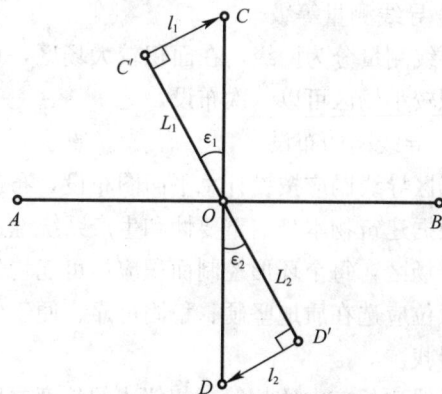

图 8-7　主轴线主点的调整

　　将 C' 沿垂直于 OC' 的方向移动 l_1 距离得 C 点，将 D' 沿垂直于 OD' 的方向移动 l_2 距离得 D 点。点位改正后，应检查两主轴线的交角及主点间距离，均应在规定限差之内。

　　建筑方格网的主要技术要求见表 8-1。

表 8-1

建筑方格网的主要技术要求

等级	边长（m）	测角中误差	边长相对中误差
Ⅰ级	100～300	5″	1/30000
Ⅱ级	100～300	8″	1/20000

　　4）方格网点的放样

　　主轴线测设好后，分别在主轴线端点安置仪器，均瞄准 O 点，分别向左、向右精密地测设出 90°，这样就形成"田"字形方格网点。为了进行校核，还要在方格网点上安置经纬仪，测量其角值是否为 90°，并测量各相邻点间的距离，看其是否与设计边长相等，误差均应在允许的范围之内。此后再以基本方格网点为基础，加密方格网中其余各点。

　　方格网的水平角观测可采用方向观测法，其技术要求应符合表 8-2 的规定。

表 8-2

水平角观测的主要技术要求

等级	仪器型号	测角中误差（″）	测回数	半测回归零差（″）	一测回内 2C 互差（″）	各测回方向较差（″）
一级	1″级	5	2	≤6	≤9	≤6
	2″级	5	3	≤8	≤13	≤9
二级	2″级	8	2	≤12	≤18	≤12
	6″级	8	4	≤18	—	≤24

　　建筑方格网的轴线与建筑物轴线平行或垂直，因此，用直角坐标法进行建筑物的定位、放线较为方便，且精度较高。但由于建筑方格网必须按总平面图的设计来布置，放样工作量成倍增加，其点位缺乏灵活性，易被毁坏，所以在全站仪逐步普及的条件下，建筑方格网正慢慢被导线网所代替。

　　（3）导线网

　　导线测量法能根据建筑物定位的需要灵活的布置网点，便于控制点的使用和保存。

　　1）导线测量的等级与导线网的布设

　　① 导线测量等级

　　导线测量分为两级，在面积较大场区，可在首级导线控制网下加密次级导线控制网。在面积较小场区可以一次布设。

　　② 导线网的布设

　　场区导线网应按设计总平面图布设，布设的基本要求如下：

　　根据建筑物本身的重要性和生产系统性适当的选择导线的线路，各条导线应均匀分布于整个场区，每个环形控制面积应尽可能均匀。

　　点位应选在质地坚硬、稳固可靠、便于保存的地方，视野应相对开阔，便于加密、扩展和寻找。

　　导线边长应大致相等，相邻边的长度之比不宜超过 1：3。

　　如图 8-8 所示，某工程导线控制网图。

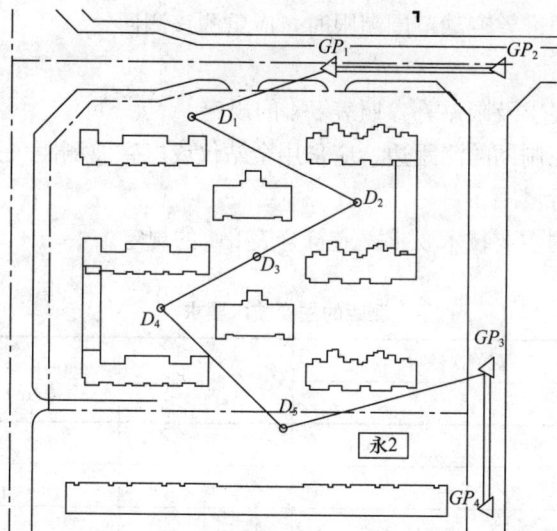

图 8-8　某工程导线控制网

2）导线测量的步骤

① 选点与标桩埋设

对于新建和扩建的建筑区，导线应根据总平面图布设，改建区应沿已有道路布网。点位应选在人行道旁或设计中的净空地带。所选的点要便于使用、安全和能长期保存。导线点选定之后，应及时埋设标桩（如图 8-9 所示）。

② 角度观测技术要求

各级导线网的测回数及测量限差与方格网角度观测要求相同，参照表 8-2 的规定。

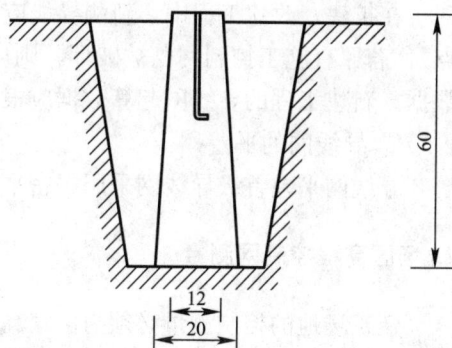

图 8-9　导线埋设示意

角度观测宜采用方向观测法进行。方向观测法的技术要求，不应超过表 8-3 的规定。

<table>
<tr><td colspan="6" align="center">水平角方向观测法的技术要求　　　　　　　表 8-3</td></tr>
<tr><td>等级</td><td>仪器型号</td><td>光学测微器两次重合读数之差（″）</td><td>半测回归零差（″）</td><td>一测回内 2C 互差（″）</td><td>同一方向值各测回较差（″）</td></tr>
<tr><td>一级及以下</td><td>2″级仪器</td><td>—</td><td>12</td><td>18</td><td>12</td></tr>
</table>

仪器或反光镜的对中误差不应大于 2mm。

水平角观测过程中，气泡中心位置偏离整置中心不宜超过 1 格。

如受外界因素（如振动）的影响，仪器的补偿器无法正常工作或超出补偿器的补偿范围时，应停止观测。

水平角观测误差超限时，应在原来度盘位置上重测，并应符合下列规定：一测回内 2C 互差或同一方向值各测回较差超限时，应重测超限方向，并联测零方向；下半测回归零差或零方向的 2 倍照准差变动范围超限时，应重测该测回。

③ 边长丈量

边长丈量的各项要求及限差，参照表 8-4 的规定。

一级及以上等级控制网的测距边，应采用全站仪或电磁波测距仪进行测距，一级以下也可采用普通钢尺进行量距。

各等级边长测距的主要技术要求，应符合表 8-4 的规定。

测距的主要技术要求　　　　　　　　　　　　　表 8-4

平面控制网等级	观测次数		总测回数	一测回读数较差 （mm）	单程各测回较差 （mm）
	往	返			
一级	1	—	2	2	3
二级	1	—	1	5	7
三级	1	—	1	10	15

④ 导线网的起算数据

在扩建、改建工程中，新测导线应附合在已有施工控制网上（将已有控制点作为起算点），若原有施工控制网已被破坏，则应根据地方测量控制网或主要建筑物轴线确定起算数据。新建工程的导线网起算数据应根据地方测量控制点测定。

⑤ 导线网的平差

导线网平差首级导线网采用严密平差法；二级导线网可以采用简易平差法。

2. 场区高程控制网测量

建筑场地的控制测量必须与国家高程控制系统相联系，以便建立统一的高程系统。在一般情况下，施工场地平面控制点也可兼作高程控制点。高程控制网可分首级网和加密网，相应的水准点称为基本水准点和施工水准点。

建筑场地施工高程控制网，其基本水准点应布设在不受施工影响、无振动、便于施测和能永久保存的地方，按相关规范要求进行施测。而对于为连续性生产车间、地下管道放样所设立的基本水准点，则需按三等水准测量的要求进行施测。为了便于成果检核和提高测量精度，场地高程控制网应布设成闭合环线、附合路线或结点网形。水准点应尽可能靠近施工建筑以便于使用，基本水准点个数一般不少于 3 个。（如图 8-10 所示，某工程基本水准点控制点）

施工水准点用来直接放样建筑物的高程。为了标高抄测方便和减少误差，施工水准点应靠近建筑物，通常可以采用建筑方格网点的标志桩加设圆头钉作为施工水准点。

为了标高抄测方便，在每栋较大的建筑物附近，还要布设±0.000 水准点，其位置多选在较稳定的建筑物墙、柱的侧面，用红油漆绘成上项为水平线的"▼"形，其顶端表示±0.000 位置。但要注意各建筑物的±0.000 的绝对高程不一定相同。（如图 8-11 所示，某建筑施工水准点控制点）

水准观测的主要技术要求，应符合表 8-5 的规定。

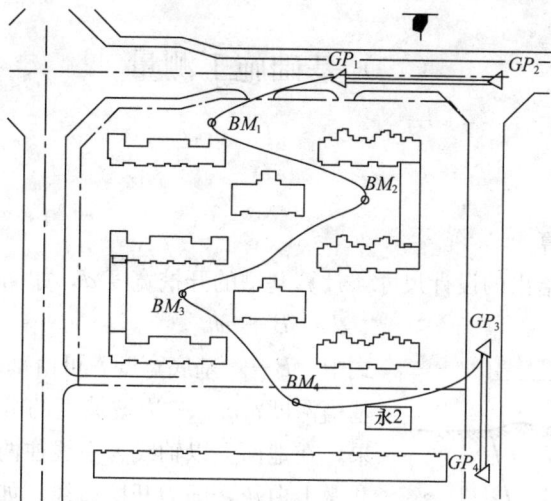

图 8-10 某工程基本水准点控制点

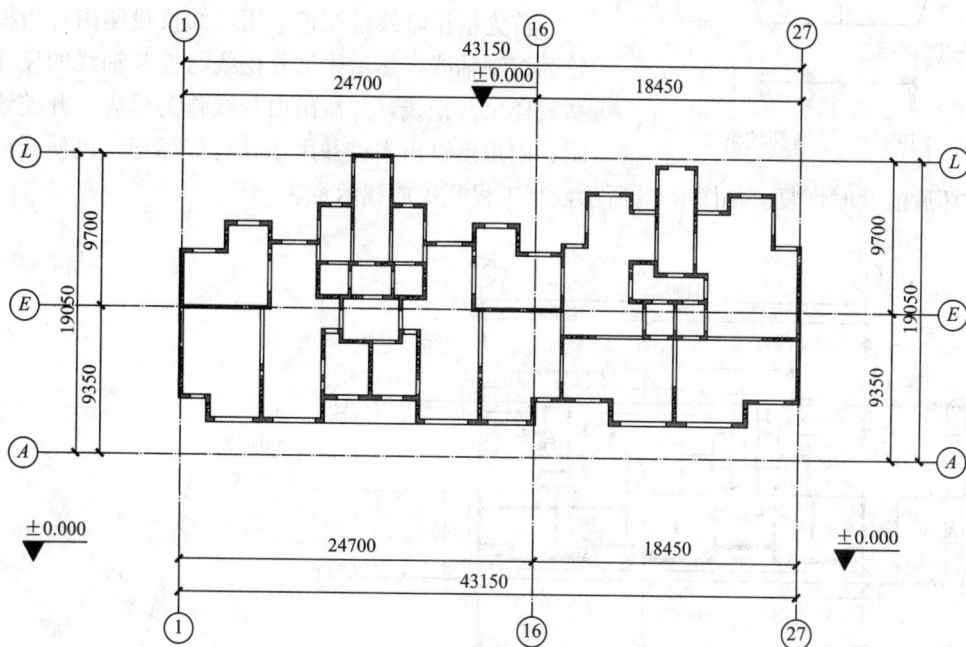

图 8-11 某建筑施工水准点控制点

水准观测的主要技术要求　　　　　　　　　　　　　　表 8-5

等级	水准仪型号	视线长度（m）	前后视较差（m）	前后视累积差（m）	视线离地面最低高度（m）	基、辅分划或黑、红面读数较差（mm）	基、辅分划或黑、红面所测高差较差（mm）
二等	DS_1	50	1	3	0.5	0.5	0.7
三等	DS_1	100	3	6	0.3	1.0	1.5
	DS_3	75				2.0	3.0
四等	DS_3	100	5	10	0.2	3.0	5.0

（二）基础施工测量

1. 基坑开挖放样

（1）开挖边线计算

先按基础剖面图给出的设计尺寸，计算基槽的开挖宽度 d，如图 8-12 所示。

$$d = B + mh \tag{8-3}$$

式中 B——基底宽度，可由基础剖面图查取；h——基槽深度；m——边坡坡度的分母。然后根据计算结果，在地面上以轴线为中线往两边各量出 $d/2$，拉线并撒上白灰，即为开挖边线。如果是基坑开挖，则只需按最外围墙体基础的宽度及放坡确定开挖边线。

（2）开挖线放样

首先根据轴线控制桩采用经纬仪投测出外边框主轮廓控制轴线，然后根据开挖线与控制轴线的尺寸关系放样出开挖线，并撒出白灰线作为标志。开挖线的阴、阳角点钉出木桩并用小铁钉作标记，以便开挖线被破坏后能及时恢复。如图 8-13 所示，某工程开挖放线示意。

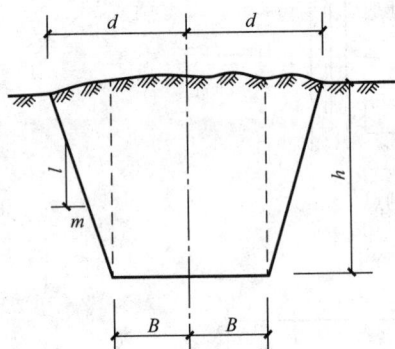

图 8-12 基槽开挖宽度

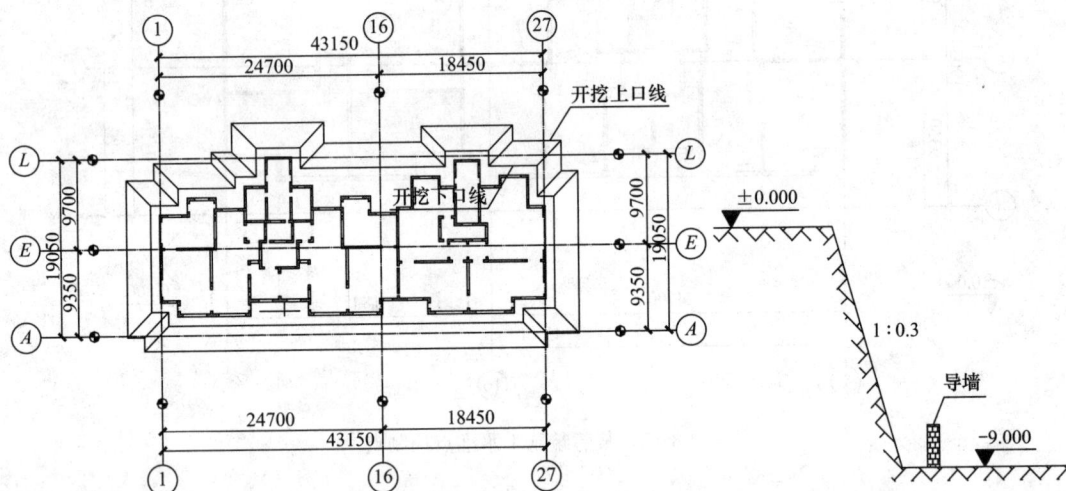

图 8-13 某工程开挖放线示意

（3）开挖深度和垫层标高控制

为了控制基槽开挖深度，当基槽挖到接近槽底设计高程时，应在槽壁上测设一些水平桩，使水平桩的上表面离槽底设计高程为某一整分米数（例如 0.5m），用以控制挖槽深度，也可作为槽底清理和打基础垫层时掌握标高的依据。如图 8-14 所示，一般在基槽各拐角处均应打水平桩，在基槽上则每隔 10m 左右打一个水平桩，然后拉上白线，线下

0.5m 即为槽底设计高程。

已知高处水准点 A 的高程 $H_A=95.267$m，需测设低处 P 的设计高程 $H_p=87.600$m，施测时，用检定过的钢尺，挂一个与要求拉力相等的重锤，悬挂在支架上，零点一端向下，先在高处安置水准仪，读取 A 点上水准尺的读数 $a_1=1.642$m 和钢尺上的读数 $b_1=9.216$m，然后在低处安置水准仪，读取钢尺上的读数 $a_2=0.642$m，如图 8-14 所示，可得低处 P 点上水准尺的应读读数 b_2 的算式为：

$$b_2 = H_A + a_1 - (b_1 - a_2) - H_P \tag{8-4}$$

由该式算得：

$$b_2 = 95.267 + 1.642 - (9.216 - 0.642) - 87.600 = 0.735\text{m}$$

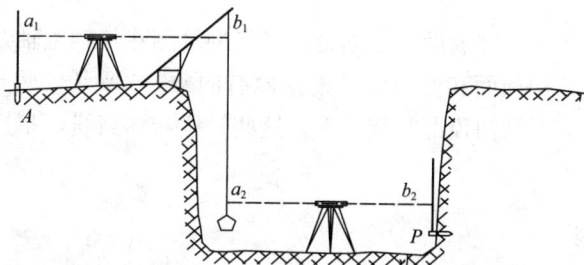

图 8-14　基槽开挖深度控制

上下移动低处水准尺，当读数恰好为 $b_2=0.735$m 时，沿尺底边画一横线即是设计高程标志。

垫层面标高的测设可以水平桩为依据在槽壁上弹线，也可在槽底打入垂直桩，使桩顶标高等于垫层面的标高。如果垫层需安装模板，可以直接在模板上弹出垫层面的标高线。

如果是机械挖土，一般是一次挖到设计槽底或坑底的标高，因此要在施工现场安置水准仪，边挖边测，随时指挥挖土机调整挖土深度，使槽底或坑底的标高略高于设计标高（一般为 30cm，留给人工清土）。挖完后，为了给人工清底和打垫层提供标高依据，还应在槽壁或坑壁上打水平桩，水平桩的标高一般为垫层面的标高。当基坑底面积较大时，为便于控制整个底面的标高，应在坑底均匀地打一些垂直桩，使桩顶标高等于垫层面的标高。

2. 在垫层上投测轴线

如图 8-15 所示，垫层混凝土浇筑并达到一定强度后，根据基坑边上的轴线控制桩，将经纬仪架设在控制桩位置上，经对中、整平后、后视同一方向桩（轴线标志），将控制轴线投测到作业面上。在同一层上投测的纵、横线各不得少于二条，以此作为角度、距离的校核。经校核无误后，方可在该平面上放出其他相应的设计轴线及细部线。

一般测设法通常只需在盘左（或盘右）状态下测设一次即可，但应在测设完所有直线点后，重新照准另一个端点，检验经纬仪直线方向是否发生了偏移，如有偏移，应重新测设。此外，如果测设的直线点较低或较高（如深坑下的点），应在盘左和盘右状态下各测设一次，然后取两次的中点作为最后结果。

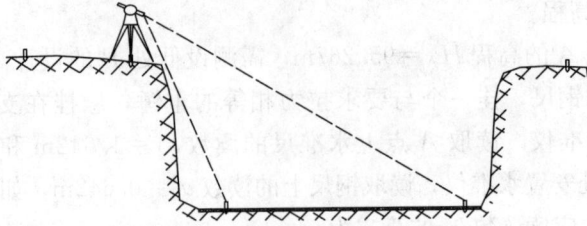

图 8-15　基坑垫层轴线投测

（三）轴线和高程传递

　　当高层建筑的地下部分完成后，根据施工方格网校测建筑物主轴线控制桩，再将各轴线测设到做好的地下结构顶面和侧面，又根据原有的±0 水平线，将±0 标高（或某整分米数标高）也测设到地下结构顶部和侧面上，这些轴线和标高线，是进行首层主体结构施工的定位依据。

1. 建筑轴线竖向投测

　　随着结构的升高，要将首层轴线逐层往上投测，作为施工的依据。这当中建筑物主轴线的投测应更为重要，因为它们是各层放线和结构垂直度控制的依据。随着高层建筑物设计高度的增加，施工中对竖向偏差的控制要求就越高，轴线竖向投测的精度和方法就必须与其适应，以保证工程质量。

　　为了满足高层建筑轴线竖向投测的精度，常采用的方法有外控法和内控法，来进行高层建筑轴线竖向投测，从而建立建筑物平面轴线控制网。在基础施工完成后，根据建筑物平面轴线控制进行校测，将所有的控制轴线引测到建筑物地下室内或者首层的平面上，建立竖向层间施工建筑平面控制轴线，作为向上投测的控制轴线。外控法常用于建筑高度不太高，楼层数较少的底层建筑施工控制，主要方法为经纬仪投测法；内控法主要用于高层、超高层建筑施工控制，主要方法有吊线坠法、准直法。

　　（1）经纬仪投测法

　　当施工场地比较宽阔时，多使用此法进行竖向投测，如图 8-16 所示，安置经纬仪于轴线控制桩上，严格对中整平，盘左照准建筑物底部的轴线标志，往上转动望远镜，用其竖丝指挥在施工层楼面边缘上画一点，然后盘右再次照准建筑物底部的轴线标志，同法在该处楼面边缘上画出另一点，取两点的中间点作为轴线的端点。其他轴线端点的投测与此相同。

　　当楼层建得较高时，经纬仪投测时的仰角较大，操作不方便，误差也较大，此时应将轴线控制桩用经纬仪引测到远处（大于建筑物高度）稳固的地方，然后继续往上投测。如果周围场地有限，也可引测到附近建筑物的屋面上。如图 8-17 所示，先在轴线控制桩 A_1 上安置经纬仪，照准建筑物底部的轴线标志，将轴线投测到楼面上 A_2 点处，然后在 A_2 上安置经纬仪，照准 A_1 点，将轴线投测到附近建筑物屋面上 A_3 点处，以后就可在 A_3 点安置经纬仪，投测更高楼层的轴线。注意上述投测工作均应采用盘左盘右取中法进行，以减少投测误差。

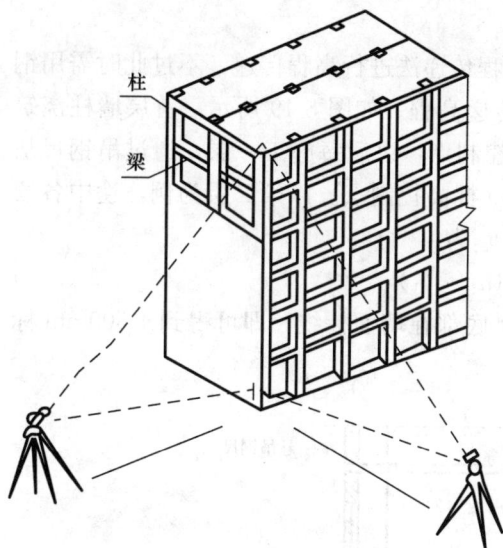

图 8-16　经纬仪投测法

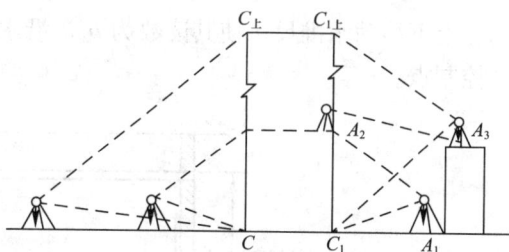

图 8-17　高层建筑轴线投测

所有主轴线投测上来后，应进行角度和距离的检核，合格后再以此为依据测设其他轴线。

（2）吊线坠法

当周围建筑物密集，施工场地窄小，无法在建筑物以外的轴线上安置经纬仪时，可采用此法进行竖向投测。该法与一般的吊锤线法的原理是一样的，只是线坠的重量更大，吊线（细钢丝）的强度更高。此外，为了减少风力的影响，应将吊锤线的位置放在建筑物内部。

如图 8-18 所示，事先在首层地面上埋设轴线点的固定标志，标志的上方每层楼板都预留孔洞，供吊锤线通过。投测时，在施工层楼面上的预留孔上安置挂有吊线坠的十字架，慢慢移动十字架，当吊锤尖静止地对准地面固定标志时，十字架的中心就是应投测的点，在预留孔四周做上标志即可，标志连线交点，即为从首层投上来的轴线点。同理测设其他轴线点。

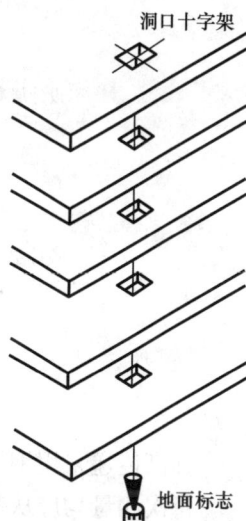

图 8-18　吊线坠法

使用吊线坠法进行轴线投测，只要措施得当，防止风吹和振动，该法便是既经济、简单又直观、准确的轴线投测方法。

2. 建筑物高程竖向传递

高层建筑施工中，要由下层楼面向上层传递高程，以使上层楼板、门窗、室内装修等工程的标高符合设计要求。传递高程的方法有以下两种。

（1）利用钢尺直接丈量

在标高精度要求较高时，可用钢尺沿某一墙角自 ±0.000 标高处起直接丈量，把高程传递上去。然后根据下面传递上来的高程立皮数杆，作为该层墙身砌筑、安装门窗、过梁、室内装修及地坪抹灰时控制标高的依据。

（2）钢尺配合水准仪法

根据高层建筑物的具体情况也可用水准仪高程传递法进行高程传递，不过此时需用钢尺代替水准尺作为数据读取的工具，从下向上传递高程。如图 8-19 所示，首层墙柱浇筑完成后，用水准仪在墙柱上引测 +500mm 标高控制点，以后每施工一层，通过吊钢尺从首层 +500mm 标高控制点，引测作业层 +500mm 标高控制点。以第二层为例，途中各读数存在方程 $(a_2-b_2)-(a_1-b_1)=l_1$，由此解出 b_2 为：

$$b_2 = a_2 - l_1 - (a_1 - b_1) \tag{8-5}$$

上下移动水准尺，使其读数为 b_2，沿水准尺底部在墙面标线，即可得到 +500mm 标高控制点。

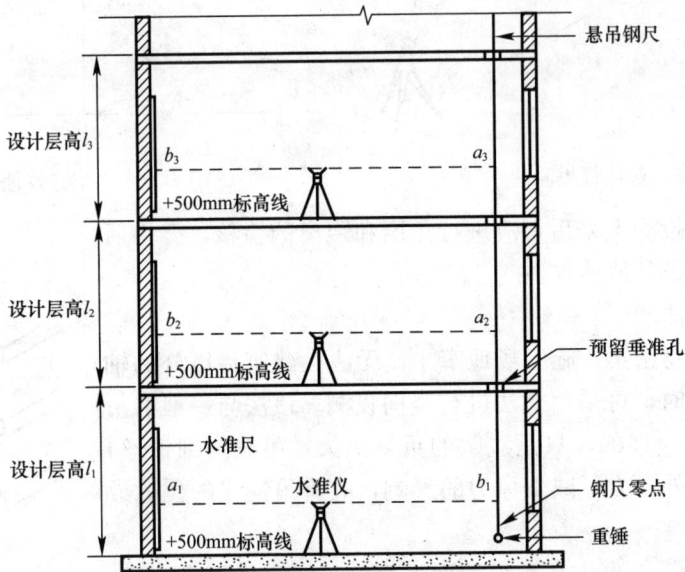

图 8-19 水准仪高程传递法

标高传递采用钢尺丈量法或全站仪测距法，每次至少传递三个点，并相互校对。

每次测量均应从基准点重新丈量，不得使用下一层的标高点，传递上来以后，应和下一层标高点进行比对。

九、超高层建筑施工测量

超高层建筑施工测量精度要求高，由于建筑结构复杂，设备和装修标准较高，特别是高速电梯的安装等，对施工测量精度要求高。

由于建筑平面、立面造型新颖且复杂多变，测量多为空间放样，给测量工作带来极大难题。

施工测量受结构自身影响大，由于超高层建筑层数多、高度高，随着结构施工高度的增加，钢结构框架的柔性越来越大，结构的柔性摆动对控制网竖向传递造成影响，同时控制网传递距离长，测站转换多，测量累计误差大，高空测量控制网稳定性差。

施工测量受施工工艺影响大，施工区域的划分合理性、大型设备运转等对施工测量带来的影响依然不可忽视。

（一）施工控制测量

超高层建筑施工测量一般应遵循"从整体到局部、先高级后低级、先控制后碎部"的原则，首先要建立场区控制网再建立建筑物施工控制网，控制测量又分平面控制测量与高程控制测量。

1. 首级场区控制网

首级场区平面控制网，可根据场区的地形条件和建构筑物的布置情况，布设成建筑方格网、导线等形式。平面控制网的建立应符合一级或一级以上精度等级要求。

控制网点位，应选在通视良好、质地坚硬、便于施测、利于长期保存的地点，对于特殊工程应设置强制对中墩。

导线布置尽量选择均匀等长（高）的测量线路，避去高程差过大或边长差异过大的测量路径，尽可能避免量测误差。

控制网应采用严密平差法，进行平差计算。

场区的高程控制网，应布设成闭合环线、附合路线。

场区水准点，应布置在施工变形影响区域外稳定可靠的地方，且便于保护及引测，也可设置在平面控制点的标石上。测量精度宜采用二等水准测量。

2. 二级建筑物控制网

建筑物轴线控制网，应根据建筑物的设计形式和特点，布设成十字轴线或矩形控制网。其优点：便于轴线的控制、坐标系的建立和数据演算，便于以后控制网的加密和扩展。二级控制网近邻施工现场，受施工影响大，稳定性差，必须定期复测修正。

建筑物高程控制，应采用水准测量。附合路线闭合差，不宜低于三等水准的要求。水准点可设置在平面控制网的标桩或外围的固定物上，也可单独埋设。水准点的个数，不应少于 3 个。

（二）轴线和高程竖向传递测量

1. 轴线竖向传递测量

（1）传递方法

控制网竖向传递方法很多，常规的投测法，受外部环境条件影响较大，施工场地必须宽阔，视野良好，同时测量工作及精度受气候影响较大，不宜在风、雨、雾天等不良气候条件下进行施测。而铅直仪投测精确度高，测量方法简单，操作方便，施测速度快，受施测时的气候和环境条件影响小，可以在夜间进行测量定位，多被应用到超高层轴线传递测量中。

建筑物内部控制点的布设及选型必须结合建筑物的平面几何形状及施工组织设计中施工流水段图的划分进行，每一施工流水段布设 4 个点，组成相应的几何图形，各施工流水段相互之间衔接，组成整体建筑物内部轴线控制网，图 9-1 为某超高层建筑内控网布置图，内控点宜埋设强制对中架。

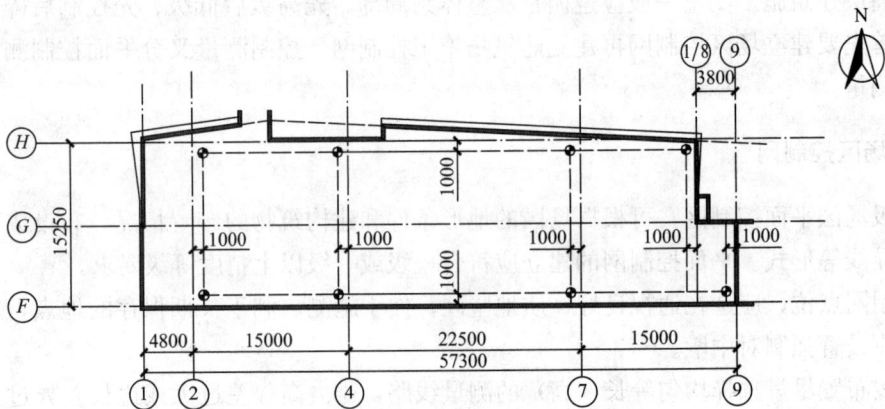

图 9-1　某超高层建筑内控网布置图

为了避免结构自身柔性摆动、外界气候条件温度等影响，控制网传递宜采用分段循环接力法，每接力段应控制在 100m 以内，如图 9-2 所示，某超高层建筑分段循环接力传递示意图。

（2）铅直仪竖向传递精度控制措施

采用接力传递的方法，缩短激光传递的路径，减小结构摆动对内控点传递的影响。同时适当延长激光向上投递的时间，从激光靶上投递点的变化范围求几何中心确定投递点。

超高层建筑控制网竖向传递，受日照影响较大，采用时间错位的方法，作业时间选在清晨进行。

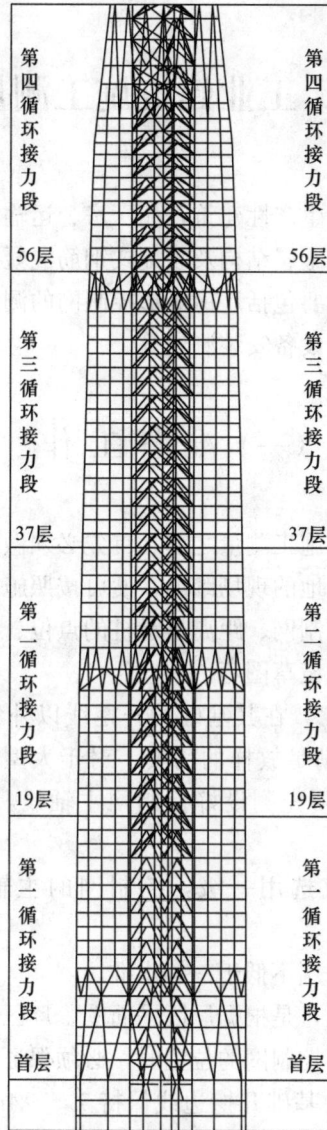

图 9-2　分段循环接力传递示意

　　塔吊运转，混凝土浇筑施工等大型设备运行时也会给传递工作造成影响。可以采取时间上错位的方法解决。

　　接力层控制网精度直接影响到传递的精度，应采用其他测量方法进行校核，确保其精度。

2. 高程竖向传递测量

　　标高传递采用钢尺丈量法或全站仪测距法，每次至少传递三个点，并相互校对。

　　每次测量均应从基准点重新丈量，不得使用下一层的标高点，传递上来以后，应和下一层标高点进行比对。

十、工业建筑施工测量

工业建筑主要指工业企业的生产性建筑，如厂房、运输设施、动力设施、仓库等，其主体是生产厂房。一般厂房多是金属结构及装配式钢筋混凝土结构单层厂房。其放样的工作内容与民用建筑大致相似，主要包括厂房矩形控制网的测设、厂房柱列轴线测设、基础施工测量、厂房构件安装测量及设备安装测量等。

（一）准 备 工 作

工业建筑同民用建筑一样在施工测量之前，首先必须做好测设前的准备工作，通过对设计图纸的熟悉，以及对施工场地的现场踏勘，便可按照施工进度计划，制定详细的测设方案，主要内容包括确定矩形控制网、距离指示桩的点位、点位的测设方法及对应的测设数据的计算、精度要求和绘制测设草图等。

对于一般中、小型工业厂房，在其基础的开挖线以外约 4m 左右，测设一个与厂房轴线平行的矩形控制网，即可满足放样的需要。对于大型厂房或设备基础复杂的厂房，为了使厂房各部分精度一致，须先测设好控制网主轴线，然后根据主轴线测设矩形控制网。

厂区平面控制网的布设宜选用一级，控制网的主轴线应与主要建筑物的轴线平行。

厂区高程控制网的测设宜采用不低于三等水准。

厂房矩形控制网的放样方案，是根据厂区平面图、厂区控制网和现场地形情况等资料制定的。在确定主轴线点及矩形控制网的位置时，必须保证控制点能长期保存，因此要避开地上和地下管线，并与建筑物基础开挖边线保持 1.5～4m 的距离。距离指示桩的间距一般等于柱子间距的整数倍，但不应超过所用钢尺的长度。图 10-1 为某工业建筑厂区平面图，其厂区控制网为建筑方格网。现进行厂区内合成车间的施工，如图 10-2 所示，厂房矩形控制网 P、Q、R、S 四个点可根据厂区建筑方格控制网用直角坐标法进行测设，其四个角点的设计位置距离厂房轴线向外 4m，由此可计算出四个控制点的设计坐标，同时可计算出各点实地测设时的放样数据，将具体数据标注于测设简图 10-2 上，本图是根据设计总平面图及施工平面图，按一定比例绘制的测设简图。图上标有厂房矩形控制网四个角点的坐标及 P 点按照直角坐标法进行测设的放样数据，其各角点的测设，依据厂区方格网控制点进行放样。

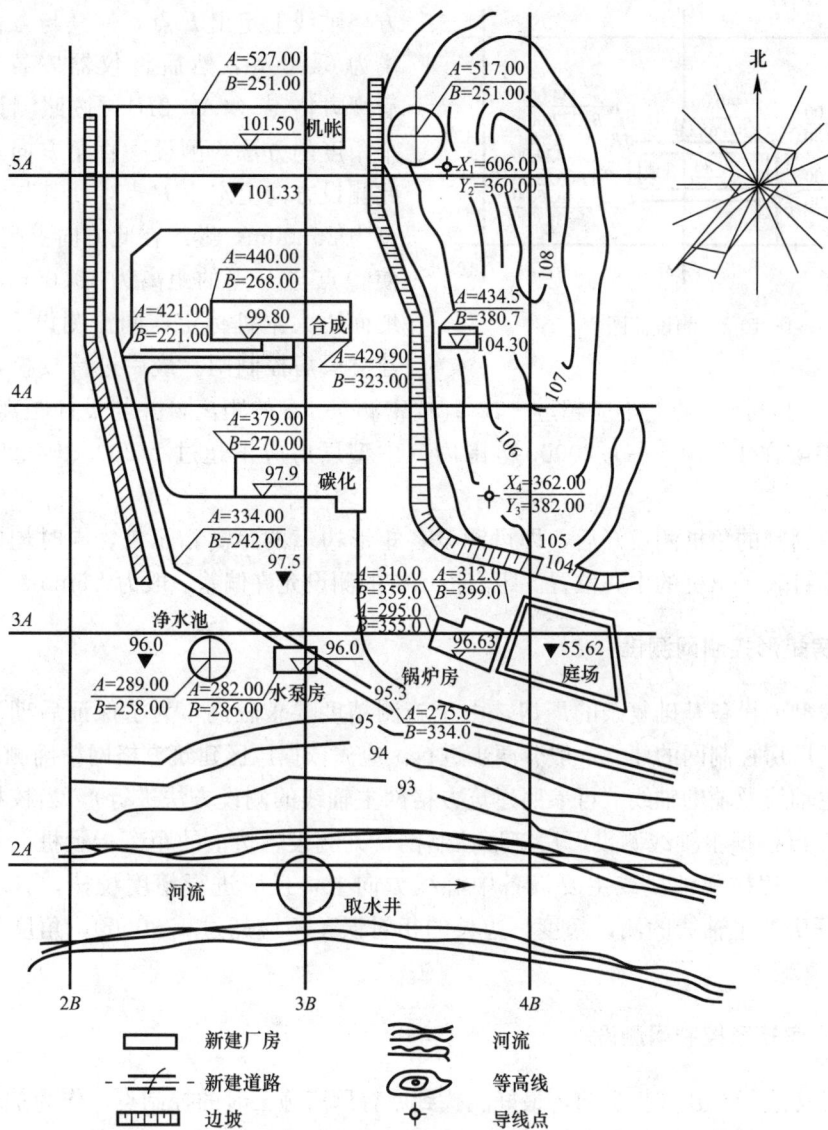

图 10-1　某工业建筑厂区平面图

（二）厂房控制网测设

1. 中小型厂房矩形控制网测设

对于中小型厂房而言，一般直接设计建立一个由四边围成的矩形控制网即可满足后期测设需要，如图 10-2 所示。

实地测设时，可依据厂区建筑方格网，按照直角坐标法进行。P、Q、R、S 是布设在基坑开挖边线以外 4m 的厂房矩形控制网的四个角桩，控制网的边与厂房轴线相平行。根据放样数据，从建筑方格网的（$4A$，$2B$）点起，按照测设已知水平距离的方法，在

方格轴线上定出 E 点，使其与方格点的距离为 $64.00\mathrm{m}$，然后将仪器安置在 E 点，后视方格点（$4A$，$2B$），按照测设已知水平角度的方法，测设一直角方向边，再于此测设方向上定出 P 点，使其与 E 点的距离为 $25.00\mathrm{m}$，继续在此方向上定出 Q 点，使 Q 点与 P 点的距离为 $19.00\mathrm{m}$，同时在地面用大木桩标定；同法测设 R、S 点以建立厂房控制网。最后进行校核，先实测

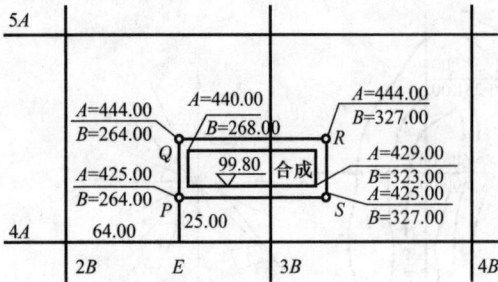

图 10-2 测设简图

$\angle P$ 和 $\angle S$，其与 $90°$ 的差不应超过 $\pm 10''$；精密测量 PS 的距离，并与设计距离相比较，其相对误差应在 $1/10000 \sim 1/20000$ 范围内（中型厂房应不超过 $1/20000$，角度偏差不应超过 $7''$）。

厂房控制网的角桩测设好后，即可测设各矩形边上的距离指示桩，同时均应打上木桩，并用小钉表示出桩的中心位置。距离指示桩的测设允许偏差一般为 $\pm 5\mathrm{mm}$。

2. 大型厂房矩形控制网测设

对于大型或设备基础复杂的厂房，由于施测精度要求较高，为了保证后期测设的精度，其矩形厂房控制网的建立一般分两步进行。应先依据厂区建筑方格网精确测设出厂房控制网的主轴线及辅助轴线（可参照建筑方格网主轴线的测设方法进行），当校核达到精度要求后，再根据主轴线测设厂房矩形控制网，并测设各边上的距离指示桩，一般距离指示桩位于厂房柱列轴线或主要设备中心线方向上，且应进行精度校核，直至达到要求。大型厂房的主轴线的测设精度，边长的相对误差不应超过 $1/30000$，角度偏差不应超过 $\pm 5''$。

3. 改扩建厂房矩形控制网测设

在旧厂房进行改建或扩建前，最好能找到原有厂房施工时的控制点，作为扩建与改建时进行控制测量的依据；但原有控制点必须与已有的吊车轨道及主要设备中心线联测，将实测结果提交设计部门。

若原厂房控制点已不存在，应按下列不同情况，恢复厂房控制网。

① 厂房内有吊车轨道时，应以原有吊车轨道的中心线为依据。

② 扩建与改建的厂房内的主要设备与原有设备有联动或衔接关系时，应以原有设备中心线为依据。

③ 厂房内无重要设备及吊车轨道时，应以原有厂房柱子中心线为依据。

4. 细部轴线测设

厂房矩形控制网建立后，根据矩形控制桩和轴线控制桩，用测距法或直角坐标法，可放样出厂房的外轮廓轴线角桩点 E、F、G、H。同时在离柱基设计开挖边线约 $0.5 \sim 1.0\mathrm{m}$ 处的轴线方向上定出四个柱基定位桩，作为厂房轴线及柱基放样和厂房构件安装的依据，

如图 10-3 所示。

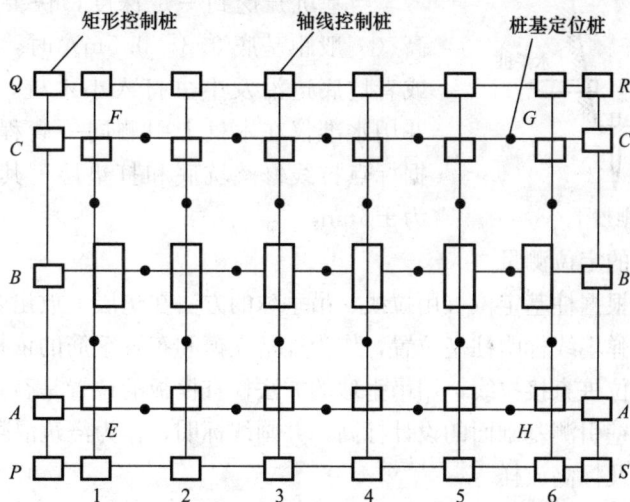

图 10-3　细部轴线测设

（三）厂房基础施工测量

在工业厂房结构中，柱子基础和设备基础是关键的组成部分，柱子基础是对厂房的上部建筑（如柱子、吊车梁和轨道、吊车、屋架等）起着承重作用；设备基础的准确测量是各种机械正确安装和安全运行的保证。

1. 混凝土预制柱基础

（1）柱基定位放线

依据轴线控制桩和柱基定位桩，放样柱基础。如图 10-4 所示，在柱基定位桩上拉线，按基础详图的尺寸和基坑放坡宽度 a，进行柱基及开挖边线的放线，用灰线把基坑开挖边线的实地位置标出。同法可放出全部柱基。

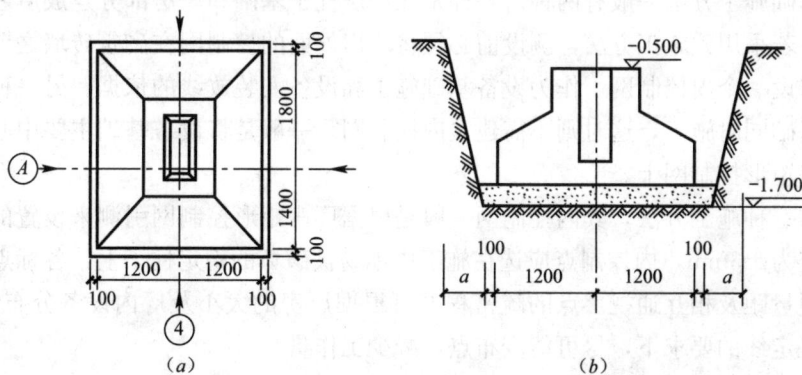

图 10-4　柱基定位放样

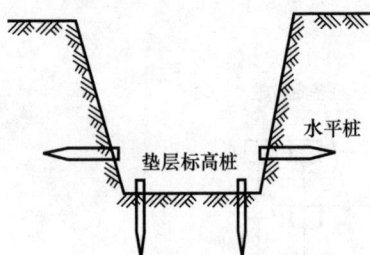

图 10-5　基地抄平

（2）基坑抄平

当基坑开挖到一定深度，快要挖到柱基设计标高（一般距基底 0.3～0.5m）时，应在基坑的四壁或者坑底边沿及中央打入小木桩，如图 10-5 所示，并用水准仪在木桩上引测同一高程的标高，以便根据标点拉线修整坑底和打垫层。其标高的容许误差为 ±5mm。

（3）基础模板的定位测量

垫层打好后，根据柱基定位桩用拉线、吊垂球的方法在垫层上放出基础中心线，并依据柱基的设计尺寸弹墨线标明柱基位置，作为柱基立模和布置钢筋的依据。立模时其模板上口还可由坑边定位桩直接拉线，用吊垂球的方法检查模板的位置是否正确竖直。然后用水准仪在模板的内壁引测基础面的设计标高，并画线标明，作为浇筑混凝土的依据。

（4）杯口轴线及标高放样

在柱基拆模之后，根据矩形控制网，用投点法把柱中心线投测到基础顶面，并用三角标志标明，以备吊装柱子时使用（如图 10-6 所示）。

同时，为了修平杯底，还须在杯口内壁测设某一标高线，用三角标志标明，其一般比杯形基础顶面略低 10cm，且与杯底设计标高的距离为整分米数，以便根据该标高线来修平杯底。

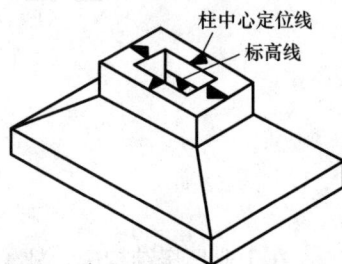

图 10-6　杯口轴线及标高放样

2. 整体现浇结构基础

当厂房结构为整体现浇混凝土结构时，基础部分的测量工作与混凝土预制柱基础测量相同，柱子部分的测量工作主要是柱子模板安装和柱身投线测量，可参见第十一章相关内容。

3. 设备基础

设备基础施工方法一般有两种。一种是在厂房柱子基础和厂房部分建成后才进行设备基础施工。若采用此施工方法，测设前必须将厂房外面的控制网在砌筑砖墙之前，引入厂房内部，布设一个内控制网，作为设备基础施工和设备安装放线的依据。另一种是厂房柱基与设备基础同时施工，这时则不需建立内控制网，一般是将设备基础主要中心线的端点测设在厂房矩形控制网上。

对于第一种施工方法，其内控制网一般是根据厂房矩形控制网引测来设置的，其投点容许偏差应为 ±3mm，内控制点应选在施工中不易被破坏的稳定柱子上，各标点高度最好一致，以便量距及相互通视。点的疏密程度可根据厂房的大小及厂内设备分布情况而定，在满足施工定线的要求下，尽可能少布点，减少工作量。

中小型设备基础内控制网的标点一般采用在柱子上预埋标板的方法来设置，如图 10-7 所示，然后将柱中心线投测于标板之上，以构成内控制网。

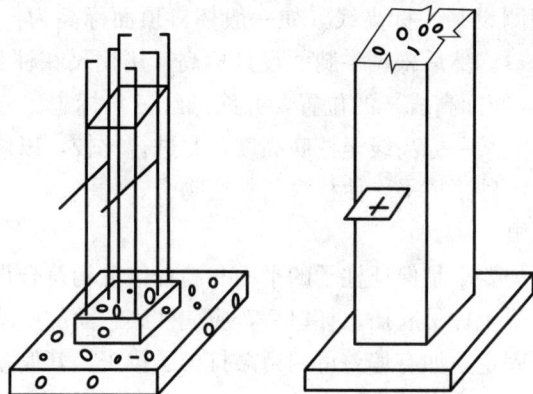

图 10-7　设备基础内控网设置

第二种施工方法，由于大型设备基础与厂房基础同时施工，因而不需要设置内控制网，直接进行外围矩形控制测量即可。

（四）厂房预制构件安装测量

装配式单层厂房主要由柱子、梁、吊车轨道、屋架、天窗和屋面板等主要构件组成。一般工业厂房都采用预制构件在现场安装的方法进行施工。为了配合施工人员搞好施工，一般要进行以下测设工作。

1. 柱子安装测量

（1）柱子安装前准备工作

① 对基础中心线及其间距，基础顶面和杯底标高进行复核，符合设计要求后，才可以进行安装工作。

② 把每根柱子按轴线位置进行编号，并检查柱子的尺寸是否符合图纸的尺寸要求，如柱长、断面尺寸、柱底到牛腿面的尺寸、牛腿面到柱顶的尺寸等，无误后，才可进行弹线。

③ 在柱身的三面，用墨线弹出柱中心线，每个面在中心线上画出上、中、下三点水平标记，并精密量出各标记间距离，如图 10-8 所示。

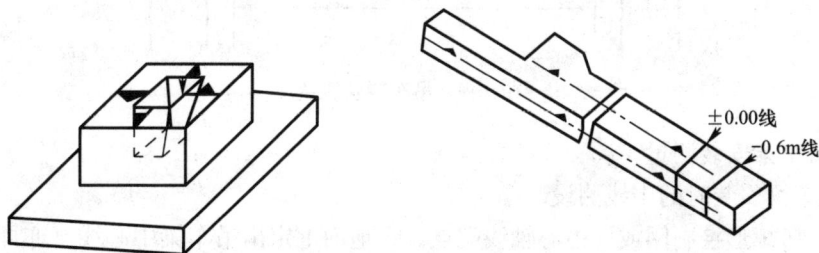

图 10-8　柱子安装前测量

④ 调整杯底标高、检查牛腿面到柱底的长度，看其是否符合设计要求，如不相符，就要根据实际柱长修整杯底标高，以使柱子吊装后，牛腿面的标高基本符合设计要求。具

体做法是：在杯口内壁测设某一标高线（如一般杯口顶面标高为一0.500m，则在杯口内壁抄上一0.600m 的标高线）。然后根据牛腿面设计标高，用钢尺在柱身上量出±0.000 和某一标高线（如一0.600m 的标高线）的位置，并涂画红三角标志。分别量出杯口内某一标高线至杯底高度、柱身上某一标高线至柱底高度，并进行比较，以修整杯底，高的地方凿去一些，低的地方用水泥砂浆填平，使柱底与杯底吻合。

（2）柱子安装时的测量

柱子安装时应满足的要求是保证柱子的平面和高程位置均符合设计要求，且严格控制柱身垂直。预制钢筋混凝土柱吊起插入杯口后，应使柱底三面的中线与杯口中线对齐，并用硬木楔或钢楔作临时固定，如有偏差可用锤敲打楔子拨正。其偏差限值为±5mm。

钢柱吊装要掌握如下要求：基础面设计标高加上柱底到牛腿面的高度，应等于牛腿面的设计标高。首先，根据基础面上的标高点修整基础面，再根据基础面设计标高与柱底到牛腿面的高度算出垫板厚度。安放垫板时须用水准仪抄平予以配合，使其符合设计标高。

钢柱在基础上就位以后，应使柱中线与基础面上的中线对齐。

柱子立稳后，即应观测±0.000 点标高是否符合设计要求，关于其允许误差，一般的预制钢筋混凝土柱应不超过±3mm，钢柱应不超过±2mm。

2. 吊车梁及吊车轨道安装测量

厂房柱子安装完毕后，则需要在每排柱子的牛腿面上铺设吊车梁和吊车轨道，如图 10-9 所示，其测量工作主要是测设吊车梁的中线位置、梁的标高位置、两轨间跨距，轨道面标高等，以满足设计要求。

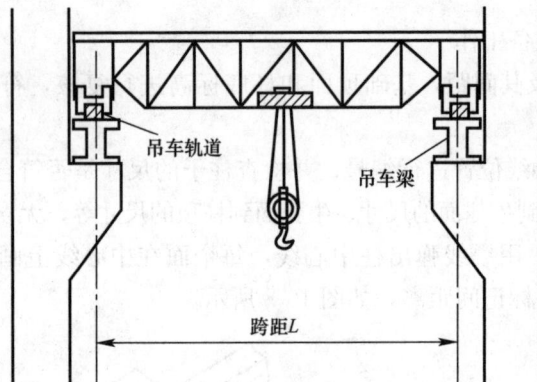

图 10-9　吊车梁及轨道

（1）吊车梁安装测量

1）吊车梁安装时的中线测设

根据厂房矩形控制网或柱中心轴线端点，在地面上定出吊车梁中心线（亦即吊车轨道中心线）控制桩，然后用经纬仪将吊车梁中心线投测在每根柱子牛腿上，并弹以墨线，投点误差为±3mm。吊装时使吊车梁中心线与牛腿上中心线对齐，如图 10-10 所示。

2）吊车梁安装时的标高测设

吊车梁顶面标高，应符合设计要求。根据±0.000 标高线，沿柱子侧面向上量取一段距离，在柱身上定出牛腿面的设计标高点，作为修平牛腿面及加垫板的依据。同时在柱子的上端比梁顶面高 10cm 处测设一标高点，据此修平梁顶面。梁顶面置平以后，应安置水准仪于吊车梁上，以柱子牛腿上测设的标高点为依据，检测梁面的标高是否符合设计要求，如图 10-10 所示。

（2）吊车轨道的安装测量

1）在吊车梁上测设轨道中心线

用平行线法测定轨道中心线。吊车梁在牛腿上安放好后，第一次投在牛腿上的中心线已被吊车梁所掩盖，所以在梁面上须投测轨道中心线，以便安装吊车轨道。

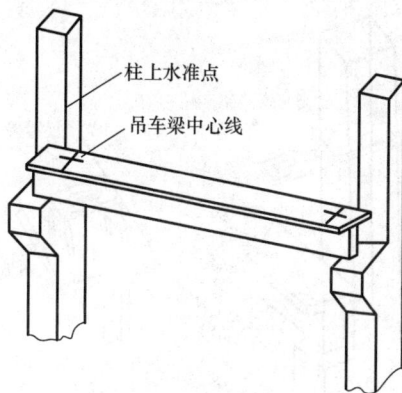

图 10-10　吊车梁安装测量

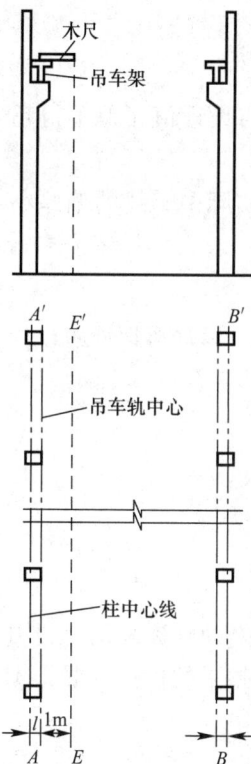

图 10-11　吊车梁上
测设轨道中心线

具体测设方法是：先在地面上沿垂直于柱中心线的方向 AB 和 $A'B'$ 各量一段距离 AE 和 $A'E'$，令 $AE=A'E'=1+l$（l 为柱列中心线到吊车轨道中心线的距离），则 EE' 为与吊车轨道中心线相距 1m 的平行线（如图 10-11 所示）。然后将经纬仪安置在 E 点，照准 E' 点，固定照准部，将望远镜逐渐仰视以向上投点。这时指挥一人在吊车梁上横放一支 1m 长的标尺，并使标尺一端在视线上，则另一端即为轨道中心线位置，同时在梁面上画线标记此点位。同法定出轨道中心线的其他各点。用同样方法测设吊车轨道的另一条中心线位置。也可以按照轨道中心线间的间距，根据已定好的一条轨道中心线，用悬空量距的方法定出来。

根据吊车梁两端投测的中线点测定轨道中心线。根据地面上柱子中心线控制点或厂房矩形控制网点，测设出吊车梁（吊车轨道）中心线点。然后根据此点用经纬仪在厂房两端的吊车梁面上各投一点，两条吊车梁共投测四点，其投点容许误差为 ±2mm。再用钢尺丈量两端所投中线点的跨距，看其是否符合设计要求，如超过 ±5mm，则以实测长度为准予以调整。将仪器安置于吊车梁一端中线点上，照准另一端点，在梁面上进行中线投点加密，一般每隔 18～24m 加密一点。

若梁面过窄，不能安置三脚架，应采用特殊仪器架来安置仪器（如图 10-12 所示）。

轨道中心线最好在屋面安装后测设，否则当屋面安装完毕后，还需重新检查中心线。在测设吊车梁中心线时，应将其方向引测在墙上或屋架上。

2）吊车轨道安装时的标高测设

在吊车轨道面上投测好中线点后，应根据中线点弹出墨线，以便安放轨道垫板。在安装轨道垫板时，应根据柱子上端测设的标高点。测设出垫板标高，使其符合设计要求，以便安装轨道。梁面垫板标高测设时的容许误差为 ±2mm。

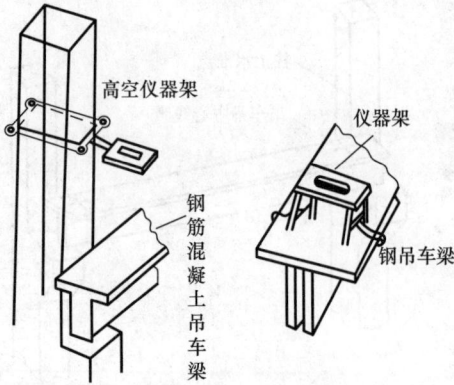

图 10-12 特殊仪器支架

3）吊车轨道的校核

在吊车梁上安装好吊车轨道以后，必须进行轨道中心线检查测量，以校核其是否成一直线；还应进行轨道跨距及轨顶标高的测量，看其是否符合设计要求。检测结果要作出记录，作为竣工验收资料。轨道安装竣工校核测量容许误差应满足以下各检查要求。

① 轨道中心线的检查

安置经纬仪于吊车梁上，照准预先在墙上或屋架上引测的中心线两端点，用正倒镜法将仪器中心移至轨道中心线上，而后每隔 18m 投测一点，检查轨道的中心是否在一直线上，其容许偏差为 ±2mm，若超限，则应重新调整轨道，直至达到要求为止。

② 跨距检查

在两条轨道对称点上，用钢尺精密丈量其跨距尺寸，其实测值与设计值相差不得超过 ±5mm，否则应予以调整。

轨道安装中心线经调整后，必须保证轨道安装中心线与吊车梁实际中心线的偏差小于 ±10mm。

③ 轨顶标高检查

吊车轨道安装好后，必须根据在柱子上端测设的标高点（水准点）检查轨顶标高。必须在每两轨接头之处各测一点，中间每隔 6m 测量一点，其容许误差为 ±2mm。

（五）屋架安装测量

1. 柱顶抄平测量

屋架是搁在柱顶上的，在屋架安装之前，必须根据各柱面上的 ±0.000 标高线，利用水准仪或钢尺，在各柱顶部测设相同高程数据的标高点，以作为柱顶抄平的依据，据此才能保证屋架正确安装。

2. 屋架定位测量

屋架安装前，需用经纬仪或其他方法在柱顶上测设出屋架的定位轴线，并应弹出屋架两端的中心线，以作为屋架定位的依据。屋架吊装就位时，应使屋架的中心线与柱顶上的定位线对准，其允许偏差为 ±5mm。

3. 屋架垂直控制测量

（1）经纬仪法

在厂房矩形控制网边线上的轴线控制桩上安置经纬仪，照准柱子上的中心线，固定照准部，然后将望远镜逐渐抬高，观测屋架的中心线是否在同一竖直面内，以此进行屋架的竖直校正。当观测屋架顶有困难时，也可在屋架上横放 3 把 1m 长的小木尺进行观测，其中一把安放在屋架上弦中点附近，另外两把分别安放在屋架的两端，使木尺的零刻划正对屋架的几何中心，然后在地面上距屋架中心线为 1m 处安置经纬仪，观测 3 把尺子的 1m 刻划是否都在仪器的竖丝上，以此即可判断屋架的垂直度，如图 10-13 所示。

也可用悬吊垂球的方法进行屋架垂直度的校正。屋架校至垂直后，即可将屋架用电焊固定。屋架安装的竖直容许误差为屋架高度的 1/250，但不得超过±15mm。

（2）全站仪坐标法

在屋架吊装前，在屋架上选择关键节点粘贴反射片，并计算出各贴片理论坐标。在安装过程中，不断测量各反射片的坐标，和理论坐标进行比较，得到偏差值，根据偏差值进行安装调整。

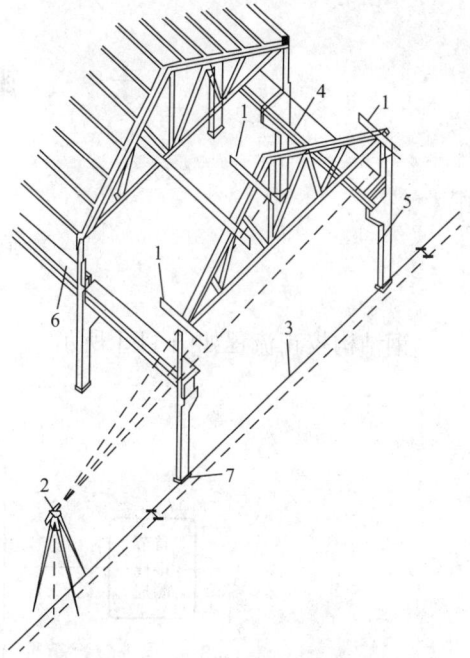

图 10-13　屋架垂直控制测量
1—卡尺；2—经纬仪；3—定位轴线；
4—屋架；5—柱；6—吊木架；7—基础

十一、钢结构施工测量

（一）钢结构校正流程

钢结构校正流程如图 11-1 所示。

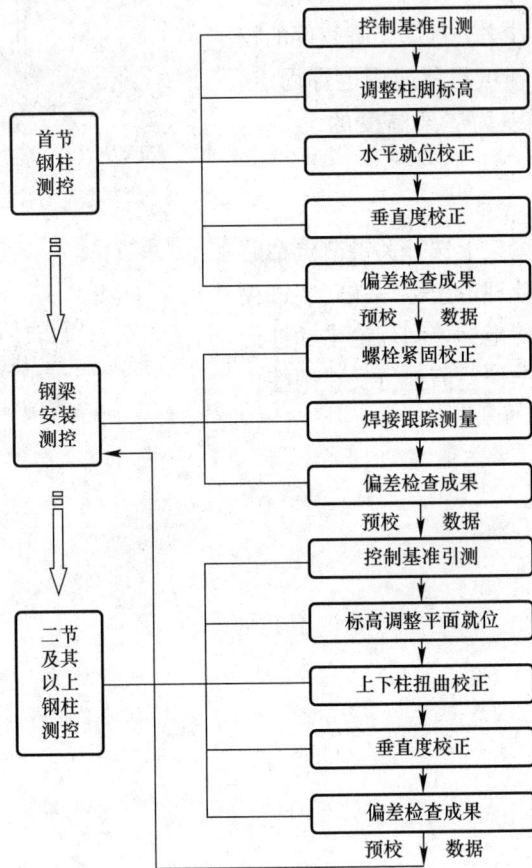

图 11-1　钢结构校正流程

（二）钢柱基础施工测量

对于钢柱基础，顶面通常设计为平面，通过锚栓将钢柱与基础连成整体。施工时应注意保证基础顶面标高及锚栓位置的准确。

1. 钢柱基础垫层中线投点和抄平

垫层混凝土凝结后，应在垫层面上投测柱基中线，并根据中线点弹出墨线，绘出地脚螺栓固定架的位置，以作为安置螺栓固定架及根据中线支立模板的依据，如图 11-2 所示。

投测中线时，经纬仪必须安置在基坑旁，保证视线能看到坑底，然后照准矩形控制网上基础中心线的两端点，用正倒镜法，先将经纬仪中心导入中心线内，而后进行中线点的投点，并在垫层面上作标志。

螺栓固定架位置在垫层上绘出后，即可在固定架外框四个角落测设标高，以便用来检查并修平垫层混凝土面，使其符合设计标高，便于固定架的安装。如基础过深，从地面上直接引测基础地面标高，标尺不够长时，可采用悬吊钢尺的方法测设。

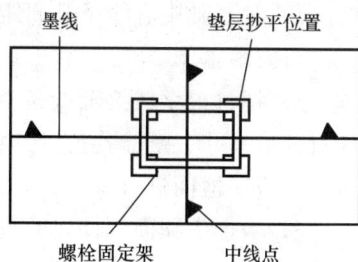

图 11-2　固定架位置线测量

2. 地脚螺栓固定架中线投点与抄平

（1）固定架的安置

固定架一般是用钢材制作，用以锚定地脚螺栓及其他埋设件。如图 11-3 所示，根据垫层上的中心线和所画的位置将其安置在垫层上，然后根据在垫层上测定的标高点，进行地脚抄平，将高的地方的混凝土打去一些，低的地方垫以小块钢板并与底层钢网焊牢，使其符合设计标高。

（2）固定架抄平

固定架安置好后，用水准仪测出四根横梁的标高，以检查固定架高度是否符合设计要求，其容许偏差为 —5mm，应不高于设计标高。标高满足要求后，将固定架与底层钢筋焊牢，并加焊支撑钢筋。

（3）中线投点

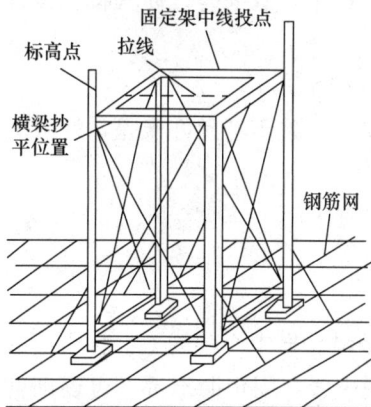

图 11-3　固定架安置

在投点前，应对矩形控制边上的中心端点进行检查，然后根据相应两端点，将中线投测在固定架横梁上，并刻绘标志。其中线投点偏差（相对于中线端点）为 ±2mm。

3. 地脚螺栓的安装与标高测量

根据垫层上和固定架上投测的中心点，把地脚螺栓安放在设计位置。为了测定地脚螺栓的标高，在固定架的斜对角处焊两根小角钢（如图 11-3 所示），在其上引测同一数值的标高点，并刻绘标志，其高度应比地脚螺栓的设计标高稍低一些。然后在角钢上两标点处拉一细钢丝，以定出螺栓的安装高度。待螺栓安装好后，测出螺栓第一丝扣的标高。地脚螺栓的高度不应低于其设计标高。

（三）钢柱安装测量

1. 安装前准备工作

1）对基础中心线及其间距，基础顶面和杯底标高进行复核，符合设计要求后，才可以进行安装工作。

2）把每根钢柱按轴线位置进行编号，并检查柱子的尺寸是否符合图纸的尺寸要求，如对外形尺寸、螺栓孔位置及直径、连接件数量等进行检查，对构件的变形、缺陷、不合格处，应在地面进行矫正、修整、处理，合格后方可安装。

3）检查牛腿面到柱底的长度，看其是否符合设计要求，如不相符，就要根据实际柱长修整柱底标高，以使柱子吊装后，牛腿面的标高基本符合设计要求。

2. 钢柱安装时的测量

钢柱安装时应满足的要求是保证柱子的平面和高程位置均符合设计要求，且严格控制柱身垂直。钢柱吊装要掌握如下要求：基础面设计标高加上柱底到牛腿面的高度，应等于牛腿面的设计标高。首先，根据基础面上的标高点修整基础面，再根据基础面设计标高与柱底到牛腿面的高度算出垫板厚度。安放垫板时须用水准仪抄平予以配合，使其符合设计标高。

钢柱在基础上就位以后，应使柱中线与基础面上的中线对齐。

柱子立稳后，即应观测±0.000点标高是否符合设计要求，关于其允许误差，一般的预制钢筋混凝土柱应不超过±3mm，钢柱应不超过±2mm。

3. 钢柱垂直校正测量

（1）经纬仪校正

进行柱子垂直校正测量时，应将两台经纬仪安置在柱子纵、横中心轴线上，且距离柱子约为柱高的1.5倍的地方，如图11-4所示，先照准柱底中线，固定照准部，再逐渐仰视到柱顶，若中线偏离十字丝竖丝，表示柱子不垂直，可指挥施工人员采用调节拉绳，支撑或敲打楔子等方法使柱子垂直。经校正后，柱的中线与轴线偏差不得大于±5mm；柱子垂直度容许误差为$H/1000$，当柱高在10m以上时，其最大偏差不得超过±20mm；柱高在10m以内时，其最大偏差不得超过±10mm。满足要求后，要立即灌浆，以固定柱子位置。

在实际工作中，一般是一次把成排的柱子都竖起来，然后才进行垂直校正，如图11-5所示。这时可把两台经纬仪分别安置在纵、横轴线一侧，偏离中线不得大于3m，安置一次仪器即可校正几根柱子。但

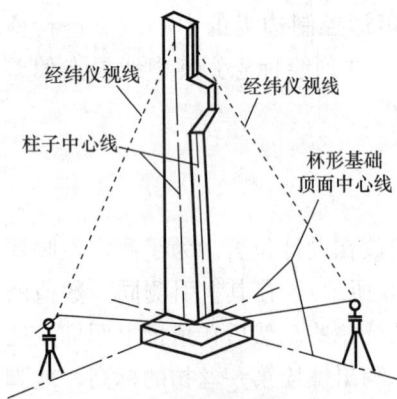

图11-4　柱子垂直度测量

（图中标注：经纬仪视线、经纬仪视线、柱子中心线、杯形基础顶面中心线）

在这种情况下，柱子上的中心标点或中心墨线必须在同一平面上，否则仪器必须安置在中心线上。

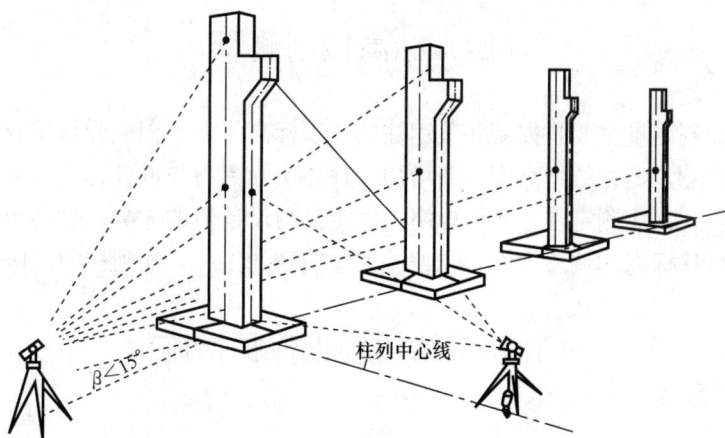

图 11-5　成排柱子垂直校正

（2）全站仪坐标校正

内业工作：依据施工图纸，计算出所有柱顶校正点坐标值，大截面的构件需校正 4 个点，小截面的构件需校正 2 个点。

外业工作：使用全站仪和小棱镜，测量构件顶端校正点的坐标，与理论坐标比较，得到纠偏值，从而指导工人安装。校正开始前和结束后必须测量其他控制点来进行检验，同时校正完成后用钢尺检查各柱之间的平面几何尺寸关系。

4. 高空钢结构校正测量

随着施工技术的不断提高，钢结构施工工艺也有十足的进步，为了适应施工工艺的进步，迫使我们必须对测量方法进行改进。现在通常的施工顺序，一般采取"钢结构先行、混凝土紧随"、"核心筒先行、外框架随后"的原则，钢结构领先混凝土 3～4 节柱，核心筒领先外框架 2～3 节柱。

钢结构框架安装先于楼板施工时，高空没有测量作业面，无法传递测量基准点，无法架设测量仪器。压型钢板不够稳定，晃动太大，不能直接架设仪器时，可采用仪器专业支架（如图 11-6 所示），作业前用螺栓将仪器专用支架固定在稳固的钢柱顶端即可。

钢柱就位和垂直度测量采用全站仪极坐标法进行跟踪测量。

极坐标法作业原理：以轴线为基准建立一个施工测量坐标系；计算各柱中心和控制点在该坐标下的理论坐标，运用极坐标原理对钢柱进行测量校正。

钢结构安装时，每节柱子的定位基准点不得使用下面一节柱子的定位基准点，应从基准控制线重新引至高空，以保证每节柱子安

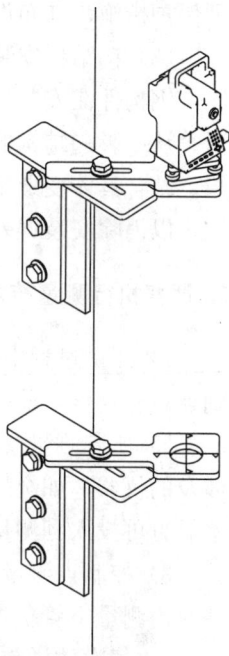

图 11-6　专用支架

装正确无误，避免产生过大的累计误差，并且要在下一节柱的全部构件安装、焊接、栓接并验收合格后再传递。

（四）标高控制测量

钢柱标高控制测量主要是控制各节钢柱的柱顶标高，由于钢柱受焊接收缩、结构沉降的外界因素的影响，随着结构高度不断增加，柱顶实际标高与设计标高差会越来越大。每节柱吊装完成后，都应测定柱顶实际标高，确定其与设计值的差异，如超出限差，应以每节柱为单元进行柱标高的调整工作，将偏差值反馈到加工厂，加到柱的制作长度中。

（五）钢结构校正保护措施

1. 钢结构安装误差削弱措施

（1）误差来源及危害分析

在正常情况下钢结构安装误差来源于构件在吊装过程中因自重产生的变形、因日照温差造成的缩胀变形、因焊接产生的收缩变形。结构由局部至整体形成的安装过程中，若不采取相应措施，对累积误差加以减小、消除，将会给结构带来严重的质量隐患。

（2）安装过程中，构件应采取合理保护措施

由于在安装过程中，细长、超重的构件较多。构件因抵抗变形的刚度较弱，会在自身重力的影响下，发生不同程度的变形。为此，构件在运输、倒运、安装过程中，应采取合理保护措施，如布设合理吊点，来减小自重变形，防止给安装带来不便。

（3）钢结构安装误差消除

钢构件在安装过程中，因日照温差、焊接会使细长杆件在长度方向会有显著伸缩变形。从而影响结构的安装精度。因此，在上一安装单元安装结束后，通过观测其变形规律，结合具体变形条件，总结其变形量和变形方向，在下一构件定位测控时，进行反向预控，以消除安装误差的累积。

2. 严格执行测量技术质量管理流程

1）测量过程中严格按照工程测量规范中的相关规定进行测量，并实行复核制度，做到点点有复核，前一步未检核合格，不进行后一步的测量。

2）所有测量仪器必须送专门机构检测，检定合格并在有效期内使用。测量前，对所涉及的仪器，如全站仪、垂准仪、水准仪、塔尺、钢卷尺等测量工具进行必要的检验，合格后方可投入到测量施工中。

3）控制点测量作业要做好书面记录，对施工过程中用到的全部测设数据进行计算，并交由测量主管负责人复核，最后经监理工程师认证，方可投入使用并归档保存。

4）每次放样前必须与控制点进行复核无误后才进行细部放样、高程放样的工作。测点时尽量将仪器架设在混凝土结构上，以避免临时设施变形误导测量或影响测量精度。

5）变形测量应考虑温度的影响，尽可能利用早上时间对关键节点进行复测。对外围标高控制点应做好保护，与第三方监测单位保持联系，及时准确地掌握整体结构沉降变形情况。

6）钢结构现场安装时应进行安装全过程的监控测量，全部的测量数据应妥善保管，并接受监理工程师的检查、抽查或复查。

7）引入"结构构件安装前预检，安装时校正，安装后复检"的机制。

8）根据施工现场的实际情况、随时调整、优化测量方案，并尽量在外界条件较好的情况下进行测量。

十二、特殊工程施工测量

（一）高耸塔形建筑物施工测量

高耸塔形建（构）筑物施工测量包括：电视广播发射塔、100m 以上的烟囱、水塔、观光塔、伞塔、瞭望塔等塔形建（构）筑物的施工测量。

1. 平面控制测量

高耸塔形建（构）筑物施工测量的控制网，宜设计为田字形、十字形或辐射形等控制图形。图形的中心点应与高耸塔形建（构）筑物的中心点重合。

高耸塔形建（构）筑物施工测量必须根据平面与高程控制网直接测定施工轴线及标高，同时应使用不同的测量方法进行校核，其允许误差均为 $\pm 3mm$。当结构施工到 ± 0.000 后，应在首层结构面埋设 $200mm \times 200mm \times 6mm$ 的钢板，将塔身的轴线控制点及其中心点点位准确地标在钢板上，并镶以直径小于 2mm 的铜芯。

基础结构以上塔身垂直度的测设宜使用相对误差为 1/100000～1/200000 的激光铅垂仪、激光经纬仪与光学铅垂仪进行垂直度的控制，并应采用强制对中的内控法，且所使用的仪器在 100m 处投测误差圆的直径不应大于 10mm。低于 100m 的高耸塔形建（构）筑物，宜在塔身建筑一中心位置及主控轴线的两端控制点上设置三个垂直方向控制点组成"一"或"L"形控制图形。100m 以上的高耸塔形建（构）筑物，宜设置包括塔身中心点及"十"字主控轴线的各端控制点的垂直方向控制点，其设置铅垂仪的点位必须从控制轴线上直接测定，并以不同的测设方法进行校核，其投测误差不应大于 $\pm 3mm$。

广播电视发射天线桅杆的施工测量。当筒式钢筋混凝土桅杆在塔身顶部向上施工时，应在二级风力以下由控制轴线点直接测定塔楼的中心点，同时结合塔楼实际结构的中心点来确定桅杆向上施工的中心点。测量误差与塔身施工测量误差相同。

钢桅杆的吊装测量。在筒式钢筋混凝土桅杆顶层灌筑混凝土前，用前方交会法或轴线交会法，测定出筒式钢筋混凝土桅杆顶层的桅杆中心点，并结合实际结构中心线，确定钢桅杆基座吊装中心十字线与钢桅杆地脚螺栓的位置。地脚螺栓中心线对基座中心线的测量允许误差不应大于 $\pm 1mm$。

2. 高程控制测量

高程控制网宜采用二等水准测量。

高耸塔形建（构）筑物标高的测定，宜用 Ⅰ 级钢尺沿塔身铅垂线方向丈量。向上、向下两次丈量较差应符合 $3H/10000$。也可用悬吊钢尺测量，用水准仪直接从地面将标高传递到各施工层面，其精度应与基础控制高程精度相同。

（二）圆弧及曲线结构施工测量

1. 圆弧形建筑物放样

　　圆弧形建筑物应用比较广泛，如办公楼、饭店、体育场馆、交通建筑等。其形式也多种多样，有的是整个建筑物为圆弧形平面，有的则是建筑物的局部采用圆弧曲线。实际作业中，应根据现场的条件及图纸上给定的定位条件采用相应的施工放样方法。

　　坐标计算法适用于当圆弧形建筑平面的半径尺寸很大，圆心已远远超出建筑物平面以外，无法用直接拉线法时所采用的一种施工放样方法。

　　坐标计算法一般是先根据设计平面图所给条件建立直角坐标系，进行一系列计算，并将计算结果列成表格后，根据表格再进行现场施工放样。因此，该法的实际现场的施工放样工作比较简单，而且能获得较高的施工精度。

　　如图 12-1 所示，一圆弧形建筑物平面，圆弧半径 $R = 90\mathrm{m}$，弦长 $AB = 40\mathrm{m}$，其施工放样步骤如下：

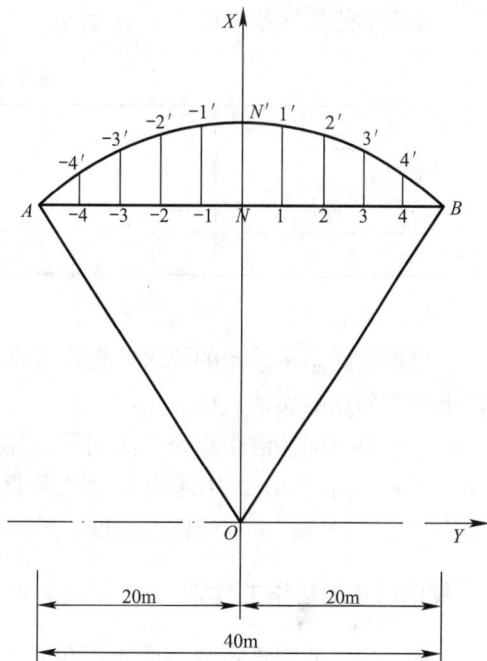

图 12-1　圆弧形建筑物平面图

　　（1）计算测设数据

　　1）建立直角坐标系

　　以圆弧所在圆的圆心为坐标原点，建立 xoy 平面直角坐标系。圆弧上任一点的坐标应满足方程：

$$x^2 + y^2 = R^2$$
$$x = \sqrt{R^2 - y^2} \tag{12-1}$$

　　2）计算圆弧分点的坐标

　　用 $y = 0$、$y = \pm 4\mathrm{m}$、$y = \pm 8\mathrm{m}$、$y = \pm 12\mathrm{m}$、$\cdots$、$y = \pm 20\mathrm{m}$ 的直线去切割弦 AB 和弧 AB，得与弦 AB 的交点 N、1、2、3、4 和 -1、-2、-3、-4，以及与圆弧 AB 的交点 N'、$1'$、$2'$、$3'$、$4'$ 和 $-1'$、$-2'$、$-3'$、$-4'$。将各分点的横坐标代入式（12-1）中，可得各分点的纵坐标为：

$$x_N{'} = \sqrt{90^2 - 0^2} = 90.000(\mathrm{m})$$
$$x_1{'} = \sqrt{90^2 - 4^2} = 89.911(\mathrm{m})$$

弦 AB 上的各交点的纵坐标都相等，即：

$$x_N = x_1 = \cdots = x_A = x_B = 87.750\text{m}$$

3）计算矢高

即：

$$NN' = x_{N'} - x_N = 90.000 - 87.750 = 2.250(\text{m})$$
$$11' = x_{1'} - x_1 = 89.911 - 87.750 = 2.161(\text{m})$$

计算出的放样数据如表 12-1 所示。

圆弧曲线放样数据　　　　　　　　　　　　　　　　　　表 12-1

弦分点	A	-4	-3	-2	-1	N	1	2	3	4	B
弧分点	A	$-4'$	$-3'$	$-2'$	$-1'$	N'	$1'$	$2'$	$3'$	$4'$	B
$y/(\text{m})$	-20	-16	-12	-8	-4	0	4	8	12	16	20
矢高/(m)	0	0.816	1.446	1.894	2.161	2.250	2.161	1.894	1.446	0.816	0

（2）实地放样

根据设计总平面图的要求，先在地面上定出弦 AB 的两端点 AB，然后在弦 AB 上测设出各弦分点的实地点位。

用直角坐标法或距离交会法测设出各弧分点的实地位置，将各弧分点用圆曲线连接起来，得到圆曲线 AB，用距离交会法测设各弧分点的实地位置时，需用勾股定理计算出 $N1'$、$12'$、$23'$ 和 $34'$ 等线段的长度。

2. 椭圆形建筑物施工放样

椭圆形平面建筑物较多地使用在公共建筑中，尤其是大型体育馆、剧院、航站楼等。这是因为椭圆形平面的建筑具有合理利用空间的性质，同时在各个方位都能获得良好的清晰度，并能获得均匀的深度感和高度感等优点。

坐标计算法，即用椭圆的标准方程，计算出椭圆曲线上各点的 x、y 值，计算方法和圆弧曲线的坐标计算相同，并将计算结果列成表格，根据表格数据再进行现场施工放样。

如图 12-2 所示，某体育馆的平面形状为椭圆形，椭圆的长半轴为 40m，短半轴为 30m。用坐标计算法进行现场施工放样。

（1）计算测设数据

1）建立坐标系

分别以椭圆的短轴和长轴为 x、y 轴，以长、短轴的交点为原点，建立 xoy 坐标系。若椭圆的短半轴为 a，长半轴为 b，则椭圆上任一点的坐标应满足方程：

$$\frac{x^2}{a^2} + \frac{y^2}{b^2} = 1$$

即：

$$x = \pm \frac{a}{b}\sqrt{b^2 - y^2} \tag{12-2}$$

2）计算弧分点的坐标

用 $y=0$、$y=\pm 4\text{m}$、$y=\pm 8\text{m}$、…、$y=\pm 40\text{m}$ 的直线去割椭圆，可得等弧分点 1～

11。将 $a=30\text{m}$、$b=40\text{m}$ 及各等分弧点的横坐标代入式（12-2），计算出各弧分点的纵坐标，见表 12-2。由于椭圆的对称性，这里只计算第一象限的弧分点坐标。

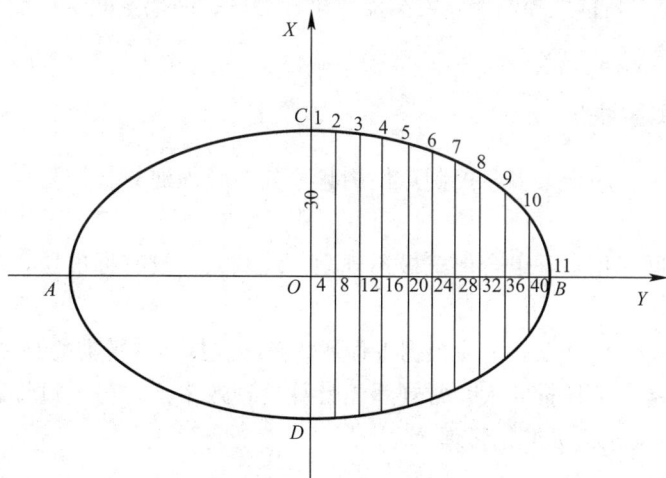

图 12-2　坐标计算法

椭圆曲线测设数据　　　　　　　　　　　　　　　　　　　　　　　表 12-2

弧分点	1	2	3	4	5	6	7	8	9	10	11
y/m	0	4	8	12	16	20	24	28	32	36	40
x/m	30	29.850	29.394	28.618	27.495	25.981	24.000	21.421	18.000	13.077	0

（2）实地放样

根据平面设计，实地测设椭圆形平面的中心位置点 O 和主轴线方位，以主轴线为 y 轴，并将经纬仪安置在 O 点，测设出 x 轴的方向，建立直角坐标系。

根据各弧分点的坐标，利用直角坐标法将各弧分点在实地标定出来，最后设置施工标志。

（三）大型钢网架结构施工测量

网架结构是由多根杆件按照一定的网格形式通过节点连结而成的空间结构。

网架结构具有：空间受力作用，所有杆件均参加工作，良好受力性能；刚度和整体性优于一般平面结构，良好的抗震性能；制作安装方便、工厂化预制，减少现场施工量；形式多样化，造型美观的特点。空间结构的形式丰富多彩，千变万化，个性鲜明，为建筑师的自由建筑创作提供了广阔的想象空间。

因此网架结构广泛用作体育馆、展览馆、俱乐部、影剧院、食堂、会议室、候车厅、飞机库、车间等的屋盖结构。

2008 年奥运会的召开把我国网架结构施工水平提升到新高度，典型工程如国家体育场（鸟巢），国家游泳中心（水立方）等。如此宏伟而富有特色的建筑已成为我国的象征性标志和著名的人文景观，成为标志性建筑。

1. 网架结构施工测量内容

主要内容：建立高精度控制网，网架支撑梁柱测量、网架空间定位测量、测量数据管理等。

2. 网架结构施工测量难点

1）钢结构安装工序交叉多，控制点使用频率高，必须建立长期稳定、统一的测量控制体系。

2）钢结构空间变化多，组合形式极不规则，跳跃大，没有标准层，对测量精度要求非常高。

3）大型网架工程构件众多，应根据工程现场情况选择高效精准的测量方法。

4）测量放样数据工作量巨大，常规手工计算处理效率低，可通过计算机建立数学模型，实现数据的自动化、标准化管理。

3. 测量控制网建立

现场平面施工测量控制网可采用：方格网、导线网、GPS 网。精度等级应达到一级。高程测量应达到二等水准测量精度。操作方法可参见第八章。

4. 网架支撑梁柱测量

网架支撑梁柱测量精度的高低，直接影响到上部网架的安装。测量方法多采用全站仪测量，对于矩形结构，应测周边支承梁或支承柱的对角线；对于多边形结构，应测多边形的边及其对角线，然后进行简易平差。网架支承梁柱的实测高程与设计高程之差不应大于5mm。

5. 网架空间定位测量

对于大型空间网架结构的定位测量多采用全站仪三维坐标定位测量，首先设计计算出各节点的三维坐标，应用全站仪自带的放样功能进行各节点的坐标定位，其误差应符合设计要求。

网架结构安装完成后，应进行安装效果的检查测量，可采用全站仪三维坐标测量、三维扫描测量等。

6. 测量数据管理

大型网架构件众多，节点数据均以三维坐标形式出现，内业数据量巨大，传统手工计算，很难保证现场施工进度，应充分应用计算机技术，将所有数据建立统一格式的数据库，并充分利用 AutoCAD、Office 等办公软件。

采用 AutoCAD、Cass 等绘图软件建立电子数字图形。通过绘图软件上的编辑命令对图形进行修改和编辑，CAD 绘图软件上的查询及编辑命令精度可达到 0.1mm、0.01mm 甚至更高。此方法不仅精度高，而且效率高，直观便于检查，保证了现场施工工期紧的要求。应注意的是必须保证设计图形和电子数字图形的一致，如图 12-3 所示，某工程数学三维模型。

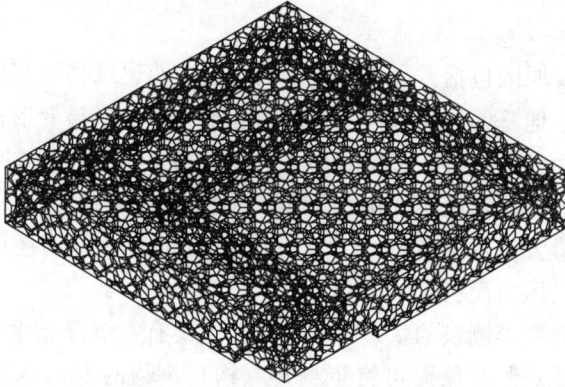

图 12-3　某工程数学三维模型

采用 Excel 建立数据库并编制针对性计算程序，对数据进行处理演算，大大提高了计算的效率和质量。

所有数据建成计算机和全站仪内存能够互换的文件格式，通过数据线完成数据传输。实现测量内外业一体化。

十三、建筑物变形测量

建筑物变形的主要原因包括：由于建筑物的荷重，使建筑物地基压实，引起建筑物下沉与变形；也可能由于地基的地质条件变化而引起不均匀沉降与变形；还可能由于季节性或周期性的温度变化而引起变形。例如，俄罗斯的奥斯坦金电视塔的塔身高 540m，由于温度的影响，塔顶天线的位置最大变化达 2.5m；湖北龟山电视塔高 221m，受风荷载及日照温差的影响，塔身最大变形值为 0.13m（一昼夜）。此外建筑物还可能受某种外力而产生变形，如高层建筑受风力而引起的摆动等。

工程建（构）筑物变形测量的量——变形量，主要有：沉降、水平位移、倾斜、挠度和扭转。根据变形量及观测对象又可将工程建（构）筑物的变形测量分为若干项目：建（构）筑物垂直位移观测、建（构）筑物水平位移观测、建（构）筑物倾斜观测、裂缝观测、日照与风振观测。

对一项具体的变形测量工作，其内容一般是根据观测对象的性质、观测目的等因素决定的，要有明确的针对性，还要全面考虑以便能正确反映出建（构）筑物的变形情况，了解其规律，达到观测目的。

目前大型工程建（构）筑物的变形测量往往是在设计阶段就开始考虑，并作出相应的设计，然后在建（构）筑物施工期间以及整个运行期间都进行定期观测。

（一）变形测量精度

1. 观测精度

工业与民用建（构）筑物的变形测量，由于对象非常广泛，情况各不相同，因此虽有规程，但很难定出统一的精度标准，一般情况下是根据工程建筑物的设计允许变形值的大小及观测的目的来确定，在具有研究性质的变形测量中精度往往要求更高一些。国际测绘工作者联合会（FIG）第 13 届会议工程测量组的讨论中，提出如果变形测量的目的是为了使变形值小于允许变形值的数值而确保建筑物的安全，则其观测的中误差应小于允许变形值的 1/10～1/20，如果观测的目的是为了研究变形的过程，则其中误差应比这个数值小得多。1981 年，FIG 第 16 届会议认为：为实用的目的，观测的中误差应不超过允许变形值的 1/10～1/20 或 1～2mm，为科研的目的，观测的中误差应分别小于允许变形值的 1/20～1/100 或 0.02mm。

我国建筑设计部门，在参考国际上的提法后，提出在研究高层建筑物倾斜时，把允许倾斜值的 1/20 作为观测精度指标。

表 13-1 为中华人民共和国行业标准《建筑变形测量规范》JGJ 8—2007 发布的变形测量的等级及精度要求的行业标准。

建筑变形测量的级别、精度指标及其适用范围 表 13-1

变形测量级别	垂直位移观测观测点测站高差中误差/mm	位移观测观测点坐标中误差/mm	主要适应范围
特级	±0.05	±0.3	特高精度要求的特种精密工程的变形测量
一级	±0.15	±1.0	地基基础设计甲级建筑的变形测量；重要的古建筑和特大型市政桥梁等变形测量等
二级	±0.50	±3.0	地基基础设计为甲、乙级建筑变形测量；场地滑坡测量；重要管线的变形测量；地下工程施工及运营中变形测量；大型市政桥梁变形测量等
三级	±1.50	±10.0	地基基础设计为乙、丙级建筑变形测量；地表、道路及一般管线的变形测量；中小型市政桥梁变形测量等

2. 观测周期

变形测量周期以能系统反映所测变化过程而又不遗漏其变化时刻为原则，根据单位时间的变形量的大小及外界因素的影响来确定。当观测中发现异常时应加强观测次数。

现以某一基础沉降的观测过程为例，说明观测频率的确定方法。

如图 13-1 所示，在荷载影响下，基础下土层的压缩是逐渐实现的。因此，基础的沉降也是逐渐增加的。在砂类土层上的建筑物，其沉降在施工期间已大部分完成。此时基础的沉降可分为四个阶段：

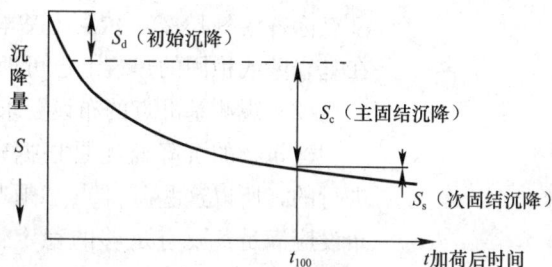

图 13-1　基础下土层的压缩过程

（1）第一阶段是在施工期间，随基础上部压力的增加，沉降速度增大，年沉降值达 20～70mm；

（2）第二阶段沉降显著减慢，年沉降量大约为 20mm；

（3）第三阶段为平稳下沉阶段，其速度为每年 1～2mm；

（4）第四阶段沉降很小，基本稳定。

根据这种情况，在观测精度要求相同时，垂直位移观测的频率可以是变化的。

具体说来，在施工阶段，观测次数与时间间隔视地基加载情况而定。民用高层建筑可每加高 1～5 层观测一次，工业建筑可按回填基坑、安装柱子和屋架、砌筑墙体、设备安装等不同施工阶段分别进行观测。若建筑施工均匀增高，应至少在增加荷载的 25％，50％，75％，100％时各测一次；运营阶段，观测周期第一年 3～4 次，第二年 2～3 次，第三年后每年 1 次。在掌握了一定的规律或变形稳定之后，可减少观测次数，这种根据计划（或荷载增加量）进行的变形测量称为正常情况下的关系观测。当出现异常情况，如基础附近地面荷载突增，四周大量积水，长时间连续降水，突然发生大量沉降、不均匀沉降或严重裂缝时，应缩短周期，加强观测。

（二）基准点的布设

1. 垂直位移基准点设置

基准点是变形监测的基准，应根据工程的监测方案和布网原则的要求建立，而监测方案应根据工程的布局特点、现场的环境条件制定。基点可利用已有的、稳定性好的埋石点和墙脚水准点，也可以在该区域内基础稳定、修建时间长的建筑物上设置墙脚水准点。若区域内不具备上述条件，则可按相应要求，选在隐蔽性好且通视良好、确保安全的地方埋设基点。

（1）观测基准点的构造

基准点的形式与埋设要求，应根据现场的具体条件、监测时间的长短等决定，可选埋基岩水准基点标石、深埋双金属管水准基点标石、深埋钢管水准基点标石（图 13-2）、混凝土基本水准标石（图 13-3）。在基岩壁或稳固的建筑上也可埋设墙上水准标志。

（2）观测基准点的布设要求

建筑物的沉降监测是根据建筑物附近的基准点进行的，所以这些基准点必须坚固稳定。基准点的布设应满足：要有足够的稳定性，基准点必须设置在变形影响范围以外；要具备检核条件，为了保证水准基点高程的正确性，特级垂直位移观测的基准点数不少于 4 个，其他级别观测的基准点数不应少于 3 个点，以便相互检核；要满足一定的观测精度，水准基点和观测点之间距离应适中，相距太远会影响观测精度，一般应在 100m 范围内。对基准点要定期进行检测，以保证沉降成果的正确性。

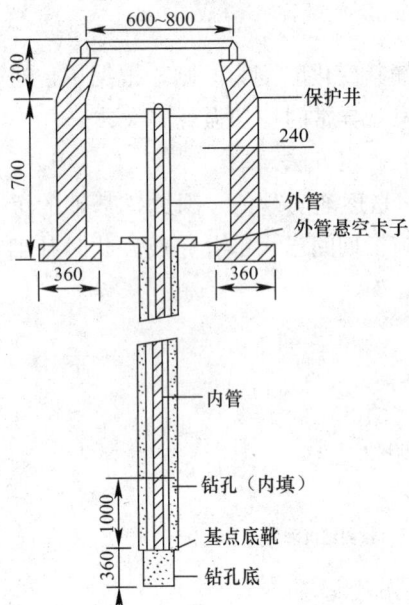

图 13-2　深埋钢管水准基点标石

2. 水平位移基准点设置

（1）水平位移基准点构造

水平位移监测基准网的边长较短，观测精度和点位的稳定性要求较高，因此一般采用坚固耐用、便于长久使用的观测墩作为水平位移基准点。如图 13-4 所示。

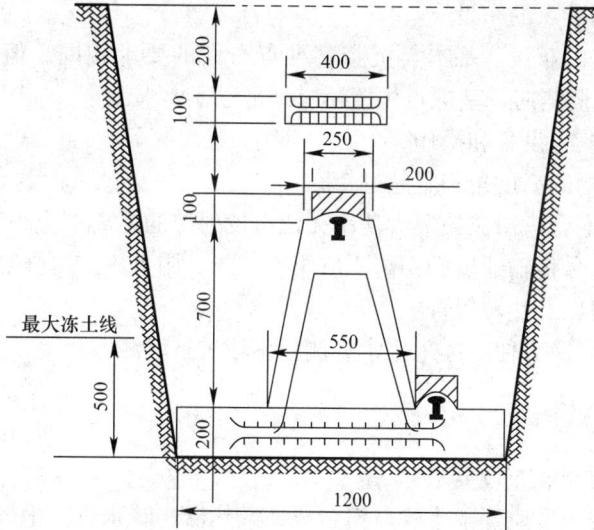

图 13-3　混凝土基本水准标石

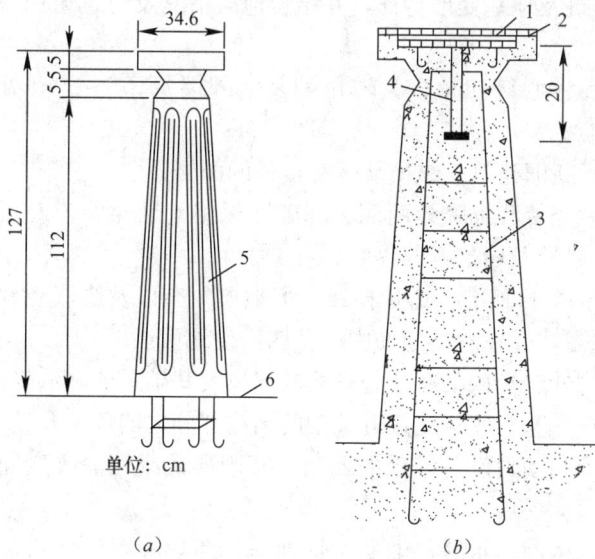

（a）　　　　　　　（b）

图 13-4　观测墩的结构

1—保护盖；2—强制对中器；3—钢筋；4—16mm 点芯；5—标墩外表；6—混凝土基础面

建造观测墩时应注意以下几点：

1）各类标墩的底板必须埋设在最大冻土层 0.5m 以下，有条件时最好直接浇筑在基岩上，以确保其稳定；

2）如果采用混凝土观测墩必须适当配置钢筋；

3）为了避免折光影响，观测墩高度需大于 0.8m；

4）预埋仪器和觇标通用的强制对中器；

5）严格掌握施工质量。

（2）水平位移基准点的布设

水平位移基准点的布设，基本与沉降基准点布设的要求相同。值得注意的是当使用 GNSS 测量方法进行监测时，基准点位置还应满足以下要求：

1）应便于安置接收设备和操作；

2）测点与障碍物的高度角不宜超过 15°；

3）离电视台、电台、微波站等大功率无线电发射源的距离不应小于 200m；离高压输电线和微波无线电信号传输通道的距离不应小于 50m；附近不应有强烈反射卫星信号的大面积水域、大型建筑以及热源等；

4）通视条件好，应方便后续采用常规测量手段进行联测。

3. 观测点布设

（1）垂直位移观测点布设要求

布设观测点时首先要避开雨水管、窗台线、散热器、暖水管、电气开关等障碍物，保证观测时的通视效果；还要考虑到装修装饰阶段，是否会因墙或柱饰面施工而破坏或掩盖住观测点，造成变形或监测不能连续进行而失去监测意义。最重要的是垂直位移观测点的布设应能全面反映建筑及地基变形特征，并结合地质情况及建筑结构特点。点位宜选设在下列位置：

1）建筑的四角、核心筒四角、大转角处及沿外墙每 10～20m 处或每隔 2～3 根柱基上；

2）高低层建筑、新旧建筑、纵横墙等交接处的两侧；

3）建筑裂缝、后浇带和沉降缝两侧、基础埋深相差悬殊处、人工地基与天然地基接壤处、不同结构的分界处及填挖方分界处；

4）对于宽度大于等于 15m，或小于 15m 但地质复杂以及膨胀土地区的建筑，应在承重内隔墙中部设内墙点，并在室内地面中心及四周设地面点；

5）邻近堆置重物处、受振动有显著影响的部位及基础下的暗浜（沟）处；

6）筏形基础、箱形基础底板或接近基础的结构部分之四角处及其中部位置；

7）重型设备基础和动力设备基础的四角、基础形式或埋深改变处以及地质条件变化处两侧；

8）对于电视塔、烟囱、水塔、油罐、炼油塔、高炉等高耸建筑，应设在沿周边与基础轴线相交的对称位置上，点数不少于 4 个。

（2）水平位移观测点布设要求

1）设计文件要求的监测点；

2）施工过程中结构安全性突出的特征构件；

3）变形较显著的关键点、建筑物承重墙柱拐角；

4）大型构筑物的顶部、中部和下部。

（三）垂直位移观测

所谓垂直位移观测，又称沉降观测，就是定期地对变形观测点的高程变化进行监测，根据各观测点间的高差变化，计算建筑物（或地表）的沉降量，倾斜率，曲率，构件倾斜以及沉降速率，确定沉降变形对建筑物破坏影响程度，为采取必要的建筑物保护措施提供数据资料。

1. 垂直位移观测方法

建筑物垂直位移观测一般使用电子水准仪，其施测程序如下：将条码尺立于已知高程的基准点上作为后视，水准仪置于施测路线合适的位置，在施测路线的前进方向放置尺垫（如现场条件允许，可直接放置在垂直位移观测点上），在尺垫（或垂直位移观测点）上竖立水准尺作为前视。观测者将水准仪整平之后，设置仪器参数和垂直位移观测规范中相应的精度要求，新建一个文件名和一条新的水准路线，选择"aBFFB"观测模式，输入后视基准点高程，瞄准后视水准尺，用横丝对中条码尺，按仪器上的观测键，仪器将自动读取并记录后视读数。转动望远镜瞄准前视条码尺，读取前视读数，读取并记录两次前视读数后，再次转动望远镜瞄准后视条码尺，读取并记录后视条码尺读数。此为第一站也就是奇数站观测，其观测模式为后 B→前 F→前 F→后 B。

第一站结束之后，观测员招呼后标尺员向前转移，并将水准仪迁至第二测站。此时，第一测站的前视点便成为第二测站的后视点。按照"aBFFB"观测模式，第二测站也就是偶数站，其观测模式为前 F→后 B→后 B→前 F。应先观测一次前标尺方向，转动望远镜瞄准后视条码尺，读取并记录两次后视读数后，再次转动望远镜瞄准前视条码尺，读取并记录前视条码尺读数。依第一、二站奇偶站交替观测模式对第三、四……站依次沿水准路线方向施测，直至全部路线观测完为止（如图 13-5 所示）。

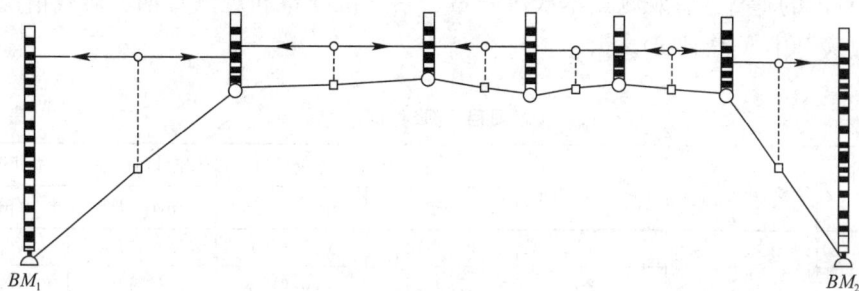

图 13-5　测量线路示意图

2. 垂直位移数据处理

测定观测点沉降的水准路线大多设成两个基准点之间的附合路线。因采用电子水准仪和条码水准尺进行施测，观测数据可直接通过传输电缆将仪器中的数据传输到电脑中，并打印存档（如图 13-6 所示）。

根据编制的工程方案及确定的观测周期，首次观测应在观测点稳固后及时进行。一般高层建筑物有数层地下结构，首次观测应自基础开始。首次观测的垂直位移观测点高程值是以后各次垂直位移观测用以比较的基础，其精度要求非常高，要求同期观测不少于两次，取平均值作为初始值。以后每周期观测高程与初始高程比较，即可求得各观测点相对

For M5	Adr	1	T0	249.dat						
For M5	Adr	2	T0	Start-Line	aBFFB+	01				
For M5	Adr	3	KD1	01		01			Z	40.00000m
For M5	Adr	4	KD1	01	08:43:511	01	Rb	1.05649m	HD	49.476m
For M5	Adr	5	KD1	00	08:44:091	01	Rf	1.95389m	HD	49.266m
For M5	Adr	6	KD1	00	08:44:151	01	Rf	1.95398m	HD	49.262m
For M5	Adr	7	KD1	01	08:44:321	01	Rb	1.05646m	HD	49.476m
For M5	Adr	8	KD1	01	08:44:32	01			Z	39.10239m
For M5	Adr	9	KD1	00	08:46:241	01	Rf	1.35248m	HD	49.512m
For M5	Adr	10	KD1	00	08:46:401	01	Rb	1.76129m	HD	49.132m
For M5	Adr	11	KD1	00	08:46:461	01	Rb	1.76139m	HD	49.127m
For M5	Adr	12	KD1	00	08:47:041	01	Rf	1.35250m	HD	49.507m
For M5	Adr	13	KD1	00	08:47:04	01			Z	39.51109m
For M5	Adr	14	KD1	00	08:48:581	01	Rb	1.39136m	HD	10.102m
For M5	Adr	15	KD1	00	08:49:171	01	Rf	1.39268m	HD	10.463m
For M5	Adr	16	KD1	00	08:49:221	01	Rf	1.39278m	HD	10.464m
For M5	Adr	17	KD1	00	08:49:401	01	Rb	1.39134m	HD	10.097m
For M5	Adr	18	KD1	00	08:49:40	01			Z	39.50968m
For M5	Adr	19	KD1	13	08:51:241	01	Rf	1.39944m	HD	6.144m
For M5	Adr	20	KD1	00	08:51:441	01	Rb	1.48380m	HD	6.712m
For M5	Adr	21	KD1	00	08:51:491	01	Rb	1.48389m	HD	6.710m
For M5	Adr	22	KD1	13	08:52:051	01	Rf	1.39937m	HD	6.143m
For M5	Adr	23	KD1	13	08:52:05	01			Z	39.59410m
For M5	Adr	24	KD1	13	08:53:531	01	Rb	1.58853m	HD	6.069m
For M5	Adr	25	KD1	14	08:54:121	01	Rf	1.49855m	HD	6.351m
For M5	Adr	26	KD1	14	08:54:181	01	Rf	1.49864m	HD	6.349m
For M5	Adr	27	KD1	13	08:54:341	01	Rb	1.58850m	HD	6.068m
For M5	Adr	28	KD1	14	08:54:34	01			Z	39.68401m
For M5	Adr	29	KD1	14	08:56:471	01	Rf	1.43585m	HD	8.350m
For M5	Adr	30	KD1	14	08:57:051	01	Rb	1.46697m	HD	7.629m
For M5	Adr	31	KD1	14	08:57:111	01	Rb	1.46706m	HD	7.634m
For M5	Adr	32	KD1	15	08:57:291	01	Rf	1.43588m	HD	8.351m
For M5	Adr	33	KD1	15	08:57:29	01			Z	39.71513m

图 13-6 原始数据

于本点首次观测的沉降量（下沉为正；上升为负）。计算各垂直位移观测点的本次沉降量：垂直位移观测点的本次沉降量＝本次观测所得的高程－上次观测所得的高程。计算累积沉降量：累积沉降量＝本次沉降量＋上次累积沉降量。

将计算出的垂直位移观测点本次沉降量、累积沉降量和观测日期、荷载情况等记入"沉降观测表"中（表13-2）。

××项目-沉降数据汇总　　　　　　表 13-2

观测日期 期号	建筑物状态	监测点名	高程 (m)	本期沉降 (mm)（天数）	累计沉降量 (mm)（天数）	本期沉降速度 (mm/d)
2010.10.16 (8)		1	27.2344	0.1 (19)	6.2 (170)	0.005
		2	27.0145	0.0 (19)	6.4 (170)	0.000
		3	26.9962	0.0 (19)	6.7 (170)	0.000
		4	26.9920	0.0 (19)	6.7 (170)	0.000
		5	27.0410	0.1 (19)	5.8 (170)	0.005
		6	26.9490	0.0 (19)	4.6 (170)	0.000
		7	26.9376	0.0 (19)	6.6 (170)	0.000
	地上十二层	8	26.9680	0.1 (19)	5.9 (170)	0.005
		9	26.9821	1.0 (19)	7.4 (170)	0.053
		10	26.9405	0.0 (19)	5.7 (170)	0.000
		11	26.9635	0.0 (19)	3.6 (103)	0.000
		12	26.9764	0.0 (19)	6.4 (170)	0.000
		13	26.9421	0.1 (19)	6.5 (170)	0.005
		14	26.9201	0.0 (19)	7.6 (170)	0.000

绘制沉降曲线，图 13-7 为沉降曲线图。

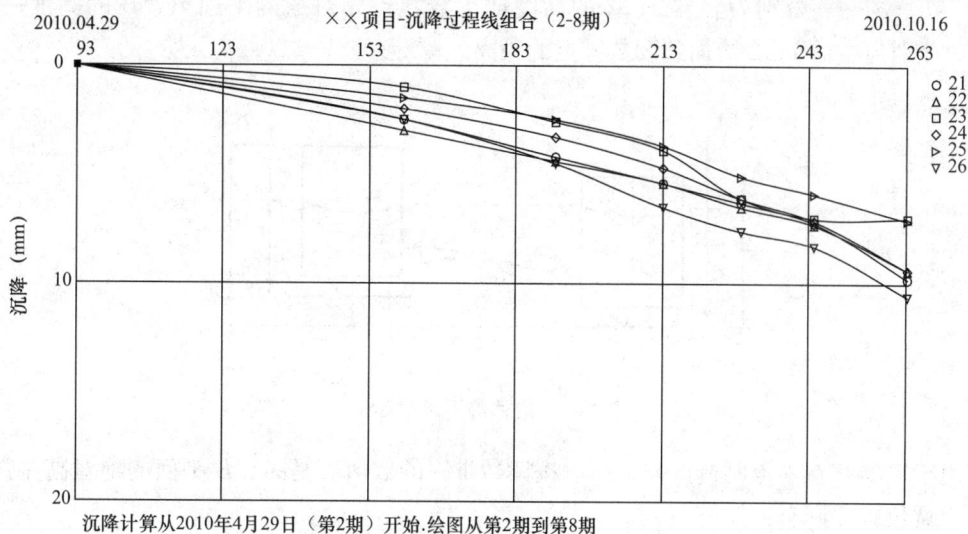

图 13-7　沉降曲线图

3. 垂直位移观测注意事项

（1）要遵循"五定"原则，即基准点、工作点、变形监测点，点位要固定；所用仪器设备要固定；观测人员要固定；观测时的环境条件要基本一致；观测路线、镜位、程序和方法要固定。垂直位移观测时，在两个观测点中间位置做上记号，作为测站位置，以便有效地减少视距校正时间，既增加测量速度，又减少仪器误差，全面保证测量精度。

（2）调焦的准确性要求很高，当调焦不足时图像不够清晰，有时仪器无法识别不能进行测量，即使进行测量也会影响测量精度。

（3）标尺影像亮度对仪器探测会有较大的影响，如果光线太暗或光线照明不均匀，仪器会停止测量。

（4）工作过程中注意一些很细微的环节，如观测中是否有不稳定因素存在，是否逆光等。

（5）为了作业顺利进行和精度的保证，要对仪器和标尺定期进行检校。

4. 液体静力水准测量

液体静力水准测量是测定观测点高程的一种方法，常用它承担建筑物施工和运营的一些测量任务。

下面对液体静力水准测量的基本原理、仪器结构、误差来源以及应用问题予以介绍。

（1）基本原理

液体静力水准测量的基本原理可用图 13-8 表明。图中相连结的容器 1、2 分别安置在两个欲测平面 A、B 上，当两个容器中装有同类均质液体时，液体将处在同一水平面上。高差 Δh 可用液面高度 H_1 与 H_2 求得：

$$\Delta h = H_1 - H_2 = (\alpha_1 - \alpha_2) - (b_1 - b_2) \tag{13-1}$$

式中　a_1、a_2——分别为容器 1、2 的高度或读数零点相对欲测平面 A、B 的高度；b_1、b_2——分别为容器 1、2 液面到读数零点的距离。

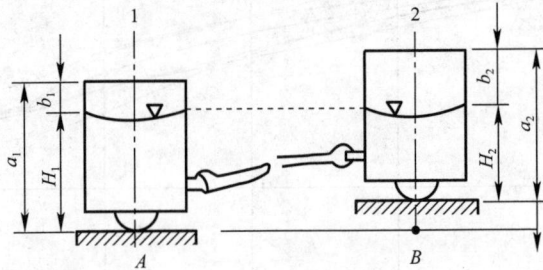

图 13-8　液体静力水准测量

由于容器存在零点制造误差，所以按读数求得的数值不是 A、B 平面的绝对高差。将容器对调位置，则有：

$$\Delta h = (\alpha_2 - \alpha_1) - (b'_2 - b'_1) \tag{13-2}$$

式中　b'_1、b'_2——容器新读数。

联合式（13-1）、式（13-2），得：

$$\Delta h = [(b_1 - b_2) - (b'_2 - b'_1)]/2 \tag{13-3}$$

$$c = \alpha_2 - \alpha_1 = [(b_1 - b_2) - (b'_2 - b'_1)]/2 \tag{13-4}$$

式中　c——仪器常数，即两容器的读数零点差，取决于制造工艺。

因而观测仪器零点差 c 可用观测仪器互换位置，并进行两次读数求得。对于固定设置的液体静力器，一般不需测 c 值，因为所有的观测是相对于起始（某些）观测值而言的。

（2）仪器的结构

各种不同结构的液体静力水准仪，实际上只是其定位和测定液面位置的方法有所不同而已。确定液面的方法有：目视法、目视接触法和一些其他的方法。对于某些固定设置的精密静力水准仪，多用电感（或电容）传感器来确定液面位置的变化，以达到遥测的目的。

1）目视法

用目视法读数的仪器如图 13-9 所示，观测仪器由玻璃管 2，木夹板 3，圆水准器 4，水龙头 5 构成。玻璃管 2 固定在木夹板 3 上，形成一个整体。使用时用软管将两端的玻璃连接起来，充入适量的水后，将测头直立在观测点 A、B 上，待液体稳定后，可根据玻璃管的分划线和月牙形液面进行读数。测定一次后搬站时，需用水龙头 5 截断液面。这种仪器的水准测量精度较低，其测量中误差是 ± 1.0mm。

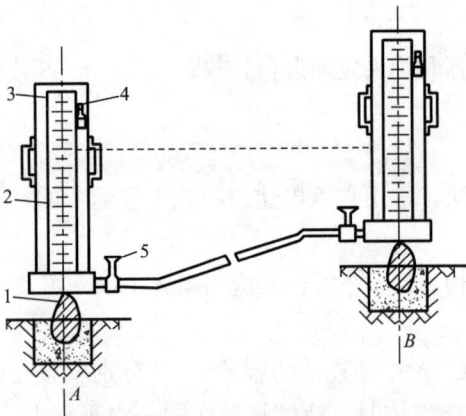

图 13-9　目视法读数液体静力水准仪

2）目视接触法

目视接触法确定液面位置比目视法精度高。图 13-10 为采用目视接触法来确定液面位置的液体静力水准仪。该仪器由下列部件组成：

a. 观测头

观测头是一个直径 17cm，高为 30cm 的圆柱体容器。其上部为储水间，有两个进出口，上管口 b，下管口 c；其下半部为水位指示装置，由水位指针 d，测微环 e 组成；水位指针 d 的下半部刻有间隔为 1.0mm 的两排分划（称为精分划），且上、下互相错开 0.5mm，粗分划线的量测范围为 25mm。测微环上刻有 50 个细分划，每个细分划相当于水位指针 d 移动 0.01mm，测微环 e 转动一周相当于水位指针 d 向上移动 0.5mm。在观测头外部有两个互相对称的圆形玻璃观测窗口，其中一个是进光窗，另一个是水位观测窗，窗的直径为 4cm。

b. 联通软管

联通软管由橡皮管组成，分为上、下两根管。其中下管为主管，用作连接两观测头水位，上管则是用于联通两观测头顶部的通气孔，目的是使两观测头内的压力平衡。

c. 观测显微镜

观测显微镜的放大倍数一般为 5 倍。

观测时，手动转动观测微环 e，使水位指针 d 移动，直到显微镜内观测到的指针实像头端与虚像头端刚好接触，如图 13-11 所示，立刻转动测微环，并进行读数。

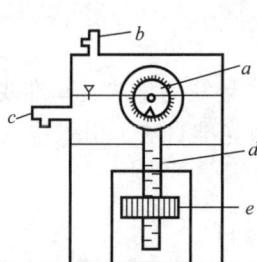

图 13-10　目视接触法液体静力水准仪　　图 13-11　微镜视场

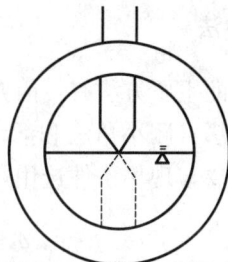

图 13-10 中的液体静力水准仪是一种固定的装置，多用来测定建筑物的倾斜。

另外，还有悬挂式液体静力水准仪，它采用目视接触法，测定液面位置的原理与上述座式仪器完全相同。

大多数目视接触法仪器确定液面的中误差可达±0.01mm，但该类仪器不足之处是不能进行遥测。而工程建筑物在运营期间一般要进行经常性监测，对高温、高压、带电或有辐射的建筑物，最好采用遥测装置。

图 13-12 为通过电感传感器来测定液面高度变化的遥测仪器。在有机玻璃管中装有液体，在浮子下面焊一稳定重锤，使浮子上面的铁芯始终处于铅垂位置，在铁芯处套一电感线圈，组成电感传感器。当容器中液面升降时，浮子带动铁芯升降，由于铁芯相对电感线圈移动，使线圈上的电感发生变化，用导线将其联通到远距离的观测室内，再用专用电桥将

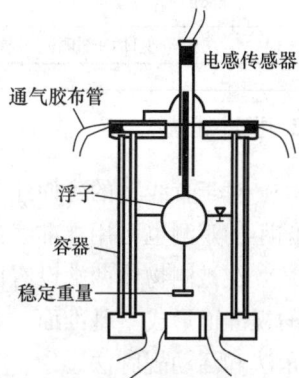

图 13-12　测遥感装置

电感量的变化转换成电压的变化，通过电压变化就可知道铁芯的升降量，从而可知液面高度的变化量。

这种遥测液体静力仪的精度可达到±0.01mm。

（3）作业时应符合下列要求

观测前向连通管内充水，不得将空气带入，可采用自然压力排气充水法或人工排气充水法进行充水。

连通管应平放在地面上，当通过障碍物时，应防止连通管在垂直方向出现 Ω 形而形成滞气"死角"。连通管任何一段的高度都应低于蓄水罐底部，但最低不宜低于 20cm。

观测时间应选在气温最稳定的时段，观测读数应在液体完全呈静态下进行。

测站上安置仪器的接触面应清洁、无灰尘杂物。仪器对中误差不应大于±2mm，倾斜度不应大于 10′。使用固定式仪器时，应有检校安装面的装置，检校误差不应大于±0.05mm。

宜采用两台仪器对向观测。条件不具备时，也可采用一台仪器往返观测。每次观测，可取 2～3 个读数的中数作为一次观测值。读数较差限值，视读数设备精度而定，一般为±(0.02～0.04) mm。

（四）水平位移观测

1. 水平位移观测方法

水平位移观测的主要方法有：前方交会法、精密导线测量法、基准线法等。而基准线法又包括：视准线法（测小角法和活动觇牌法）、激光准直法、引张线法等。水平位移的观测方法可根据需要与现场条件选用，见表 13-3。

水平位移观测方法选用　　　　　　　　表 13-3

序号	具体情况和要求	方法选用
1	测量地面观测点在特定方向的位移	基准点法（视准线法、激光准直法、引张线法）
2	测量观测点任意方向位移	可视观测点的分布情况，采用前方交会法、精密导线测量法或近景摄影测量等
3	对于观测内容较多的大测区或观测点远离稳定地区的测区	宜采用三角、三边、边角测量与基准线法相结合的综合测量方法
4	测量土体内部侧向位移	可采用测斜仪观测方法

2. 视准线法

对于直线型的延伸建筑物，为了观测其横向位移，可用视准线法；地表移动观测站中偏距的观测也可用视准线法。

在被测物体两端设有固定点，将经纬仪置于一端，另一端置觇标，则瞄准后，经纬仪的视准面形成一基准面，利用此基准面来观测位移的方法就是视准线法。视准线法包括小角法和活动觇牌法。

对于观测精度要求较高的建筑物位移观测，例如对中误差小于±1mm 的位移观测，应对端点的设置、对中装置的构造、觇标的型式及颜色等进行特别的考虑。一般仪器站点最好设置强制对中观测墩，以避免观测时采用三脚架安置仪器对中，因为后者既不稳固，对中精度也较低。

可用小角法和活动觇牌法测定观测点偏离基准线的偏离值。小角法是利用精密经纬仪，如 J_1 型仪器，精确测出基准线与置镜端点到观测点 p_i 视线之间所夹的微小角度，如图 13-13 所示，所需求的偏离值 l_i 可按 $l_i = a_i/\rho \times s_i$ 求得，式中 S_i——端点 A 到观测点 p_i 距离。

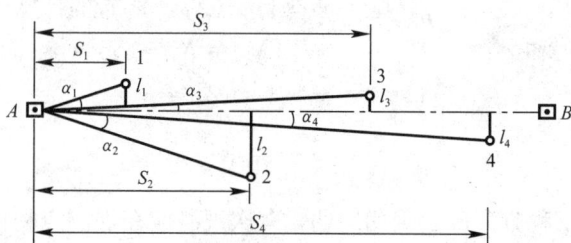

图 13-13　测小角法

（1）小角法

小角法的具体做法如下：在基准线端点 A 放置精密经纬仪，另一端 B 和中间观测点 p_i 上分别安置两个固定觇牌，仪器先瞄准 B 点觇牌，并读数，然后再照准 p_i 点觇牌并读数，两读数之差即为半测回的角值 α_1，按上述操作顺序，测得另外半测回的角值 α_2，取两个半测回角值之平均值，即为所求之角值 α_i。

（2）活动觇牌法

活动觇牌法是利用一种精密的附有读数装置的活动觇牌来直接测定偏离值。与小角法不同的是，在 P_i 点不是安置固定觇牌，而是安置活动的觇牌，如图 13-14 所示。觇牌下有微动及测微装置，观测时在经纬仪视线位于基准线内微动觇牌，使觇牌上的照准标志的对称轴心移动到仪器视场内的十字丝交点上，此时在活动觇牌的读数设备上读取读数（可估读数 0.1mm），活动觇牌的零位值是觇牌上照准标志的对称轴与置中装置中心线重合时的读数，零位值应预先测定和检查，由读数值并考虑零位值后，即可求得偏离值。

用精密视准线法观测时，由于经纬仪等采用了强制对中设备，仪器和觇牌对中误差可在±0.1mm左右，对偏离值的精度影响很小。另外，对于 J_1 型经纬仪，读数误差的数值一般约±0.2″。

3. 极坐标法

极坐标法是边角交会的最常见的方法。其优

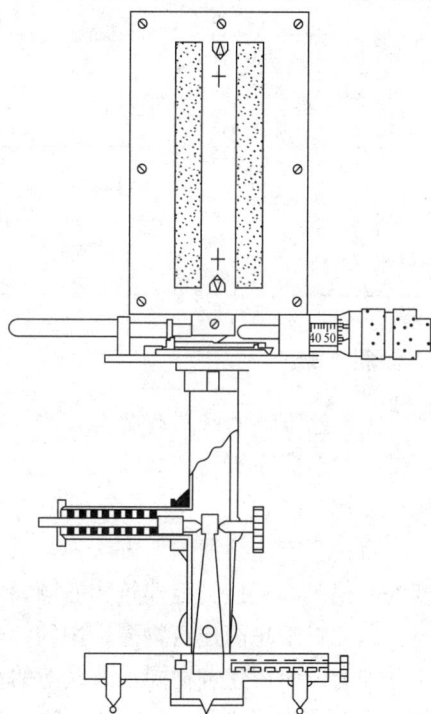

图 13-14　活动觇牌

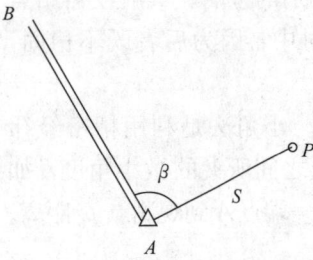

图 13-15 极坐标示意图

点是使用方便，尤其是利用全站仪进行测量时可以直接测得坐标，简单快速；

如图 13-15 所示，在已知点 A 安置仪器，后视点为另一已知点 B，通过测得 $\angle BAP$ 的角度以及 A 点至 P 点的距离，计算得出 P 点坐标（对电子全站仪来讲，则是自动显示 P 点的坐标）。设 A 点坐标为 $A(X_A，Y_A)$，$A-B$ 的方位角为 α_{A-B}，则 P 点坐标 $P(X_P，Y_P)$ 的计算公式为：

$$X_P = X_A + S \times \cos\alpha_{AB} + \beta \tag{13-5}$$

$$Y_P = Y_A + S \times \sin\alpha_{AB} + \beta \tag{13-6}$$

4. 水平观测数据处理

根据相关规范及工程方案确定观测周期，首次观测应在观测点稳固后及时进行。首次观测的水平观测点的值是以后各次水平观测用以比较的基础，其精度要求非常高。以后每周期观测值与初始值比较，即可求得各观测点相对于本点首次观测的位移量，见表 13-4。

水平位移数据记录表（极坐标法） 表 13-4

基坑平面位移观测记录						编号	009
工程名称		×××工程				环境条件	晴/33℃
测量仪器		Topcon 7001		本期观测时间			2010.06.25
点号		初始观测值（m）	初始观测时间	上期观测值（m）	上期观测时间	本期观测值（m）	本期变形值（mm）	累积变形值（mm）
21	x	482.876	2010-5-27	482.876	2010-6-22	482.876	0	0
	y	364.421		364.423		364.422	−1	1
22	x	491.799	2010-5-27	491.798	2010-6-22	491.799	1	0
	y	364.145		364.146		364.145	−1	0
23	x	519.577	2010-5-27	519.577	2010-6-22	519.578	1	1
	y	364.223		364.224		364.224	0	1
24	x	539.084	2010-5-27	539.085	2010-6-22	539.085	0	1
	y	364.063		364.064		364.065	1	2

5. 倾斜观测

测定建筑物的倾斜有两类方法：一类是直接测定建筑物的倾斜，该方法多用于基础面积过小的超高建筑物，如摩天大楼、水塔、烟囱、铁塔；另一类是通过测量建筑物基础的高程变化，按式（13-7）计算建筑物的倾斜。

直接测定建筑物倾斜方法中，吊挂悬垂线方法是一种最简单的方法，根据建筑物各高度处的偏差可直接测定建筑物的倾斜，但是经常出现不便在建筑物上固定吊挂悬垂线的情况，因此对于超高建筑物多采用经纬仪投影或测水平角的方法来测定倾斜。图 13-16 中 A、B 分别为设计在建筑物同一竖线上的平、高两点。当建筑物发生倾斜时，高点 B 相对于平点 A 移动了某一数值 e，则建筑物的倾斜值 i 为：

$$i = \tan\alpha = e/h \tag{13-7}$$

因此为了确定建筑物的倾斜必须得到 e，h 值，h 一般为已知数据，当 h 为未知时，如图 13-17 所示，可在地面上设两条基线，用三角测量的方法测定，这时，经纬仪应设置在距建筑物较远的地方（距离最好在 $1.5h$ 以上，以减少仪器纵轴不垂直的影响）。设 A、B 两点无法摆设仪器，难于做点位投影工作，现介绍高点 B 偏移平点 A 的移动值 e 的解析求法。设 a 为设计铅垂线 AB 的平面投影位置，b' 点为空间 B' 点的投影位置。围绕 A、B' 点在地面上选定基线 1-2，2-3（按 $5''$ 小三角基线丈量精度量取基线边），在 1，2，3 三点间用前方交会法，按 $5''$ 小三角的精度要求测定 A、B' 平面坐标（可假定 $X_1=0$，$Y_1=0$，$\alpha_{1-2}=0°00'00''$，$H=0$）和高程 H_A、H_B，则：

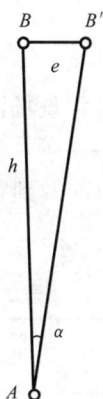

图 13-16　建筑物的倾斜观测

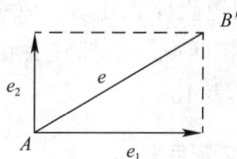

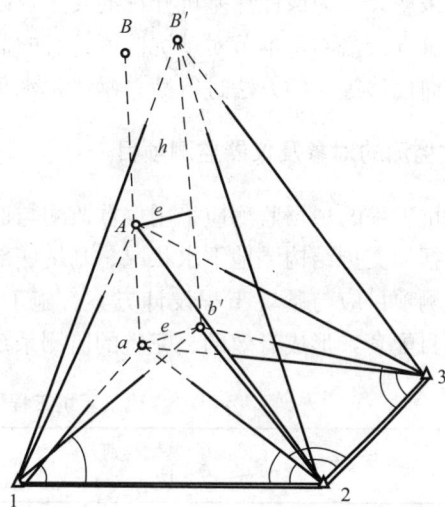

图 13-17　解析法求偏移量

$$h = H_B - H_A, e = \sqrt{(Y'_B - Y_A)^2 + (X'_B - X_A)^2} \tag{13-8}$$

此外，还可以用测量水平角的方法测定倾斜，图 13-18 给出的是用这种方法测定烟囱倾斜的例子。在距烟囱 $1.5h$ 处的相互垂直两方向线上，标出两个固定标志，以此作为测站。在烟囱上标出观测目标 1，2，3，4，同时选定通视良好的远方不动点 M_1 和 M_2。然后在测站 1 架设经纬仪测量水平角（1），（2），（3），（4），并计算角 $[(2)+(3)]/2$ 和 $[(1)+(4)]/2$。角值 $[(1)+(4)]/2$ 表示烟囱的下部勒脚中心 b_1 的方向，$[(2)+(3)]/2$ 表示烟囱上部中心点 a_1 的方向，只要知道测站 1 到烟囱中心的距离 S_1，就可根据 a_1、b_1 的方向差 $\delta_1 = a_1 - b_1$，按式（13-9）计算偏斜量 e_1。

$$e_1 = \delta''_1 \times S_1 / \rho'', \rho'' = 206265'' \tag{13-9}$$

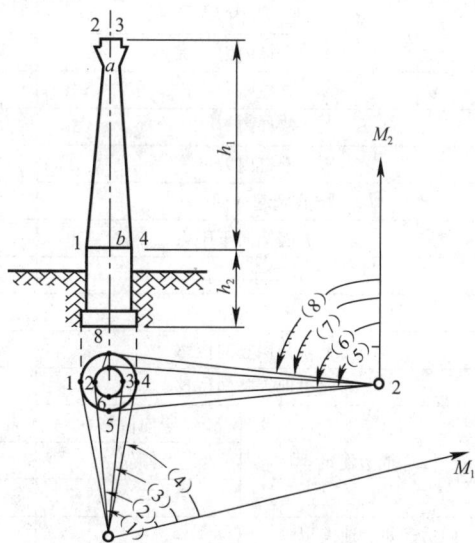

图 13-18　烟囱的倾斜测足

同样，在测站 2 观测水平角（5），（6），（7），（8），同理可求得烟囱的另一方向上的偏移量 e_2，用矢量相加的办法即可求得烟囱的上部相对于勒角中心的偏移量 e_0，从而可利用式（13-9）计算烟囱的倾斜。

（五）基 坑 监 测

随着经济的飞速发展，高层和大型建筑物越来越多，建筑物基坑开挖的深度和规模也越来越大，基坑向着大深度、大面积方向发展，周边环境更加复杂，深基坑开挖与支护的难度愈来愈大。为保证深基坑开挖的安全，以及为基坑支护方案的选取提供基础资料，必须对基坑进行监测，本节对基坑监测特有的监测项目（如支护结构内力、地下水位、土体分层竖向位移等）的方法进行简单阐述，水平和垂直位移的监测方法见本章其他章节。

1. 基坑监测的对象及仪器监测项目

基坑工程的现场监测应采用仪器监测与巡视检查相结合的方法。基坑工程现场监测的对象包括：支护结构、地下水状况、基坑底部及周边土体、建筑、管线、道路等，基坑工程的监测项目应与基坑工程设计方案、施工方案相匹配。应抓住关键部位，做到重点观测、项目配套，形成有效的、完整的监测系统，见表 13-5。

建筑基坑工程仪器监测项目表   表 13-5

监测项目 \ 基坑类别		一级	二级	三级
护墙（边坡）顶部水平位移		应测	应测	应测
围护墙（边坡）顶部竖向位移		应测	应测	应测
深层水平位移		应测	应测	宜测
立柱竖向位移		应测	宜测	宜测
围护墙内力		宜测	可测	可测
支撑内力		应测	宜测	可测
立柱内力		可测	可测	可测
锚杆内力		应测	宜测	可测
土钉内力		宜测	可测	可测
坑底隆起（回弹）		宜测	可测	可测
围护墙侧向土压力		宜测	可测	可测
孔隙水压力		宜测	可测	可测
地下水位		应测	应测	应测
土体分层竖向位移		宜测	可测	可测
周边地表竖向位移		应测	应测	宜测
周边建筑	竖向位移	应测	应测	应测
	倾斜	应测	宜测	可测
	水平位移	应测	宜测	可测
周边建筑、地表裂缝		应测	应测	应测
周边管线变形		应测	应测	应测

注：基坑类别的划分按照国家标准《建筑地基基础工程施工质量验收规范》GB 50202—2002 执行。

2. 巡视检查

在基坑工程整个施工期内，除按照上表进行监测外，还应每天进行巡视检查，其宜包括以下内容：

(1) 支护结构。

(2) 支护结构成型质量。

(3) 冠梁、围檩、支撑有无裂缝出现。

(4) 支撑、立柱有无较大变形。

(5) 止水帷幕有无开裂、渗漏。

(6) 墙后土体有无裂缝、沉陷及滑移。

(7) 基坑有无涌土、流砂、管涌。

(8) 施工工况：

1) 开挖后暴露的土质情况与岩土勘察报告有无差异；

2) 基坑开挖分段长度、分层厚度及支锚设置是否与设计要求一致；

3) 场地地表水、地下水排放状况是否正常，基坑降水、回灌设施是否运转正常；

4) 基坑周边地面有无超载。

(9) 周边环境：

1) 周边管道有无破损、泄漏情况；

2) 周边建筑有无新增裂缝出现；

3) 周边道路（地面）有无裂缝、沉陷；

4) 邻近基坑及建筑的施工变化情况。

(10) 监测设施：

1) 基准点、监测点完好状况；

2) 监测元件的完好及保护情况；

3) 有无影响观测工作的障碍物。

巡视检查以目测为主，可辅以锤、钎、量尺、放大镜等工器具以及摄像、摄影等设备进行；巡视检查如发现异常和危险情况，应及时通知建设方及其他相关单位。

3. 监测点布置

基坑监测点的布置应能反映监测对象的实际状态及其变化趋势，监测点应布置在内力及变形关键特征点上且不妨碍监测对象的正常工作，并应减少对施工作业的不利影响；监测标志应稳固、明显、结构合理，监测点的位置应避开障碍物，便于观测。

4. 基坑监测基本要求

(1) 变形测量点分为基准点、工作基点和变形监测点。其布设应符合下列要求：

1) 每个基坑工程至少应有 3 个稳定、可靠的点作为基准点；

2) 工作基点应选在相对稳定和方便使用的位置。在通视条件良好、距离较近、观测项目较少的情况下，可直接将基准点作为工作基点；

3）监测期间，应定期检查工作基点和基准点的稳定性。

（2）监测仪器、设备和元件应满足观测精度和量程的要求，具有良好的稳定性和可靠性；应经过校准或标定，且校核记录和标定资料齐全，并应在规定的校准有效期内使用。监测过程中应定期进行监测仪器、设备的维护保养、检测以及监测元件的检查。

（3）对同一监测项目，监测时宜符合下列要求：

1）采用相同的观测方法和观测路线；

2）使用同一监测仪器和设备；

3）固定观测人员；

4）在基本相同的环境和条件下工作。

监测项目初始值应在相关施工工序之前测定，并取至少连续观测 3 次的稳定值的平均值。

5. 监测方法及精度要求

（1）深层水平位移监测

1）围护墙深层水平位移的监测宜采用在墙体或土体中预埋测斜管，通过测斜仪观测各深度处水平位移的方法。

2）测斜仪的系统精度不宜低于 0.25mm/m，分辨率不宜低于 0.02mm/500mm。

3）测斜管应在基坑开挖 1 周前埋设，埋设时应符合下列要求：

a）埋设前应检查测斜管质量，测斜管连接时应保证上、下管段的导槽相互对准、顺畅，各段接头及管底应保证密封；

b）测斜管埋设时应保持竖直，防止发生上浮、断裂、扭转的情况；测斜管一对导槽的方向应与所需测量的位移方向保持一致；

c）当采用钻孔法埋设时，测斜管与钻孔之间的孔隙应填充密实。

4）测斜仪探头置入测斜管底后，应待探头接近管内温度时再量测，每个监测方向均应进行正、反两次量测。

5）当以上部管口作为深层水平位移的起算点时，每次监测均应测定管口坐标的变化并修正。

（2）裂缝监测

1）裂缝监测应监测裂缝的位置、走向、长度、宽度，必要时尚应监测裂缝深度。

2）基坑开挖前应记录监测对象已有裂缝的分布位置和数量，测定其走向、长度、宽度和深度等情况，监测标志应具有可供量测的明晰端面或中心。

3）裂缝监测可采用以下方法：

a）裂缝宽度监测宜在裂缝两侧贴埋标志，用千分尺或游标卡尺等直接量测，也可用裂缝计、粘贴安装千分表量测或摄影量测等；

b）裂缝长度监测宜采用直接量测法；

c）裂缝深度监测宜采用超声波法、凿出法等。

4）裂缝宽度量测精度不宜低于 0.1mm，裂缝长度和深度量测精度不宜低于 1mm。

（3）支护结构内力监测

1）支护结构内力可采用安装在结构内部或表面的应变计或应力计进行量测。

2）混凝土构件可采用钢筋应力计或混凝土应变计等量测；钢构件可采用轴力计或应变计等量测。

3）内力监测值应考虑温度变化等因素的影响。

4）应力计或应变计的量程宜为设计值的 2 倍，精度不宜低于 $0.5\%F \cdot S$，分辨率不宜低于 $0.2\%F \cdot S$。

5）内力监测传感器埋设前应进行性能检验和编号。

6）内力监测传感器宜在基坑开挖前至少 1 周埋设，并取开挖前连续 2d 获得的稳定测试数据的平均值作为初始值。

（4）土压力监测

1）土压力宜采用土压力计量测；土压力计的量程应满足被测压力的要求，其上限可取设计压力的 2 倍，精度不宜低于 $0.5\%F \cdot S$，分辨率不宜低于 $0.2\%F \cdot S$。

2）土压力计埋设可采用埋入式或边界式。埋设时应符合下列要求：

a）受力面与所监测的压力方向垂直并紧贴被监测对象；

b）埋设过程中应有土压力膜保护措施；

c）采用钻孔法埋设时，回填应均匀密实，且回填材料宜与周围岩土体一致；

d）做好完整的埋设记录。

3）土压力计埋设以后应立即进行检查测试，基坑开挖前应至少经过 1 周时间的监测并取得稳定初始值。

（5）孔隙水压力监测

1）孔隙水压力宜通过埋设钢弦式或应变式等孔隙水压力计测试。

2）孔隙水压力计应满足以下要求：量程满足被测压力范围的要求，可取静水压力与超孔隙水压力之和的 2 倍；精度不宜低于 $0.5\%F \cdot S$，分辨率不宜低于 $0.2\%F \cdot S$。

3）孔隙水压力计埋设可采用压入法、钻孔法等。

4）孔隙水压力计应事前埋设，埋设前应符合下列要求：

a）孔隙水压力计应浸泡饱和，排除透水石中的气泡；

b）核查标定数据，记录探头编号，测读初始读数。

5）采用钻孔法埋设孔隙水压力计时，钻孔直径宜为 110～130mm，不宜使用泥浆护壁成孔，钻孔应圆直、干净；封口材料宜采用直径 10～20mm 的干燥膨润土球。

6）孔隙水压力计埋设后应测量初始值，且宜逐日量测 1 周以上并取得稳定初始值。

（6）地下水位监测

1）地下水位监测宜通过孔内设置水位管，采用水位计进行量测。

2）地下水位量测精度不宜低于 10mm。

3）潜水水位管应在基坑施工前埋设，滤管长度应满足量测要求；承压水位监测时，被测含水层与其他含水层之间应采取有效的隔水措施。

4）水位管宜在基坑开始降水前至少 1 周埋设，并逐日连续观测水位取得稳定初始值。

（7）锚杆及土钉内力监测

1）锚杆和土钉的内力监测宜采用专用测力计、钢筋应力计或应变计，当使用钢筋束时宜监测每根钢筋的受力。

2）专用测力计、钢筋应力计和应变计的量程宜为对应设计值的 2 倍，量测精度不宜低于 $0.5\%F \cdot S$，分辨率不宜低于 $0.2\%F \cdot S$。

3）锚杆或土钉施工完成后应对专用测力计、应力计或应变计进行检查测试，并取下一层土方开挖前连续 2d 获得的稳定测试数据的平均值作为其初始值。

（8）土体分层竖向位移监测

1）土体分层竖向位移可通过埋设分层沉降磁环或深层沉降标，采用分层沉降仪结合水准测量方法进行量测。

2）分层竖向位移标应在基坑开挖前至少 1 周埋设。沉降磁环可通过钻孔和分层沉降管定位埋设。沉降管安置到位后应使磁环与土层粘结牢固。

3）土体分层竖向位移的初始值应在分层竖向位移标埋设稳定后量测，稳定时间不应少于 1 周以获得稳定的初始值；监测精度不宜低于 1.5mm。

4）每次测量应重复进行 2 次并取其平均值作为测量结果，2 次读数较差应不大于 1.5mm。

5）采用分层沉降仪法监测时，每次监测均应测定管口高程的变化，并换算出测管内各监测点的高程。

6. 监测频率

监测项目的监测频率应综合考虑基坑类别、基坑及地下工程的不同施工阶段、周边环境、自然条件的变化和当地经验而确定。当监测值相对稳定时，可适当降低监测频率。对于应测项目，在无数据异常和事故征兆的情况下，开挖后仪器监测频率可按表 13-6 确定。

现场仪器监测的监测频率　　　　　　　　　　　　　　　　表 13-6

基坑类别	施工进程		基坑设计深度			
			≤5m	5~10m	10~15m	>15m
一级	开挖深度（m）	≤5	1次/1d	1次/2d	1次/2d	1次/2d
		5~10		1次/1d	1次/1d	1次/1d
		>10			2次/1d	2次/1d
	底板浇筑后时间（d）	≤7	1次/1d	1次/1d	2次/1d	2次/1d
		7~14	1次/3d	1次/2d	1次/1d	1次/1d
		14~28	1次/5d	1次/3d	1次/1d	1次/1d
		>28	1次/7d	1次/5d	1次/3d	1次/3d
二级	开挖深度（m）	≤5	1次/2d	1次/2d		
		5~10		1次/1d		
	底板浇筑后时间（d）	≤7	1次/2d	1次/2d		
		7~14	1次/3d	1次/3d		
		14~28	1次/7d	1次/5d		
		>28	1次/10d	1次/10d		

注：1. 有支撑的支护结构各道支撑开始拆除到拆除完成后 3d 内监测频率应为 1次/d；
　　2. 基坑工程施工至开挖前的监测频率视具体情况确定；
　　3. 当基坑类别为三级时，监测频率可视具体情况适当降低；
　　4. 宜测、可测项目的仪器监测频率可视具体情况适当降低。

当出现下列情况之一时，应加强监测，提高监测频率：

1）监测数据达到报警值；

2）监测数据变化较大或者速率加快；

3）存在勘察未发现的不良地质；

4）超深、超长开挖或未及时加撑等未按设计工况施工；

5）基坑及周边大量积水、长时间连续降雨、市政管道出现泄漏；

6）基坑附近地面荷载突然增大或超过设计限值；

7）支护结构出现开裂；

8）周边地面突发较大沉降或出现严重开裂；

9）邻近建筑突发较大沉降、不均匀沉降或出现严重开裂；

10）基坑底部、侧壁出现管涌、渗漏或流砂等现象；

11）基坑工程发生事故后重新组织施工；

12）出现其他影响基坑及周边环境安全的异常情况。

7. 数据处理与信息反馈

现场监测人员应对监测数据的真实性负责，监测分析人员应对监测报告的可靠性负责，监测单位应对整个项目监测质量负责。监测记录和监测技术成果均应有有关责任人签字，监测技术成果应加盖成果章。

（1）现场的监测资料应符合下列要求：

1）使用正式的监测记录表格；

2）监测记录应有相应的工况描述；

3）监测数据应整理及时；

4）对监测数据的变化及发展情况应及时分析和评述。

（2）监测项目数据分析应结合其他相关项目的监测数据、自然环境和施工工况等情况及以往数据进行，并对其发展趋势做出预测。

（3）技术成果应包括当日报表、阶段性报告、总结报告。技术成果提供的内容应真实、准确、完整，并宜用文字阐述与绘制变化曲线或图形相结合的形式反映。技术成果应按时报送。

（4）监测数据的处理与信息反馈宜利用专门的基坑工程监测数据处理与信息管理系统软件，实现数据采集、处理、分析、查询和管理的一体化以及监测成果的可视化。

（5）基坑工程监测的观测记录、计算资料和技术成果应进行组卷、归档。

十四、建筑物竣工测量

（一）概　　述

1. 竣工测量与竣工总平面图

竣工测量指工程建设竣工、验收时所进行的测量工作。它主要是为验证建筑物与《建设工程规划许可证》规定的一致性，为建筑物竣工验收提供依据，同时，也为以后进行城市基本图的动态更新积累基础资料，它应依据总平面规划图、《建设工程规划许可证》、施工图进行测量。其提交的成果主要包括：竣工测量成果表，竣工总平面图、专业图、断面图，以及细部点坐标和细部点高程坐标明细表等。

竣工总平面图是设计总平面图在施工后实际情况的全面反映，所以设计总平面图不能完全代替竣工总平面图。

2. 编绘竣工总平面图的目的

（1）在施工过程中可能由于设计时没有考虑到的问题而使设计有所变更，这种临时变更设计的情况必须通过测量反映到竣工总平面图上；

（2）便于日后进行各种设施的维修工作，特别是地下管道等隐蔽工程的检查和维修工作；

（3）为建筑场区的扩建提供了原有各项建筑物、构筑物、地上和地下各种管线及交通线路的坐标，高程等资料。

3. 竣工总平面图（简称总图）编绘内容及特点

总图的编绘包括室外实测和室内资料编辑两方面的内容。在场地总平面图上反映出场地的边界，表示出实地上现有的全部建筑物和构筑物的平面位置和高程。它是工程项目的重要技术资料。

总图是具有一定特点的大比例尺专用图。一般常用1：500的比例尺施测，有时允许用1：1000或大于1：500的比例尺来测量。总图一般有若干附图和附件，其中最重要的是细部点坐标和高程表，此外有管线专题图等。对于工业厂区中的永久性的建筑物和构筑物，如正规的生产车间、仓库、办公楼、水塔、烟囱及生产设备装置等，必须施测细部坐标及高程，并注明其结构类型。

新建的建筑场区竣工总平面图的编绘，最好是随着工程的陆续竣工相继进行编绘。一面竣工，一面利用竣工测量成果编绘竣工总平面图。最终确保竣工图能真实反映建筑场区的实际情况。

　　边竣工边编绘的优点是：当场区工程全部竣工时，竣工总平面图也大部分编制完成，既可作为交工验收的资料，又可大大减少实测工作量，从而节约了人力和物力。

（二）竣工总平面图的编绘方法

1. 编绘具体内容

　　竣工总平面图上应包括建筑方格网点，水准点、厂房、辅助设施、生活福利设施、架空及地下管线、铁路等建筑物或构筑物的坐标和高程，以及建筑场区内空地和未建区的地形。有关建筑物、构筑物的符号应与设计图例相同，有关地形图的图例应使用国家地形图图式符号。

2. 竣工总平面图的编绘

　　一般采用建筑坐标系统。其坐标轴应与主要建筑物平行或垂直，图面大小要考虑使用与保管方便。

　　对于工业厂区，一般应从主厂区向外分幅，避免主要车间被分幅切割，并要照顾生产系统的完整性，使之尽可能绘制在一幅图纸上。如果线条过于密集而不醒目，则可采用分类编图。如：综合竣工总平面图、交通运输竣工总平面图和管线竣工总平面图等。

　　（1）竣工总平面图一般包括：比例尺1：1000的综合平面图和管线专用平面图，及比例尺为1：200～1：500的独立设备与复杂部件的平面图。

　　（2）对于小型的工业建设项目，最好能编绘一种比例尺为1：500的总平面图来代替前两种比例尺为1：1000的平面图。对于大型和联合企业，应编绘比例尺为1：2000～1：5000的不同颜色的综合总平面图。

　　（3）实测竣工总平面图。如果施工的单位较多或多次转手，造成竣工测量资料不全、图面不完整或与现场情况不符时，只好进行实地施测，这样绘出的平面图，称为实测竣工总平面图。

　　（4）对凡有竣工测量资料的工程，若竣工测量成果与设计值之比差不超过所规定的建筑允许限差时，应按设计值编绘总图，否则应按竣工测量资料编绘。

　　（5）对于各种地上、地下管线，应用各种不同颜色的墨线绘出其中心位置，注明转折点及井位的坐标、高程及有关注记。

　　在一般没有设计变更的情况下，墨线绘出的竣工位置与按设计原图用铅笔绘的设计位置应重合。在图上按坐标展绘工程竣工位置时，与在底图上展绘控制点的要求一致，均以坐标格网为依据进行展绘，展点对邻近的方格而言，容许误差为±0.3mm。

（三）竣工总平面图的附件

　　为了全面反映竣工成果，便于日后的管理、维修、扩建或改建，下列与竣工总平面图有关的一切资料，应分类装订成册，作为总图的附件保存。

（1）建筑场地及其附近的测量控制点布置图、坐标与高程一览表。

（2）建筑物和构筑物沉降与变形观测资料。

（3）地下管线竣工纵断面图。

（4）工程定位、放线检查及竣工测量的资料。

（5）设计变更文件及设计变更图。

（6）建筑场地原始地形图等。

十五、建筑施工测量成果资料整理

1. 建筑施工测量技术资料管理原则

（1）测量技术资料应进行科学规范化管理。

（2）测量原始记录必须做到：表格规范，格式正确，记录准确，书写完整，字迹清晰。

（3）对原始资料数据严禁涂改或凭记忆补记，且不得用其他纸张进行转抄。

（4）各种原始记录不得随意丢失，必须专人负责，妥善保管。

（5）外业工作必须保证起算数据正确可靠，计算过程科学有序，并严格遵守自检、互检、交接检的"三检制"。

（6）各种测量资料必须数据正确，符合测量规程，表格规范，格式正确方可报验。

（7）测量竣工资料应汇编齐全、有序，整理成册，并有完整的签字交接手续。

（8）测量资料应注意保密，并妥善保管。

2. 施工测量技术资料的编制

施工测量资料是在施工过程中形成的确保建筑物位置、尺寸、标高和变形量等满足设计要求和规范规定的各种测量成果记录的统称。主要内容有：工程定位测量记录、基槽平面标高测量记录、楼层平面放线及标高抄测记录、建筑物垂直度及标高测量记录、变形观测记录等。

（1）资料编制管理

施工测量技术资料应采用打印的形式并手工签字，签字必须使用档案规定用笔（黑色钢笔或黑色签字笔）。

（2）工程定位测量记录（表 15-1）

1）业主委托具有相应测绘资质的测绘部门根据建筑工程规划许可证（附件）中建筑工程位置及标高依据，测定建筑物的四角桩。

2）对业主的测绘成果的平面及高程依据进行复测。复测及计算原始记录应完整、清晰。

3）施工测量单位应依据测绘部门提供的放线成果、四角桩及场地控制网（或建筑物控制网），测定建筑物位置、主控轴线、建筑物±0.00绝对高程，计算及抄测原始记录应完整，并进行校核检查。检查合格后填写《工程定位测量记录》，报监理单位审核。

4）定位抄测示意图须标出平面坐标依据、高程依据。若按比例绘图时坐标依据、高程依据超出纸面，则可将其与现场控制点用虚线连接，标出相对位置即可。平面坐标依据、高程依据资料要复印附在《工程定位测量记录》后面。

工程定位测量记录

表 15-1

工程定位测量记录 表 C3-1		编　号	00-00-C3-×××
工程名称		委托单位	公司项目经理部
图纸编号	建-02，结-05	施测日期	2011 年 6 月 4 日
平面坐标依据	2011 普测 1582，A、B、C、D	复测日期	2011 年 6 月 5 日
高程依据	2011 普测 1582，BM_1、BM_2、BM_3	使用仪器	全站仪（出厂编号） 水准仪（出厂编号）
允许误差	$m\beta<12''$、$k\leqslant1/15000$、$f_h\leqslant\pm6\sqrt{n}$mm	仪器校验日期	全站仪（2011.02.26） 水准仪（2011.03.07）

定位抄测示意图：

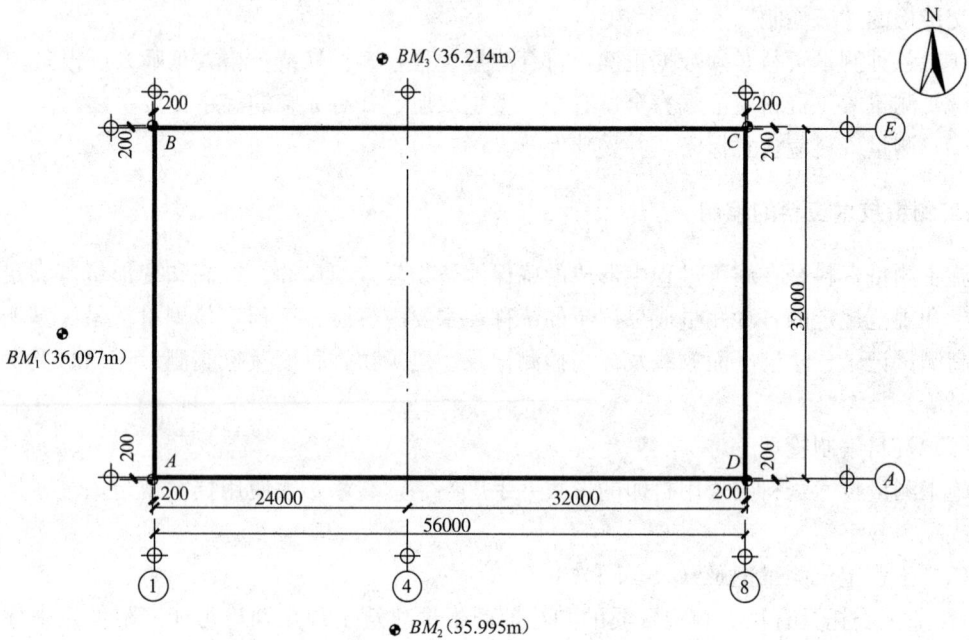

注：A、B、C、D 四点均为外墙皮交点。

复测结果：

1. 平面控制网测角中误差 $m_\beta=6''$、边长相对中误差 $k=1/25200$，符合《建筑施工测量技术规程》DB11/T 446—2007 中二级建筑物平面控制网精度及设计要求。

2. 高差控制网闭合差 $f_h=4$mm，符合《建筑施工测量技术规程》DB11/T 446—2007 中三等水准测量精度及设计要求。

签字栏	施工单位		专业技术 负责人	测量负责人	复测人	施测人
	建设（监理） 单位		专业工程师			

注：本表施工单位填写。

5）使用仪器须注明该仪器出厂编号及检定日期。

6）工程定位测量完成后，应由建设单位报请具有相应测绘资质的测绘部门验线。

（3）基槽平面及标高实测记录（表 15-2）

在基础垫层未做防水前，应根据主控轴线和基底平面图，对建筑物基底外轮廓线、集水坑、电梯井坑、垫层标高（高程）、基槽断面尺寸和坡度等进行抄测并填写《基槽平面及标高实测记录》报监理单位审核。

基槽平面及标高实测记录 　　　　　　　　　　　　　　表 15-2

基槽平面及标高实测记录 表 C3-2		编号	01-01-C3-×× ×
工程名称		日期	2011 年 7 月 12 日

验线依据及内容：
1. 土方开挖图（附图 2）。
2. 2011 普测 1582，A、B、C、D 平面控制点，轴线控制网。
3. 2011 普测 1582，BM_1、BM_2、BM_3 水准点。

基槽平面、剖面简图：

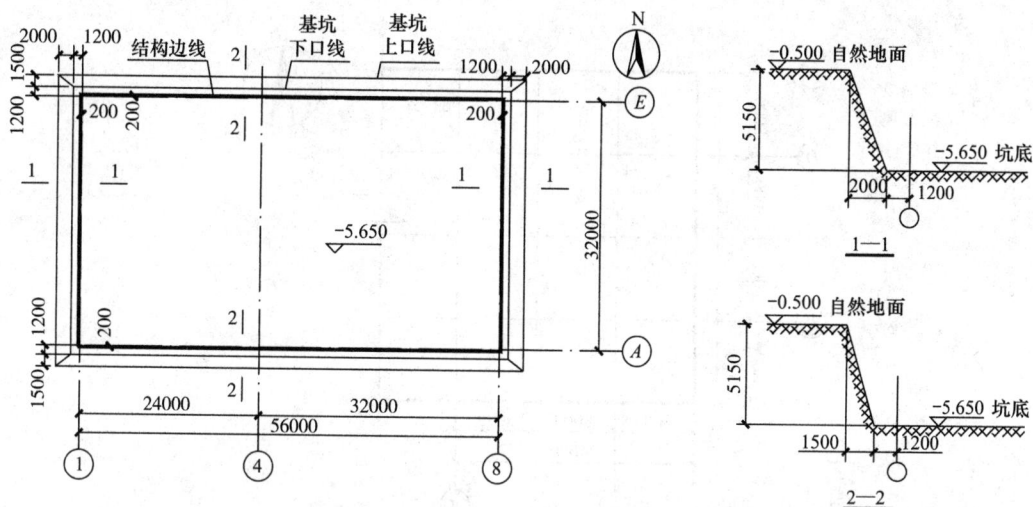

检查意见：
1. 基底外轮廓及断面准确。
2. 垫层标高－6.7m，误差均在±5mm 以内。

经检查，基坑开挖质量符合《建筑地基基础工程施工质量验收规范》GB 50202—2002 及设计要求。

签字栏	施工单位		专业技术 负责人	专业质检员	施测人
	建设（监理） 单位			专业工程师	

注：本表施工单位填写。

（4）楼层平面及标高实测记录（表15-3）

施工单位应根据主控制轴线和基础平面图在基础垫层防水保护层上进行墙柱轴线及边线、集水坑、电梯井边线的测量放线及标高实测；在结构楼层上进行墙柱轴线及边线、门窗洞口线等测量放线，实测楼层标高及建筑物各大角双向垂直度偏差，并填写楼层平面及标高实测记录。

放线简图应标明楼层外轮廓线、楼层重要控制轴线、尺寸及指北针方向。

楼层平面放线及标高实测记录　　　　　　　　　　表15-3

楼层平面放线及标高实测记录 表C3-3		编号	02-01-C3-×××
工程名称		日期	2011 年 10 月 3 日
放线部位	二层①～④/Ⓐ～Ⓔ轴（＋3.500m）	放线内容	轴线

放线依据：
1. 设计图纸结施-06。
2. 2011 普测 1582，A、B、C、D 平面控制点，轴线控制网，首层轴线内控网。
3.《建筑施工测量技术规程》DB11/T 446—2007 及测量方案。

放线简图：

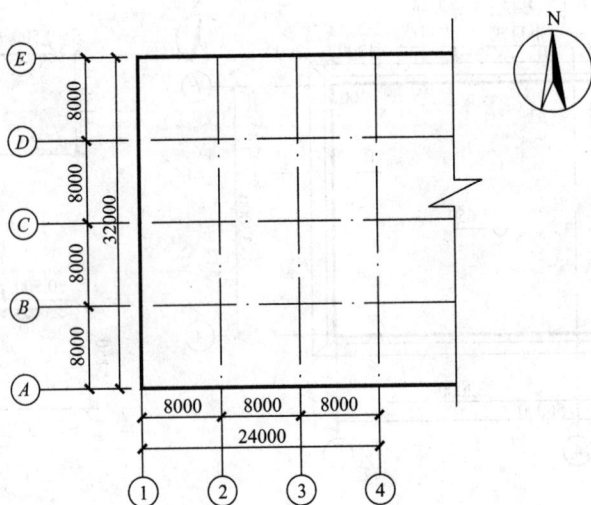

检查意见：
1. 轴线、墙线位置线齐全，位置准确。
2. 各细部轴线间几何关系尺寸相对精度最大偏差＋1mm，合格。
3. 符合设计和《建筑施工测量技术规程》DB11/T 446—2007 及测量方案要求，可以进行下道工序施工。

签 字 栏	施工单位		专业技术 负责人	专业质检员	施测人
	建设（监理） 单位		专业工程师		

注：本表施工单位填写。

（5）楼层平面标高抄测记录（表15-4）

在本层结构实体完成后抄测本楼层＋0.500m（＋1.000m）标高线。填写楼层平面标高抄测记录。

楼层平面标高抄测记录　　　　　　　　　　　　　　　　**表 15-4**

楼层平面标高抄测记录 表 C3-4		编　号	02-01-C3-×××
工程名称		日　期	2011 年 10 月 1 日
抄测部位	六层①～④/④～⑥轴（＋3.500m）	抄测内容	结构＋1.000m 标高

抄测依据：
1. 设计图纸结施－06。
2. 2011普测 1582，BM_1、BM_2、BM_3 水准点，首层标高控制点（＋1.0m）。
3.《建筑施工测量技术规程》DB11/T 446—2007 及测量方案。

抄测说明：

六层标高抄测根据现场（±0.000＝46.400）的标高控制网点引测本层的建筑＋1.000m线至框架柱上，校核合格后，涂上红三角并注明，弹上墨线。

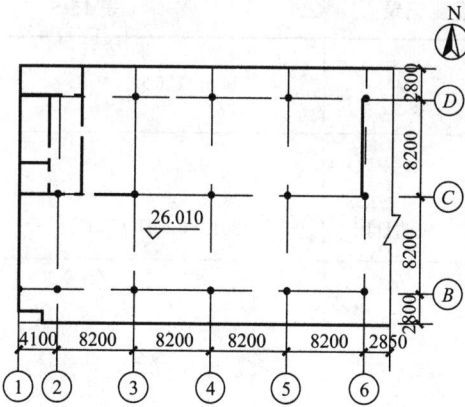

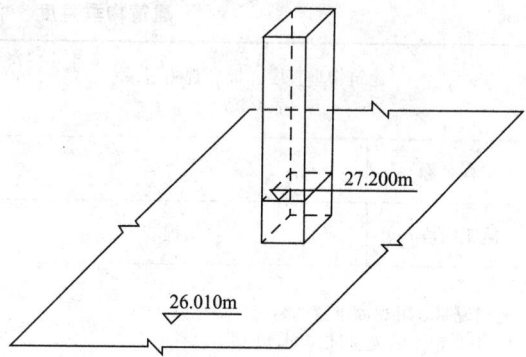

检查意见：

＋1.000m 水平控制线已按施工图纸，测量方案引测完毕，引测方法正确，标高传递准确，误差值－1mm，符合设计、规范要求。

签字栏	施工单位		专业技术 负责人	测量负责人	复测人	施测人
	建设（监理） 单位			专业工程师		

注：本表由施工单位填写。

（6）建筑物垂直度、标高观测记录（表15-5）

施工单位应在结构工程完成和工程竣工时，对建筑物垂直度和标高进行实测并记录，填写《建筑物垂直度、标高观测记录》报监理单位审核。

（7）资料编号的填写

1）施工资料应按以下形式标号：

$$×× — ×× — ×× — ××$$
$$1 \qquad 2 \qquad 3 \qquad 4$$

注：1—为分部工程代号（2位）；

　　2—为子分部工程代号（2位）；

　　3—为资料的类别编号（2位）；

　　4—为顺序号，按资料形成的时间的先后顺序从001开始逐张编号。

2）分部工程中的每个子分部工程，应根据资料属性不同按资料形成的先后顺序分别编号；使用表格相同但检查项目不同时应按资料形成的先后顺序分别编号。

（8）建筑施工测量技术资料样表

建筑物垂直度、标高观测记录　　　　　　　　　　　　　　表 15-5

建筑物垂直度、标高观测记录 表 C3-5		编号	00-00-C3-×××
工程名称			
施工阶段	工程竣工	观测日期	2012 年 5 月 14 日

观测说明（附观测示意图）：

1. 用 2″精度激光垂准仪配合量距。
2. 测量全高、垂直度。
3. 用计量 50m 钢尺外加三项改正。
4. 量得总高偏差。

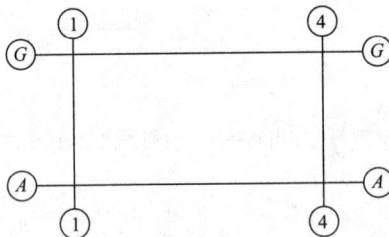

垂直度测量（全高）		标高测量（全高）	
观测部位	实测偏差（mm）	观测部位	实测偏差（mm）
1/A 轴	偏东 2	1/A 轴	2
1/A 轴	偏东 2		
1/G 轴	偏北 3	1/G 轴	2
1/G 轴	偏东 2		

续表

垂直度测量（全高）		标高测量（全高）	
观测部位	实测偏差（mm）	观测部位	实测偏差（mm）
4/A 轴	偏北 3	4/A 轴	2
4/A 轴	偏西 3		
4/G 轴	偏北 3	4/G 轴	3
4/G 轴	偏西 2		

结论：

经实测，本工程建筑垂直度（全高）偏差最大 3mm，标高（全高）偏差最大 3mm，符合《建筑施工测量技术规程》DB11/T 446—2007 及设计要求。

签字栏	施工单位		专业技术负责人	专业质检员	施测人
	建设（监理）单位			专业工程师	

注：本表由施工单位填写。

参 考 文 献

[1] 中国有色金属工业西安勘察设计研究院等. GB 50026—2007 工程测量规范（附条文说明）[S]. 北京：中国计划出版社，2008.

[2] 北京市质量技术监督局，北京市住房和城乡建设委员会. DB11/T 446—2015 建筑施工测量技术规程 [S].

[3] 北京市质量技术监督局. DB11/T 339—2006 北京市工程测量技术规程 [S].

[4] 北京市质量技术监督局. DB11/T 695—2009 建筑工程资料管理规程 [S].

[5] 梁玉成. 建筑识图 [M]. 北京：中国环境科学出版社，2004.

[6] 张正禄等. 工程测量学 [M]. 武汉：武汉大学出版社，2005.

[7] 武汉测绘科技大学《测量学》编写组. 测量学 [M]. 北京：测绘出版社，1991.

[8] 张胜良等. 测量员岗位实务知识（第二版）[M]. 北京：中国建筑工业出版社，2013.

[9] 建筑工人职业技能培训教材编委会. 测量放线工（第二版）[M]. 北京：中国建筑工业出版社，2015.

[10] 覃辉. 建筑工程测量 [M]. 北京：中国建筑工业出版社，2007.

[11] 朱建军等. 变形测量的理论与方法 [M]. 长沙：中南大学出版社，2006.